高等职业教育新形态一体化系列教材

高职高专土建类专业
毕业实践指导

主　编　张卫民

副主编　郑　东　范小明

中国水利水电出版社
www.waterpub.com.cn
·北京·

内 容 提 要

  本书内容主要针对高职土建类专业学生毕业实践环节（顶岗实习、毕业设计）的学习要求编写，突出施工员、安全员、质检员、资料员、造价员、材料员等"员"级管理岗位的毕业综合实践能力的培养。内容涵盖毕业实践环节教学管理、职业生涯规划及岗位选择、施工各阶段的工作特点、各岗位的实习指导及毕业设计指南。基于各管理岗位的职责，指导学生开展顶岗实习工作，融合施工技术与管理要点，提供了大量教学资源，方便学生在线学习，注重对学生毕业综合能力的培养。本书突出对毕业实习的指导作用，帮助学生消除实习前的疑虑和困惑，尽快适应实习环境，有目的、有方向地开展顶岗实习。书中涉及施工技术与管理的内容，均按照先进性、实用性和规范性相结合的原则编写，强调新技术的应用，灌输绿色建造理念，并注重学生劳动素养、工匠精神的培育。

  本书可用于指导高等职业院校建筑工程技术、市政工程技术、建筑装饰工程技术、工程造价等专业学生的毕业实践，也可供从事建筑工程施工与管理工作的相关人员作为学习用书。

图书在版编目（CIP）数据

高职高专土建类专业毕业实践指导 / 张卫民主编
. -- 北京 ：中国水利水电出版社，2020.12
高等职业教育新形态一体化系列教材
ISBN 978-7-5170-9300-8

Ⅰ．①高… Ⅱ．①张… Ⅲ．①土木工程－高等学校－教学参考资料 Ⅳ．①TU

中国版本图书馆CIP数据核字(2020)第270103号

书　　名	高等职业教育新形态一体化系列教材 **高职高专土建类专业毕业实践指导** GAOZHI GAOZHUAN TUJIANLEI ZHUANYE BIYE SHIJIAN ZHIDAO
作　　者	主编　张卫民　副主编　郑　东　范小明
出版发行	中国水利水电出版社 （北京市海淀区玉渊潭南路 1 号 D 座　100038） 网址：www.waterpub.com.cn E - mail：sales@waterpub.com.cn 电话：(010) 68367658（营销中心）
经　　售	北京科水图书销售中心（零售） 电话：(010) 88383994、63202643、68545874 全国各地新华书店和相关出版物销售网点
排　　版	中国水利水电出版社微机排版中心
印　　刷	清淞永业（天津）印刷有限公司
规　　格	184mm×260mm　16 开本　16 印张　369 千字
版　　次	2020 年 12 月第 1 版　2020 年 12 月第 1 次印刷
印　　数	0001—3000 册
定　　价	**49.00 元**

前 言

　　高职土建类专业学生的毕业实践环节是非常重要的教学环节，学生一般在第五学期中后期开始离校实习直到毕业，要在企业经历至少6个月的实践锻炼。以往学生只是在离校前接受学校的实习动员和简单的安全教育，还没有一本比较系统的教材用于指导该环节的学习。学生从学校到企业，面临学习、生活环境的重大改变，从此就要步入社会，逐步适应角色的转变，即从学生转变成职员。多数学生在这一过渡期多少都会有些焦虑，对接下来的学习和生活会有些茫然。因此，本人很早就想编写一本比较系统的用于学生毕业实践指导的实践指导教材。

　　2019年11月本人与中国水利水电出版社周媛编辑谈到这个设想，没想到很快获得周编辑及出版社的支持。于是立即写下编写大纲，准备编写工作。年末的教研活动，我把设想和学院的一些同事交流，很快就组建了编写团队，还邀请到了我院合作企业浙江华正建设项目管理有限公司的范小明高工，以及宁波职业技术学院郑东老师参与编写工作。2020年1月份，新冠疫情暴发，只能宅于家中，就专心写稿，准备教学资源，很快就完成了多章书稿。由于疫情实习生们也不能外出实习了，为了让学生有东西可学，我把写好的书稿发放给学院建筑工程技术专业2017级的全体实习生学习，并征求意见。没想到很多学生在周汇报上都对这些尚未成熟的书稿很感兴趣，感觉从中能获得很多启示和帮助。这些反馈给了编写团队更多的信心，大家都按照要求在两个月内完成了编写任务，并把稿件陆续发放给学生试读，根据反馈意见作了进一步修改完善。所以本书是在没有出版之前就已经被用于学生的实习指导，而且学生反馈良好。在这里也要感谢金华职业技术学院建筑工程技术专业2017级的同学们，感谢他们在疫情期间使用这些书稿进行学习，并给老师们反馈宝贵的修改意见。

　　本书按照高职土建类专业学生顶岗实习的需要编排内容，从毕业实践环节的教学管理、学生实习安全教育、沟通与交流、企业岗位工作特点、各岗位的实习指导及毕业设计指导等方面进行阐述。本书关注学生需求的细节，如在实习周志编写、学生实习期间的维权等方面均作了说明，并提供范例。

本书主要介绍了施工员、资料员、质检员、安全员、造价员等"员"级管理岗位的工作要求，各章节均配有教学资源，方便学生拓展学习，学生可以方便、直观地获得丰富的学习素材。教学资源按照企业实际工作情境、现行国家标准、企业标准进行建设，体现产教融合的特点，展示先进技术，弘扬工匠精神，帮助学生尽快适应实习岗位，提高技术技能，形成良好的劳动素养。

本书由金华职业技术学院张卫民担任主编，宁波职业技术学院郑东老师、浙江华正建设项目管理有限公司范小明高工担任副主编。张卫民负责全书章节的设计；第1～3章由张卫民、郑东合作编写；第4章由张卫民、王文亮、唐晶合作编写；第5章由胡跃、赵权威编写；第6章由汪绍洪、唐晶编写，第7章由浙江华正建设项目管理有限公司范小明编写；第8章由周群美编写；第9章由李俊虎博士编写；第10章由唐晶、罗东平合作编写；第11章由刘国平编写；第12章由张卫民、王文亮合作编写；全书统稿工作由张卫民、郑东两位老师负责完成。

本书每章均提供相应的教学资源，包括相关教学文件和工程案例，可以通过扫描二维码阅读。限于编者水平，一定存在不足之处，希望读者能在教学的使用过程中对本书缺陷提出建设性意见，以便我们今后不断改进和完善。另外，本书编写过程中也参考了大量文献资料和企业工程案例，在此也对相关作者表示感谢。希望本书能够帮助广大土建类毕业班的同学们解决一些实习前的疑虑，帮助他们愉快地走进建筑企业，开始建筑人生，完成从学生到职业人的跨越。

编者
2020 年 4 月

目录

第1章 ▶ 顶岗实习教学管理

高职土建类专业的毕业实践以顶岗实习为主。同学们完成了校内的专业课程学习后，也经历了一些校内外实践教学，如专业认知实习、测量实习、施工实习等。这些实习历时均较短，一般在两周内完成，且全程在校内教师的指导下学习，因此对同学们的独立能力考验较少。顶岗实习环节一般历时较长，高职院校一般会安排在第五、第六学期开展毕业实践，实习期不少于 6 个月，按照学校的相关教学管理规定和实习任务书完成实习任务，对学生的技能综合应用能力要求较高。

第 1 节　土建施工类专业毕业能力要求

顶岗实习和毕业设计是高职教育人才培养过程中的一个重要环节，其作用是让学生走进建筑企业，全面地接触岗位工作，综合应用所学的专业技能参加劳动，并在岗位实践中提升技术与技能，积累工作经验，培养劳动能力，并获得初步的施工管理能力，逐步形成良好的职业素养。因此，同学们需要了解本专业毕业实践的能力要求和学习目标。

1.1.1　土建施工类专业（建筑、市政）的能力要求（施工方向）

（1）具有正确识读土建专业施工图的能力。

（2）能够使用测量仪器设备，开展工程的测量放样工作。

（3）具有常规建筑材料的取样送检能力；能读懂检测报告；能对建筑材料组织进场初验收、现场储存和保管。

（4）具有一般结构的构件受力分析、验算能力，能从力学与结构角度分析相关危险源，并采取正确应对措施。

（5）具有应用辅助工具（计算机、软件、检测仪器、设备等）实施专业工作的能力。

（6）具有一定的施工现场组织管理与质量验收能力。

（7）具有一定的施工质量通病处理能力。

（8）具有图纸审查的能力。

（9）具有 2～3 个土建专业主要工种操作的一般技能。

（10）具有施工现场安全管理和工程质量监控的能力。

（11）能根据施工合同进行工程管理。

（12）具有编写施工技术方案的能力。

1.1.2　土建施工类专业（建筑、市政）、造价专业的能力要求（管理方向）

（1）具有正确识读土建专业施工图的能力。

（2）能正确使用测量仪器设备进行工程量复核。

（3）具有常规建筑材料的取样送检能力；能读懂检测报告；能对建筑材料的进场组织验收、正确储存、保管建筑材料。

（4）能协助他人开展招投标工作。

（5）具有应用辅助工具（计算机、软件、检测仪器、设备等）进行专业工作的能力。

（6）具有一定的施工现场组织管理、质量验收能力。

（7）具有较强的工程资料管理能力。

（8）能对图纸进行审查。

（9）具有较强的沟通协调能力，能够协助项目部开展进度控制、质量控制和成本控制等常规工作。

（10）具有工程量清单编制与核对的能力。

（11）具有研判并实施合同的能力，并能参与开展索赔与反索赔工作。

以上能力通过专业课程学习获得，通过顶岗实习、毕业设计等环节进行提升与巩固。经过毕业实践环节，同学们积累一定的工程经验，逐步完成从学生到职业人的角色转变。

1.1.3　在企业学习的要求

顶岗实习期间，学生应主动参与企业的具体工作。这些工作包括：参与图纸会审、测量放样、施工巡视、旁站，协助技术负责人开展施工交底和质量验收。要服从企业的管理，乐于承担一些临时安排的工作。

通过顶岗实习和毕业设计，加深对建筑或市政单位工程、分部分项工程的施工技术、施工组织与管理工作的理解。对工程项目的施工准备和整个实施过程要有较为系统的认识。进一步熟悉建筑企业的组织结构和经营管理模式，熟悉项目部各岗位的工作任务、工作内容及岗位职责。参与其中 1～2 个岗位的实践，掌握岗位技能。熟悉并加强对建筑法律、法规的理解；熟悉建设行政管理机构对建筑行业的管理流程及相关制度，了解在施工管理过程中会产生的各种协调关系。通过实践，积累经验，并形成独立分析问题解决问题的能力，为将来入职奠定基础。

要制订好学习计划，选择适当的岗位进行针对性学习。顶岗实习一般以施工员、质量员为主，也可以选择资料员、安全员、材料员、造价员等岗位。

第 2 节　毕 业 实 践 的 管 理

1.2.1　顶岗实习管理流程（图 1.1）

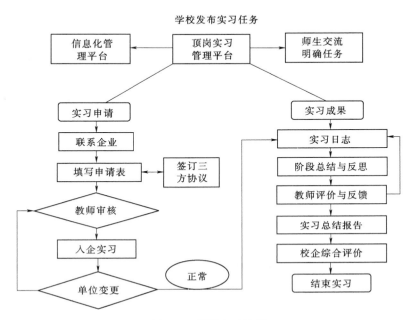

图 1.1　顶岗实习流程

1.2.2　实习相关文件（表 1.1）

表 1.1　　　　　　　　　　　学生顶岗实习申请审批表

姓名		性别		班级		籍贯	___省___市（县）	原住寝室	
实习单位全称						家庭住址			
实习单位地址						单位联系人			
家庭电话			个人电话			实习方式	（学校推荐/自主选择）划"√"		
①个人顶岗实习申请： 申请人签名：_____　　年　月　日						②家长签署意见： 家长签名：_____　　　　年　月　日			

③班主任审查意见： （签署意见、登记信息） 班主任签名：＿＿＿＿＿＿＿　　年　月　日	④专业审查意见： （审核、登记信息） 经办人签名：＿＿＿＿＿＿＿　　年　月　日
⑤教科办审查意见： （审核、登记信息） 教科办（签章） 经办人签名：＿＿＿＿＿＿＿　　年　月　日	⑥查验寝室、公物： 学工办（签章） 经办人签名：＿＿＿＿＿＿＿　　年　月　日

附件 1

学生顶岗实习承诺书

为了加强社会实践锻炼，提高专业技能和就业竞争力，本人申请离校到企事业单位实习，并郑重承诺如下：

1. 本人将严格履行学院离校审批程序，经学院相关部门审核批准后才可离校。

2. 按规定时间到实习单位实习，如需调换实习单位，将事先报告校内外指导教师，办理相关离岗手续后再到新的实习单位，决不先离岗后报告。

3. 到岗两天内报告校内指导教师，并留下本人可及时联系的通讯方式，保证每两周至少与校内指导教师保持联系一次。

4. 自觉遵守国家法律法规，遵守实习单位和学院的规章制度，有事将事先向单位指导人员和实习指导教师双方请假，不擅自离岗，不做损人利己、有损实习单位形象和学院声誉的事情，不参与一切违法犯罪活动。若发生违纪情况，同意用人单位按职工管理办法处理。

5. 提高安全防范意识，因违章操作造成厂方人员发生人身事故或给用人单位的设备造成损坏，本人将承担全部责任及相关费用。

6. 严格按照《××学院学生顶岗实习管理办法》要求，认真写好顶岗实习周志（日志）和实习报告，完成好各项实习任务。

7. 积极配合学校工作，及时完成顶岗实习任务，按时返校参加答辩，办理离校手续等有关事宜。

本人将严格履行以上承诺，如有违反，愿意承担相应的责任，并按学院相关规定处理。

承诺人：

班　级：

年　月　日

附件 2

顶岗实习三方协议书

甲方：（实习单位）_____

乙方：_____××××学院_____

丙方：（学生）_____专业：_____班级：_____

根据丙方申请，甲方同意丙方到甲方实习，实习时间为____年____月____日至____年____月____日。为了明确甲、乙、丙三方的责任，保障学生实习期间的人身安全，圆满完成实习任务，现根据国家有关安全生产法律法规的规定和教育部《职业学校学生实习管理规定》，特签订如下协议：

一、甲方责任与义务

1. 甲方负责统一安排学生的实习岗位，并对实习生进行相应的企业规章制度和三级安全教育。不得安排实习生从事矿山、井下、有毒有害、国家规定的第四级体力劳动和其他禁忌从事的劳动。

2. 甲方根据实际情况予以适当发放实习生实习期间的生活补贴。实习期满时，甲方将对实习生在实习期间的表现做出鉴定，并将实习情况如实反映给乙方。

3. 实习生实习期间如有严重违反甲方规章制度，不能胜任岗位实习任务的，不服从管理或安排的，造成协议不能按期执行的，甲方有权向乙方提出更换实习生或提前结束实习。实习生实习期未满未经甲方允许擅自中断实习，甲方有权终止实习。

4. 甲方应指定一名企业有经验的员工指导丙方实习，负责实习生实习过程的指导，督促其完成学校的实习要求。

二、乙方责任与义务

1. 负责对实习学生进行国家法律法规、安全生产、交通安全、遵纪守法、职业道德教育，明确实习纪律要求，并为学生投保人身意外伤害险。

2. 教育实习生在实习期间遵守甲方各项规章制度和所实习岗位的操作规程。

3. 负责实习生的管理工作，选派一名实习指导教师跟踪管理，随时联系了解实习生的实习情况，及时、经常对实习生进行安全教育，并处理实习过程中遇到的问题，帮助学生解决实习中的困难。

三、丙方责任与义务

1. 学生为实习的主体，思想上要增强风险意识，做到把安全放在首位。

2. 实习期间必须严格遵守甲方的各项规章制度、实习岗位操作规程、安全生产制度，服从安排，尊重甲方领导、师傅和职工，并接受甲乙双方的考核。

3. 遵守甲方的作息制度，无故不得缺勤。如需请假，根据甲方的请假制度进行审批。

4. 实习期间，未经批准，不得擅自离开实习单位。如发生特殊问题应向指导教师汇报情况，并及时与班主任沟通。

5. 学生在实习过程中，必须严格行为规范，严禁下江、河、湖泊、水塘等游泳，严禁酗酒、吸烟，到甲方实习途中，注意交通安全。发生意外后果自负。

　　本协议执行过程中，如发生争议，由三方协调解决，若经协商不能解决争议的，可经调解直到任何一方可以向当地人民法院提起诉讼解决。本协议一式三份，实习单位、学生本人、学院各执一份，具有同等法律效力。本协议自签订之日起生效，至学生实习结束后自动失效。

甲方（盖章）　　　　　　　　　　　　　　乙方（盖章）

代理人：　　　　　　　　　　　　　　　　代理人：

实习生签名（我已经知悉上述内容，我承诺遵守协议的要求和规定）：

通讯地址：

签订时间：　　　年　　　月　　　日

附件 3（表 1.2）

表 1.2　　　　　　　　　　　　学生顶岗实习情况反馈表

学生姓名		班级		联系电话	
工程名称					
公司名称					
实践工地地址					
单位意见： 签名：　　　（公章）　　　日期：					
学校意见： 签名：　　　　　　　　　　日期：					

特殊情况说明：

　　由于就业需要而未在专业相关单位实习的学生必须提出书面申请报专业主任同意，经教科办批准；需要学校解决实习工地的学生必须服从安排，不去学校安排工地的，将成绩记为不合格。

　　学生须如实填写以上表格内容，填好后交由实习单位盖章。

附件 4（表 1.3）

表 1.3　　　　　　　　　　学生顶岗实习鉴定表

姓名		专业	
实习单位		工程名称	
实习时间	年　月　日至　年　月　日		
自我鉴定	（包括思想品德、工作态度、专业知识、业务能力等方面） 		
实习单位鉴定及 考核成绩	实习单位鉴定： 考核成绩（请按优、良、中、及格、不及格五级评定）： 指导教师（师傅）签名：　　　　　（盖章）　　　　　年　月　日		

1.2.3　实习考核

顶岗实习考核方式包括两种。

1. 企业指导老师评价

顶岗实习结束后，企业实习指导老师对学生进行评价，主要从劳动素养、技术技能、遵章守纪等方面进行评价，作为实习成绩评定的依据之一。

2. 校内指导教师评价

学校实习指导教师依据工地实习指导老师评语、实习周记（日记）、实习报告、实习考勤和平时指导交流情况，确定最终实习成绩，学生的实习成绩按五级评定（优、良、中、及格、不及格），具体按下列标准进行评定：

（1）评为"优"的条件。

1）实习报告内容完整，有1～2个主要工种工程施工全过程的书面总结，有施工组织设计文件拟定或执行情况的调查或现场生产管理调查报告，有对实习内容的认识和体会，能体现良好的技术技能。

2）学习态度好，平时与校内指导教师沟通交流充分，实习单位反映好。

3）实习周志（日记）完整、记录清楚真实。

4）答辩问题约90％以上回答正确。

（2）评为"良"的条件。

1）实习报告内容完整，有1～2个主要工种工程施工全过程的书面总结，有施工组织设计文件拟定或执行情况的调查或现场生产管理调查报告，有对实习内容的认识和体会，能体现较好的技术技能。

2）实习周志（日记）完整、记录清楚。

3）学习态度好，平时与校内指导教师沟通交流充分，实习单位反映好。

4）答辩问题有80％以上回答正确。

（3）评为"中等"的条件。

1）实习报告内容基本完整，有对实习内容的认识和体会，体现的技术技能掌握情况一般。

2）实习周志（日记）完整、记录基本清楚。

3）学习态度好，平时与校内指导教师沟通交流充分，实习单位反映好。

4）答辩问题有70％以上回答正确。

（4）评为"及格"的条件。

1）实习周志（日记）完整、记录尚清楚。

2）实习报告只有两个工种工程施工全过程的书面总结。

3）实习单位反映较好。

4）答辩问题有60％回答正确。

（5）具有下列情况之一者定为"不及格"。

1）实习周志（日记）不完整，缺少三分之一以上的实习周志（日记）或者无实习报告，不能参与答辩，以不及格处理。

2）实习单位反映不好。

3）在生产实习中严重违纪和弄虚作假，抄袭他人实习成果的学生，不予答辩，按不及格处理。

4）答辩问题有50％以上不正确，经答辩小组研究不能通过者。成绩不及格者必须补做顶岗实习。

1.2.4　毕业实践环节的管理规定

1. 顶岗实习考勤与纪律

（1）认真学习顶岗实习的有关管理规定，有端正的实习态度，明确的实习目的，认真完成顶岗实习任务。

（2）主动与校内指导教师保持联系，保持通信工具的畅通，如有变更第一时间联系校内指导教师；及时通过教学质量管理系统进行考勤，每日汇报实习到岗情况。

（3）强化职业道德意识，爱岗敬业，遵纪守法，做一个诚实守信的实习生和文明礼貌的员工；服从领导，听从分配，自觉遵守学校的校纪校规和实习单位的各项规章制度，按时作息，不迟到、不误工、不做有损企业形象和学校声誉的事情，维护实习秩序和社会安定。

（4）按照顶岗实习计划和各岗位的特点，安排好自己的学习、工作和生活，按时按质的完成各项实习任务；认真做好实习现场工作记录，为撰写实习总结和毕业论文积累资料，为实习考核提供依据。

（5）树立高度的安全防范意识，牢记"安全第一"，严格遵守操作规程和劳动纪律。

（6）严格遵守实习单位的考勤要求，有特殊情况需要请假时应征得实习单位的批准，并及时向校内指导教师报告。

（7）实习期内如需变更实习单位，一定及时征得校内指导教师同意并取得原实习单位的谅解。擅自离开实习单位的，严格按照实习管理的有关规定处理，期间发生的一切不良后果由本人负责。

（8）认真做好岗位的本职工作，培养独立的工作能力，努力提高自己的专业技能。

（9）发生重大问题，要及时向实习单位和学校指导教师报告。

2. 违纪处分

为维护学院的教育教学秩序和生活秩序，维护学院和学生的合法权益，保障公共安全，根据教育部《普通高等学校学生安全教育管理规定》《高等学校学生行为准则》以及《学院实习学生安全管理规定》，结合实习企业纪律、安全等相关要求，制定实习违纪处罚规定。

实习期间，无特殊原因，学生应当服从学院实习工作的安排，按时到实习单位报到，未按时报到者，依据《违纪学生处理规定》处理。学生在实习期间有不良言行、有不符合学生身份的行为或公共卫生差、造成不良影响者，给予纪律处分。学生参加毕业实践期间，必须严格遵守实习纪律，对违反纪律的学生，可按《学生手册》视情节轻重，给予批评教育或纪律处分。

第 3 节　实习学生的权益与维护

根据教育部、国家发展和改革委员会等五部门联合印发的《职业学校学生实习管理规定》，职业学校（包括全日制学历教育的中等职业学校和高等职业学校）学生可以由学校安排或者经学校批准去企（事）业单位进行实践性教育教学活动，包括认识实习、跟岗实习和顶岗实习等形式。顶岗实习不同于普通实习，要求实习生必须具有基本胜任岗位工作的能力，并且能够独立处理实际工作中的问题，即要求其与单位正式员工承担基本相同的工作内容与工作责任。

职业学校组织未满 18 周岁的学生参加顶岗实习，应事前充分告知其监护人，在取得学生监护人签字的知情同意书后，方可组织实施。

顶岗实习的学生在实习期间以准员工（或实习员工）身份，接受实习企业和学校的共同组织和管理。职校学生在顶岗实习期间身份可认定为劳动者，从这个意义上讲，同学们有可能跟实习单位建立一种类似劳动关系。学生在顶岗实习期间应该参照劳动法进行管理，享有劳动者的一些基本权利，只是在劳动报酬上与正式员工会有差距，但不应低于用工单位当地的最低工资标准，具体的劳动报酬可以通过实习前的三方协议进行约定。

教育部、国家发展和改革委员会等五部门联合印发的《职业学校校企合作促进办法》中均对顶岗实习生的权益有相关规定。比如，第 16 条规定，学生顶岗实习期间，实习单位应遵守国家关于工作时间和休息休假的规定，一般情况下，不得安排学生在法定节假日实习，不得安排学生加班和夜班；第 17 条规定，接收学生顶岗实习的实习单位，应参考本单位相同岗位的报酬标准和顶岗实习学生的工作量、工作强度、工作时间等因素，合理确定顶岗实习报酬，原则上不低于本单位相同岗位试用期工资标准的 80％，而且学生实习报酬须按月足额发放，不得拖欠；报酬以货币方式发放，不得以代金券、实物等其他形式替代。

学生在实习之前应主动要求与学校、实习单位签订三方实习协议，对工资薪酬、休息休假等权益进行明确约定，同时对于实习期间可能发生的伤亡事故责任承担也要进行明确，以便于事后救济。学生在实习期间应主动向指导教师或学校反映问题，遇有突发事件，当人身权益受到伤害时，应及时向学校反馈。

第 4 节　实习成果材料撰写

1.4.1　施工日志撰写

1. 为什么要记录施工日志？

施工日志也叫施工日记，是在工程整个施工阶段的施工组织管理、施工技术等有关施工活动和现场情况变化的真实的综合性记录，也是处理施工问题的备忘录和总结施工管理经验的基本素材，是工程交竣工验收资料的重要组成部分。

2. 施工日志记录有哪些规定？

施工日志可按单位、分部工程或施工工区（班组）建立、收集、填写记录、保管。记录时间：从开工到竣工验收时止，逐日记载不许中断，按时、真实、详细记录，中途发生人员变动，应当办理交接手续，保持施工日记的连续性、完整性。施工日志由栋号长记录并签字，技术负责人及项目经理负责监督并定期阅签，资料员定期做好收集汇总，此项也作为公司检查的项目之一。

3. 施工日志记什么？

根据自己的岗位职责和绩效考核内容，记录自己应该做的工作内容，为以后员工的绩效考核提供依据；记录每天完成的工程量，每天所投入的机械设备、人员、材料等，为施工成本日核算和周核算提供依据；为项目成本管理提供依据。记录每天完成的工程量的机械实际定额，为分析机械设备、人员是否达到应该达到的定额（和内部定额作比较）提供依据；为分析机械、人员投入是否满足生产计划提供依据。记录分包商所租用我方设备和领用我方材料，为分包结算，项目周、月成本分析提供依据；记录施工中，设计与实际不符的情况，为设计变更提供依据。记录施工中是否达到规范要求，为资料整理、质量评定提供依据；记录根据工程计划和实际投入的机械设备、人员，分析是否能满足工程计划要求和是否进一步采取措施，为工程进度预控提供依据。记录领导交办的事项，及是否按照领导交办的要求完成的记录，为领导检查工作提供依据。记录工程开工、竣工、停工、复工的简况与时间和主要施工方法、施工方法改进情况及施工组织措施，为以后拟写施工总结及施工论文提供依据；记录新术、新材料和合理化建议的采用情况及工程质量的改进情况，为以后质量控制成果资料整理提供依据；记录技术交底内容（包括二级技术交底），为以后自己检查施工人员的质量及对施工人员提出奖罚提供依据。

范例：

施工日志填写样本

每本施工日志在首页简单描述总体施工方案，如施工方案改变应在对应的日期处进行描述，其后均采用下列形式记录施工日志：

1. 基本内容

（1）日期、星期、气象、平均温度（可记为×℃～×℃）；

（2）施工部位：_____；

（3）出勤人数、操作负责人：共计____人，钢筋工程____人，负责人：_____；混凝土工程____人，负责人：_____；模板工程____人，负责人：_____；其他____人。

2. 工作内容：（写明时间、地点、人物、事件，地点可以明确到楼层、轴线位置等）；

3. 其他：（写明时间、地点、人物、事件，地点可以明确到楼层、轴线位置等）。

1.4.2　实习周汇报撰写

周汇报应结合平时的施工日志，总结本周工作的主要内容，然后描述一周以来的工作、学习和生活的主要收获与体会，也可记录与指导教师的沟通情况。周汇报可以通过蘑菇丁教学管理平台提交，一般要求图文并茂，可提供自己在企业或施工现场的工作照片，如图 1.2 所示，教师可根据周汇报情况进行点评与指导。

图 1.2　通过蘑菇丁教学管理平台提交的周汇报案例

附件 5

蘑菇丁教学管理平台学生使用指南

版本号：V3.00 - 20190926

一、工作场景

在蘑菇丁 APP 中进行使用。

二、使用人群

需要实习的学生。

三、实习业务流程概述

1. 实习前

（1）下载蘑菇丁 APP，使用手机号注册，进行学生身份实名认证。

（2）实习岗位填报。

2. 实习中

（1）签到。

（2）撰写周报。

3. 实习后

（1）提交实习总结。

（2）实习考核。

（3）就业上报。

四、工作平台操作界面检索

1 - 1
蘑菇丁学生
端使用说明

1 - 2
蘑菇丁教师
端使用说明

1. 下载蘑菇丁 APP（图 1.3）

ios 系统可以直接在应用商店搜蘑菇丁，安卓系统可以在应用宝等各大市场下载蘑菇丁。也可以通过扫码，跳转到应用市场下载。

（1）手机注册蘑菇丁账号（图 1.4）。打开手机"蘑菇丁"进入登录界面，点击右下角"立即注册"按钮进入注册界面，填写手机号、密码，获取并填写验证码后点击注册即可注册成功。

图 1.3　蘑菇丁 APP　　　　　　　　图 1.4　手机注册蘑菇丁账号

（2）实名认证（图 1.5）。注册成功后进行身份认证，点击我的—身份认证—选择我是一名学生—搜索自己的学校—填写姓名、手机号、学号、验证码后点击绑定即可（注：填写的信息必须与后台系统中的基础信息一致，不一致会提示信息不匹配）。

图 1.5　蘑菇丁实名认证流程

2. 发布操作

（1）签到、日报、周报、月报、实习岗位、总结等都从学校首页点击全部进行查看，具体的功能将会全部通过列表的形式完全展示在外面（图 1.6）。

（2）填报实习岗位（图1.7）。学校界面—实习岗位点击实习填报—提交，提交之后需要老师进行审核，审核通过以后学生就可以进行正常实习了。

填写实习岗位的时候，如果有三方协议，可通过拍照上传三方协议。

3. 签到

学生在 APP 学校界面点击签到，进入签到页面，获取签到位置，输入签到内容，点击签到，即可成功签到（图1.8）。

4. 查看指导老师和班主任

学生在蘑菇丁里可以点击实习计划查看对应的指导老师信息（图1.9）。

图 1.6　蘑菇丁功能

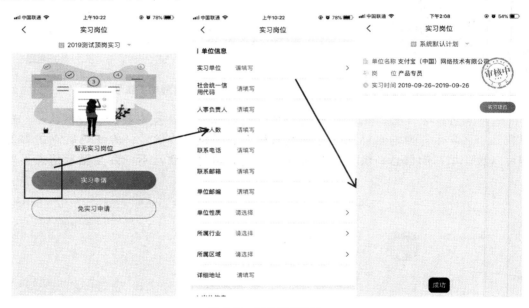

图 1.7　填报实习岗位

5. 学生报告、总结

学生可以进入对应的日报、周报、月报、总结来完成实习要求（图1.10）。

6. 我的成绩

学生可以进入我的成绩，查看自己的实习成绩，点击企业综合考评显示二维码，企业老师可以通过扫描此二维码，跳转对应的页面打分。校内老师评分对应的就是需要学生的指导老师评分（图1.11）。

7. 就业上报

实习结束后，学生可以提交就业信息，由指导老师审核，指导老师审核通过后，

图 1.8　签到操作

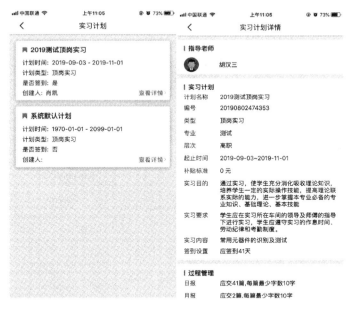

图 1.9　查看指导老师和班主任

将会把就业数据存到后台（图 1.12）。

8. 智能客服

学生可以通过手机端 APP 的智能客服咨询问题，会有机器人客服自动回复相关问题。若提出的问题智能客服无法解决，连续提问三次后即可转入人工客服页面进行提问（图 1.13）。

图 1.10   学生报告、总结

图 1.11   我的成绩

1.4.3   实习报告撰写

1. 实习报告的格式要求

（1）封面：参考使用学校顶岗实习总结报告的指定封面。

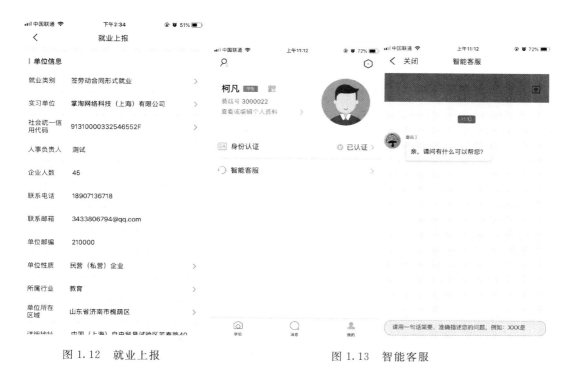

图 1.12　就业上报　　　　　　　　　图 1.13　智能客服

（2）一般要求通过蘑菇丁等电子平台提交，如果采用书面提交，要求采用纸张为 A4 纸；字体：黑体；大小：小四；正文内容：宋体。

（3）字数：3000 字左右。

2. 内容提纲

（1）实习目的。

（2）实习时间。

（3）实习地点。

（4）实习单位和部门。

（5）实习内容：要求字数在 3000 字左右。

（6）实习总结。

3. 实习报告撰写要求

实习报告在实习的基础上完成，运用专业理论知识结合实习资料（施工日志、周汇报），进行比较深入的分析、总结。实习报告的内容要求实事求是，简明扼要，能反映出实习单位的情况及本人实习的情况、收获体会和感受。报告的资料必须真实可靠、重点突出、条理清晰。实习报告的正文内容必须与所学专业内容相关并包含以下四个方面：

（1）实习目的：要求言简意赅，点明主题。

（2）实习单位及岗位介绍：要求详略得当、重点突出，着重于实习岗位的介绍。

（3）实习内容及过程：要求内容翔实、层次清楚；侧重实际动手能力和技术技能的培养、锻炼和提高。

（4）实习总结及体会：要求条理清楚、逻辑性强；着重写出对实习内容的总结、收获、体会和感受，特别是自己所学的专业技术技能与实践的差距和今后应努力的方向。

第2章 ▶ 职业生涯规划与岗位选择

　　土建类学生在顶岗实习及毕业设计期间开始接触建筑企业，对建筑企业的岗位设置逐步会有一定的了解，选择将什么岗位作为入职后的主要努力方向是实习前面临的重要选择。做好入职前的职业规划，选定努力的方向，会更有利于同学们今后在职业道路上的成长。尽早选择适合自己的岗位，可以开展针对性学习，在拓宽基础知识的同时，强化岗位专项技能的学习，这样入职后就能很快地适应正式岗位的工作。

第 1 节　建筑新人的职业成长路径

2.1.1　给建筑新人的成长建议

　　建筑行业从业人员非常需要经验的积累，从实习岗到高级技术岗位，需要经过较长时间的历练，不同的人成长的快慢不一致，有的人可能经过若干年的历练，就能胜任复杂的工作，成长为技术负责人或项目经理；也有些人可能一辈子在基层岗位上默默无闻，从事基础性的工作。从进入建筑行业到退休，是一个漫长的过程，从个人经济收入到人生价值的实现，快速的成长为高阶技术或管理人才，都是我们要努力的方向（图2.1）。

图 2.1　工程管理人员的技术成长路径

在进入实习阶段后争取做到以下几点非常重要。

1. 要准确定位，做好职业规划

进入企业后，准员工要尽快转变角色，从学生向职业人过渡。职业人要承担岗位职责，因此需要树立良好的责任意识、服务意识；要与企业共成长，有为企业奉献的意识，才能做好岗位工作。要有根植于投身祖国建设事业的梦想，将远大理想与个人抱负、家国情怀、人生追求融合为一，决心从事工程建设相关的工作，并选择合适的岗位进行努力。与企业同行，把企业的业绩与个人的荣誉结合在一起，有担当，愿奉献，通过职业规划争取早日成为一名合格的工程技术或管理人才。

2. 要求真务实，埋头苦干

准员工对企业现状要有一定的了解，尽快熟悉企业的业务特点，技术要求。尤其要了解企业对员工的技术需求，以及对员工职业品行的要求。要理解"大处着眼，小处着手"的道理，天道酬勤，切勿在企业等、靠、要。进入企业后，一定要放低姿态，发扬吃苦耐劳的优秀品质，立足基层，脚踏实地，认真学习技术，求真务实，从而成就一番事业。

3. 要志存高远，不忘初心

"不忘初心，方得始终"。准员工要不忘初到企业的那份热情，保持进取心，以不畏困难的勇气去面对新的工作和人生历程，发扬自强不息的精神，时时刻刻提醒自己，胸怀梦想，迎难而上，勇于超越，做好自己力所能及的事情。

4. 要勤学多练，终身学习

古往今来，没有人可以不劳而获，也没有人可以一步登天。学习是能力之基、修身之道、成事之本。学习既是工作需要，也是一种精神境界。土木工程虽然不是高科技，但它也是复杂的系统工程，管理要素繁多，需要通过系统的学习才能做好工作。作为实习生一定要端正学习态度，重视学习能力的培养。要勤学善思，认真严谨，在干中学，在学中干，虚心向老员工学习，尽快熟悉业务，努力使自己成为项目团队中的"排头兵"、熟悉规范的"活字典"和从事业务的"多面手"。一定要坚持终身学习，学习新规范、新材料、新技术、新工艺，并应用于日常工作。

5. 要永不言败，争做企业栋梁

准员工要有紧迫感和危机感，对照先进找差距、对照周边找短板、对照自身找问题。从基础做起，从细节做起，扎扎实实，努力在本职工作中干出成绩。保持一种"坐不住、慢不得、等不起"的状态，要时刻胸怀崇高理想，追求自我超越，以对创新的渴望、对梦想的期待，在本职工作中干出亮点，做出成绩。拿破仑说"不想当将军的士兵不是好士兵"，对我们建筑行业的实习生来说，一定要有当项目经理的志向。

2.1.2　如何利用身边的资源快速成长

建筑行业是非常需要技术积累的，要充分利用身边的资源进行学习，如：向项目部的技术人员学习、积累工程项目资料、学会查阅技术书籍和网络资源等。

图纸和规范是指导建筑施工生产的根本依据，因此实习生一定要熟读图纸和规范，理解设计和规范要求。建议多收集建筑工程网络资源，包括设计施工理论、工程软件使用技巧、技术交流等，但也需要进行甄别、吸收，然后到实践中去检验，这样有利于工程经验的快速积累，被很多人证明是一条快速的成长途径。将学到看到的知识在工程实践中验证，内化为自己的技术技能很重要。虽然土木工程专业宽泛，但网络资源分的很细，有工程管理、建筑设计与施工、桥梁工程、市政工程等，可以结合自身需要取舍，如：中国土木工程网、筑龙网（国内知名的建筑技术网）、土木在线（主要是施工技术和图文交流网站），利用这些网站或公众号（图 2.2）可收集和整理各种工程相关的案例资料。这些公众号都是行业内非常好的学习平台，也非常欢迎专业人士关注与推广。

在网上多看别人分享的技术资料、施工经验等。要仔细思考、揣摩、品味其中的道理。通过多看，多验证、思考，学习一段时间之后，你会发现自己对建筑工程的理

项目策划｜安全质量　　　　BIM 案例｜BIM 咨询　　　　最新政策｜施工工艺
总包管理｜工期进度　　　　BIM 动画｜软件技巧　　　　注册考试｜安全质量

施工工艺视频｜施工动画展示　　装修材料｜优秀做法　　　　施工安全
BIM 动画展示｜可视化交底　　施工过程照片｜装修施工工艺

图 2.2　土木工程实用公众号（可扫码关注）

解日益加深。

通过互联网这个宝库，可以接触到平时不容易接触的知识和经验。在网络平台上多参与讨论，学习别人的经验，是提高沟通能力和技术水平的好方法。

要学会一些常用的办公和建筑软件的使用，如：Word、Excel、建筑 CAD、BIM、品茗、鲁班、广联达软件等，结合工作需要进行深入学习。会应用建筑施工与管理软件，是一名合格的建筑工程师傅必备的技能。

2-1
广联达简介

机会往往更青睐有准备的人，所以要认真做好每一份工作，每一个项目。实习生想早日脱离菜鸟人群，向真正资深的工程技术人群靠拢，就需要利用各种资源不断地积累经验。

2.1.3　土建工程师的必备素质

现代建设工程项目日益复杂。在项目管理过程中，土建工程师的能力和素质显得非常重要，是项目成败的关键要素之一。工程技术人员的能力，既包括为了完成施工生产任务所要具备的观察、分析、判断能力，还需要具有认知、创造、沟通、协调和操作能力。土建工程师的专业能力需要长期的实践积累才能逐渐形成，实习生必须把土建工程师的职业能力作为今后努力的方向，不断提高自身素质。

2-2
建筑工程
事故案例

1. 良好的职业道德

建造过程和建筑产品都关系着人民的生命财产安全，建造优质的工程，是对社会的巨大贡献。土建工程师要承担起为工程项目增值，建设美丽国家的责任，因此具备良好的职业道德和职业操守是对土建工程师最基本的要求。土建工程师应遵守公司的规章制度，在项目经理的领导下开展工作，对项目经理的管理具有高度的理解和贯彻能力，对同事要有良好的亲和力、沟通力，对下属要有一定的号召力，这样才能增强团队的凝聚力。一个人社会地位的高低不是靠金钱来衡量的，而是靠自身的人格魅力进行升华。建筑工程技术人员要有良好的职业归属感，热爱自己所从事的职业。

2. 优秀的团队协作能力

土建工程师从事的建设工作必须是以团队协作的方式才能够完成的，个人只是在团队内完成一部分岗位工作。工程技术与管理人员除了进行施工现场的技术管理以外，还要参与项目的协作，对外沟通与交流，因此要求土建工程师除了掌握专业技术和知识外，还必须了解项目管理流程和项目协作关系，具备良好的沟通能力，利用自己的综合能力和交际艺术，完成岗位工作。

建筑业属于需要多专业配合的劳动密集型行业，土建工程师作为项目管理团队的中坚力量，既需要与其他专业默契地配合，还必须要有专业的组织协调能力，加强团队的合作，增强凝聚力，才能使项目管理工作科学、有序地开展。土建工程师要充分发挥组织协调才能，培养团队合作精神，充分调动职工的积极性，合理安排、利用有限的人力资源，创造最高的工作效率。此外，建筑工程管理人员应具备号召能力、交流能力、应变能力、对政策的领悟和转达能力。

3. 基本的项目管理能力

土建工程师在项目管理过程中要有基本的控制能力，参与的管理工作包括安全、质量、进度、成本控制和文明施工、合同管理、信息管理等，要能根据项目实际情况合理制定控制计划，并在实施过程中加以监督，及时修正和调整偏差，使项目进展能够按计划实施，实现整体控制目标。

（1）技术管理能力。掌握施工技术，是土建工程师的基本专业技能。首先要理解项目的具体特征，深刻领会设计意图，明确项目管理目标。要能独立应用勘察报告、看懂施工图纸、掌握技术规范与标准、理解合同要求、解决施工阶段的技术问题、合理降低施工成本，并保证施工安全和工程质量。

参与图纸会审并能提出正确的见解和意见，能理解设计交底。熟悉各分项工程的施工工艺，审核设计细节是否满足施工工艺要求，避免造成资源的浪费而增加成本。做好现场的质量检查监督工作，组织隐蔽工程验收并能够灵活地处理施工现场的突发事件。施工过程中对建筑物进行有效监控、认真复核轴线及标高，避免出现原则性失误。做好现场与设计部门的沟通工作，能及时掌握设计变更的内容及变更后的落实。参与基础、主体等分部工程及单位工程的竣工验收，及时办理有关验收手续；协助项目经理做好交工验收后的信息反馈工作，及时处理业主提出的各项保修要求；协助档案管理部门做好工程备案工作。

（2）设备管理能力。土建工程师必须具有根据施工特点合理安排施工设备的能力。要熟悉各种机械设备的性能、特点及各项参数，根据施工现场总体进度计划和待完成的工作量，合理配置施工机械，做到物尽其用，避免产生资源浪费，提高设备使用率。

对各种施工机械设备要定期保养和检测，防止发生设备故障而影响施工进度。

（3）材料管理能力。要掌握各种建筑材料的基本性能和各项技术指标；要充分了解各种材料的产地、使用方法，对新技术、新材料要有充分了解；及时掌握材料市场及价格动态，以便进行成本控制；多了解同类产品，当指定材料供应困难时可以及时替代或更换，以利项目顺利开展。

此外工程技术人员应熟悉并严格执行现行的国家、行业和地方政府颁发的法律、法规；掌握现行的技术规程、规范及验收标准；应具有参与编制或审核《施工组织设计（专项施工方案）》的能力，理解已经制定的施工方案并能监督施行。

从实习生转变成为土建工程师，必须通过不断提高专业素质来加强自身的业务能力。

第 2 节　专业岗位介绍及选择

建筑行业对管理岗位从业人员有职业资格要求。高职土建类毕业生入职后一般从"员"级管理岗位做起。建筑、市政施工企业"员"级关键技术岗位有 8 个，也就是我们常说的八大员，包含：施工员、质量员、安全员、标准员、材料员、机械员、劳务员、资料员。从事造价管理的还有造价员岗位。这些岗位需要通过岗位培训，取得岗位资格证书后才能上岗。

2.2.1　施工员

施工员是基层的技术管理人员。主要工作内容是在项目经理的领导下，深入施工现场，协助做好施工监督，与施工队一起复核工程量，提供施工现场所需材料规格、型号和到场日期，做好现场材料的验收签证和管理，及时对隐蔽工程进行验收和工程量签证，协助项目经理做好工程的资料收集、保管和归档，对现场施工的进度和成本负有重要责任。

施工员岗位职责重大，是工程项目部和施工班组的联络人；直接指挥施工一线作业人员工作；需要对工地材料、施工质量、工程测量和项目安全管理等有充分的理解；需要对施工资源和具体工程实施情况均有一定的掌控能力。因此，施工员需要既能深入"点"，又能把握"面"，具有较强的分析问题和解决问题的能力。未来职业前景可以是企业生产经理或项目经理。

职业发展路径：施工员→技术员→技术负责人→项目经理。

2.2.2　质量员

质量员在项目经理的领导下，主要负责质量检查，监督施工组织设计中的质量保证措施是否落实，参与项目质量监督体系的建立。严格检查进场材料的质量、规格、型号，检查监督班组操作作业是否符合工艺流程；按照规范规定对各分部分项工程的质量进行检查和验收；督促班组正确进行自检；积极进行工程的实测实量，并认真记录；落实工程质量通病的防治措施；提出制定新工艺、新技术的质量保证措施和建议；

对不符合工程质量评定标准的分部分项工程，提出整改意见；参加质量安全事故的调查分析工作，对质量安全事故进行分析，提出处理意见，总结经验教训；定期组织项目部级各种质量检查活动，并做好详细记录。

我国对建筑、市政施工质量的监管日益规范，质量员也是每个工程必备的职位，就业前景良好。因此，专业质量员选择在工程质量监督这条专业道路上的发展前景可期。

职业发展路径：质量员→建造师/监理工程师。

2.2.3　安全员

建筑施工安全员是施工现场的安全责任人，主要工作是全面负责项目的安全生产与文明施工。积极落实与执行国家、地方政府的各项安全管理规定，并根据这些规定建立项目的安全保证体系和各项安全制度。

安全员日常负责巡视、检查施工现场的安全状况，并负责对新进场人员进行安全教育，以及监督落实安全技术交底落实情况。所有在施工现场内发现的安全隐患，安全员均有权立即停止施工作业，情况严重的应向项目经理或相关领导汇报；安全员应检查并撰写与安全相关的内业资料、日志、记录等文件，发现有误的地方应督促相关人员整改、完善。安全员应积极配合建筑行政主管部门对施工现场及内业资料的检查。施工现场内所有人员应积极配合安全员的工作。

安全员的招聘，一般要求应聘者熟悉建筑施工的安全操作规程，拥有丰富的现场施工安全管理、临时水电的管理经验，并持有安全员证书。安全员 C 证也称"建筑施工企业三类人员 C 证"。建筑施工企业安全生产管理人员，是指在企业专职从事安全生产管理工作的人员，包括企业安全生产管理机构的负责人及项目经理和施工现场专职安全生产管理人员。三类人员考试合格者，由建设部门颁发相应岗位《安全生产考核合格证书》。三类人员证书全国通用。

职业发展路径：安全员→注册安全工程师。

2.2.4　标准员

标准员是在建筑与市政工程施工现场，从事工程建设标准实施组织、监督、效果评价等工作的专业人员。负责各种质量标准、施工管理的制定。参考最新国家标准的发布，及时对工程项目执行的建设标准进行更新。对相关人员进行培训，帮助他们了解相关更新的标准。并且监督检查标准执行情况，对于不符合标准的行为及时纠正。

职业发展路径：标准员→项目直接负责人/专业监理工程师→总监理工程师。

2.2.5　材料员

材料员是建筑施工企业的关键岗位之一，负责物资采购，以及管理项目物资。建筑施工企业关键岗位必须持证上岗，因此材料员需通过职业考试才能上岗。

材料员负责对项目材料进场的验收，出场的数量、品种进行记录，要对数量负责，收集所进场的各种材料的产品合格证、质检报告等质量证明文件，对材料负保管责任，并要对各分项工程剩余材料按规格、品种进行清点记录，及时向技术负责人汇报，以便做下一步材料计划。

传统材料员以采购、收料、材料验收、现场材料管理、仓库管理为主，随着时代的发展，新时期的材料员要求能够根据材料总计划、预算数量与价格，对所进的材料进行综合控制。

职业发展路径：材料员→材料经理→注册建造师。

2.2.6 机械员

机械员是指取得省级住房和城乡建设部门颁发的机械员资格证书，并在工程施工现场从事施工机械相关的安全使用监督与检查、成本统计核算等工作的专业人员。

机械员应该具备对施工设备操作人员进行安全教育培训的能力；参与施工设备的选型；能发现并处理设备的安全隐患；能够核查特种设备安装、拆卸的方案，检查特种设备的运行状况并对其进行安全评价；会建立施工设备的成本统计及核算。

同时还需要完成以下工作：

（1）参与制订施工机械设备管理制度、施工机械设备使用计划，负责制订维护保养计划。

（2）参与组织施工机械设备操作人员的教育培训和资格证书查验，建立机械特种作业人员档案。

（3）负责监督检查施工机械设备的使用和维护保养，检查特种设备的安全使用状况。

（4）负责落实施工机械设备安全防护和环境保护措施。

（5）参与施工机械设备事故调查、分析和处理。

（6）参与施工机械设备定额的编制，负责机械设备台账的建立。

（7）负责施工机械设备常规维护保养支出的统计、核算、报批。

（8）参与施工总平面布置及机械设备的采购或租赁。

（9）参与施工机械设备租赁结算。

（10）参与审查特种设备安装、拆卸单位资质和安全事故应急救援预案、专项施工方案。

（11）参与特种设备安装、拆卸的安全管理和监督检查。

（12）参与施工机械设备的检查验收和安全技术交底，负责特种设备使用的备案、登记。

（13）负责编制施工机械设备安全、技术管理资料。

（14）负责汇总、整理、移交机械设备资料。

职业发展路径：机械员→机械工程师。

2.2.7 劳务员

劳务员是在建筑与市政工程施工现场，从事劳务管理计划、劳务人员资格审查与培训，劳动合同与工资管理、劳务纠纷处理等工作的专业人员。

劳务员需要负责劳务管理工作，如工地的劳务人员工资监督发放，劳务名单等手续的报备等。还有施工工地管理新制度的实施与监管，最后审核劳务费用的支出情况。负责编制劳务队伍和劳务人员的管理资料，汇总、整理、移交劳务管理资料。

职业发展路径：劳务员→劳务组长→劳务经理。

2.2.8　资料员

建筑资料员是指从事建筑施工技术档案资料的编制和管理工作，需要通过专门的职业培训并考核合格后，由地方建设主管部门颁发岗位证书，实行持证上岗的人员。资料员负责工程项目的资料档案管理、计划、统计管理及内业管理工作。

资料员主要是在工程上做内业资料，一般需要驻扎在项目上。需要看懂图纸，分清工程的每一个分部，及时向监理单位递交申请，及时送审资料。工程资料完整是项目竣工验收的前提，由此可见资料员工作的重要性。建筑类资料员的主要工作如下所述。

1. 负责工程项目资料、图纸等档案的收集与管理

（1）负责工程项目所有图纸的接收、清点、登记、发放、归档、管理工作。在收到工程图纸并进行登记以后，按规定向有关单位和人员签发，由收件方签字确认。负责收存全部工程项目图纸，且每一项目应收存不少于两套正式图纸。按资料目录的顺序，对建筑平面图、立面图、剖面图、建筑详图、结构施工图等建筑工程图纸进行分类管理。

（2）收集整理施工过程中的所有技术变更、洽商记录、会议纪要等资料并归档。负责对每日收到的管理文件、技术文件进行分类、登录、归档。负责项目文件资料的登记、受控、分办、催办、签收、用印、传递、立卷、归档和销毁等工作。负责做好各类资料积累、整理、处理、保管和归档立卷等工作，注意保密的原则。来往文件资料收发应及时登记台账，视文件资料的内容和性质准确及时递交项目经理批阅，并及时送有关部门办理。确保设计变更、洽商的完整性，要求各方严格执行接收手续，所接收到的设计变更、洽商须经各方签字确认，并加盖公章。设计变更（包括图纸会审纪要）原件存档。所收存的技术资料须为原件，无法取得原件的，详细背书，并加盖公章。做好信息收集、汇编工作，确保管理目标的全面实现。

（3）协同材料员做好进场材料、设备的质量证明文件收集，须复检的原材料须协同材料员、见证人员做好见证取样送检工作，并及时归档检验报告。

2-3 ⓣ
工程竣工
验收条件

2. 参加分部分项目工程的验收工作

（1）负责备案资料的填写、会签、整理、报送、归档：负责工程备案管理，实现对竣工验收相关指标（包括质量资料审查记录、单位工程综合验收记录）作出备案处理。对桩基工程、基础工程、主体工程、结构工程备案资料核查。严格遵守资料整编要求，符合分类方案、编码规则，资料份数应满足资料存档的需要。

（2）监督检查施工单位施工资料的编制、管理，做到完整、及时，与工程进度同步：对施工单位形成的管理资料、技术资料、物资资料及验收资料，按施工顺序进行全程督查，保证施工资料的真实性、完整性、有效性。

（3）按时向公司档案室移交：在工程竣工后，负责将文件资料、工程资料立卷移交公司。文件材料移交与归档时，应有"归档文件材料交接表"，交接双方必须根据移交目录清点核对，履行签字手续。

（4）负责向市城建档案馆的档案移交工作：提请城建档案馆对列入城建档案馆接收范围的工程档案进行预验收，取得《建设工程竣工档案预验收意见》，在竣工验收后将工程档案移交城建档案馆。

（5）指导工程技术人员对施工技术资料（包括设备进场开箱资料）的保管：指导工程技术人员对施工组织设计及施工方案、技术交底记录、图纸会审记录、设计变更通知单、工程洽商记录等技术资料分类保管并移交资料室。指导工程技术人员对工作活动中形成，经过办理完毕的具有保存价值的文件材料、一项基建工程进行鉴定验收时归档的科技文件材料、已竣工验收的工程项目的工程资料分级保管并移交资料室。

3. 负责计划、统计的管理工作

（1）负责对施工部位、产值完成情况的汇总、申报，按月编制施工统计报表：在平时统计资料的基础上，编制整个项目当月进度统计报表和其他信息统计资料。编报的统计报表要按现场实际完成情况严格审查核对，不得多报、早报、重报、漏报。

（2）负责与项目有关的各类合同的档案管理：负责对签订完成的合同进行收编归档，并开列编制目录。做好借阅登记，不得擅自抽取、复制、涂改，不得遗失，不得在案卷上随意划线、抽拆。

（3）负责向销售策划提供工程主要形象进度信息：向各专业工程师了解工程进度、随时关注工程进展情况，为销售策划提供确实、可靠的工程信息。

4. 负责工程项目的内业管理工作

（1）协助项目经理做好对外协调、接待工作：协助项目经理对内协调公司、部门间，对外协调施工单位间的工作。做好与有关部门及外来人员的联络接待工作，树立企业形象。

（2）负责工程项目的内业管理工作：汇总各种内业资料，及时准确统计，登记台账，报表按要求上报。通过实时跟踪、反馈监督、信息查询、经验积累等多种方式，保证汇总的内业资料反映施工过程中的各种状态和责任，能够真实地再现施工时的情况，从而找到施工过程中的问题所在。对产生的资料进行及时的收集和整理，确保工程项目的顺利进行。有效地利用内业资料记录、参考、积累，为企业发挥它们的潜在作用。

（3）负责工程项目的后勤保障工作：负责做好文件收发、归档工作。负责部门成员考勤管理和日常行政管理等经费报销工作。负责对竣工工程档案进行整理、归档、保管，便于有关部门查阅调用。负责公司文字及有关表格等打印。保管工程印章，对工程盖章登记，并留存备案。

职业发展路径：资料员→造价工程师或者一级建造师。

友情提示：建筑、市政八大员是高职土建类毕业生的主要就业岗位，同学们可以根据自己的喜好进行岗位选择，在企业招聘时可以有针对性的应聘。男同学在岗位选择时相对限制较少；女生建议选择以内业为主的岗位，如劳务员、资料员。建筑行业的员级岗位还有监理员、造价员、绘图员、BIM 程序员，以及装配式建筑构件工厂技术人员等，同学们也可根据自己的未来职业发展需求进行选择，在实习期间深入地学习相应岗位的技能。

第 3 节　职业资格证书的获得

职业资格证书是劳动就业制度的一项重要内容，也是一种特殊形式的国家考试制度。它是指按照国家制定的职业技能标准或任职资格条件，通过政府认定的考核鉴定机构，对劳动者的技能水平或职业资格进行客观公正、科学规范的评价和鉴定，对合格者授予相应的国家职业资格证书。

2.3.1　职业资格证书的作用

《劳动法》第八章第六十九条规定："国家确定职业分类，对规定的职业制定职业技能标准，实行职业资格证书制度，由经过政府批准的考核鉴定机构负责对劳动者实施职业技能考核鉴定。"《职业教育法》第一章第八条明确指出："实施职业教育应当根据实际需要，同国家制定的职业分类和职业等级标准相适应，实行学历文凭、培训证书和职业资格证书制度。"这些法规确定了国家推行职业资格证书制度和开展职业技能鉴定的法律依据。

职业资格证书是表明劳动者具有从事某一职业所必备的学识和技能的证明。它是劳动者求职、任职、开业的资格凭证，是用人单位招聘、录用劳动者的主要依据，也是境外就业、对外劳务合作人员办理技能水平公证的有效证件。职业资格证书与职业劳动活动密切相连，反映特定职业的实际工作标准和规范。近年来我国政府对职业资格证书进行精简，在建筑行业里，一些特种作业是需要持证上岗的，如塔吊操作工、焊工、架子工等。建筑、市政工程"员"级管理岗位有八大员证书考试。更高级别的有注册建造师、注册造价师、注册监理工程师、注册消防工程师、注册设备工程师、注册岩土工程师、注册结构工程师等。

取得职业（或执业）资格证书，是职工走向更重要的工作岗位的前提，当然也能获得更多的劳动报酬。所以很多同学在学校就开始规划如何取得更高级别的证书，这是非常明智的选择。

2.3.2　参加职业（或执业）资格考试的要求

专业技术人员职业资格是对从事某一职业所必备的学识、技术和能力的基本要求。人力资源和社会保障部负责专业技术人员的资格评价和证书的核发与管理。根据《劳动法》和《职业教育法》的有关规定，对从事技术复杂、通用性广，涉及国家财产、人民生命安全和消费者利益的职业（工种）的劳动者，只要从事国家规定的技术工种（职业）工作，必须取得相应的职业资格证书，方可就业上岗。

职业无贵贱之分，但有取得难易、承担社会责任大小之分，因此国家会采取职业资格准入制度。职业资格证书可分为注册类资格（注册建造师、注册结构工程师、注册监理工程师等），执业类资格（执业医师、执业律师、大法官、大检察官、执业中医师、执业护士等），许可类资格（教师证、钳工证、焊工证、证券从业类、保险类等）。其他未特别强调的可参照相关行业的职业资格，或无一定的职业资格要求。不同的职业资格准入取得方式不同，有的要求必须通过全国性统一考试，有的无要求，有的甚至要求取得资格证书前必须在相关行业内从事相关工作一定的时间（建造师、咨询工程师、监理工程师等）。

1. 从业资格的取得

具备下列条件之一者，可确认从业资格：

（1）具有本专业中专以上学历，见习 1 年期满，经单位考核合格者。

（2）按国家有关规定已担任本专业初级专业技术职务或通过专业技术资格考试取得初级资格，经单位考核合格者。

（3）在本专业岗位工作，经过国家或国家授权部门组织的从业资格考试合格者。

建筑、市政行业的八大员证书考试就属于从业资格考试，一般职业院校均会把取得"员"级证书作为毕业条件之一。

2. 执业资格的取得

执业资格通过考试的方法取得。参加执业资格考试的报名条件根据不同专业另行规定。执业资格考试工作由人事部会同国务院有关业务主管部门按照客观、公正、严格的原则组织进行。执业资格考试由国家定期举行，报名考试的时间可以通过各地人事考试网查询。考试实行全国统一大纲、统一命题、统一组织、统一时间，所取得的执业资格经注册后，全国范围有效。凡符合规定条件的中华人民共和国公民，均可报名参加执业资格考试。国务院有关业务主管部门负责组织执业资格考试大纲的拟定、培训教材的编写和命题工作，并组织考前培训和对取得执业资格人员的注册管理工作。人事部负责审定考试科目、考试大纲和审定命题；确定合格标准；会同有关部门组织实施执业资格考试的有关工作。各地人事（职改）部门会同当地有关业务部门负责本地区执业资格考试的考务工作。在土木工程领域中注册建造师、监理工程师、造价工程师、岩土工程师、消防工程师都属于执业资格证书。

2.3.3　职业教育"1＋X"证书制度

2019 年教育部印发通知，要求做好《国家职业教育改革实施方案》（国发〔2019〕4 号文件）的学习宣传和贯彻落实，推动职业教育大改革大发展，要主动适应新科技革命和产业变革对高素质复合型技术技能人才的需求。从 2019 年开始，在职业院校、应用型本科高校等启动"学历证书＋若干职业技能等级证书"制度试点（简称"1＋X"证书制度试点）。要求加强规范引导，尽快制订工作方案和具体管理办法，培育一批优质的培训评价组织，做好职业院校内职业技能等级证书的实施、管理、监督和考核。要突出重点领域，在先进制造业、现代服务业等技术技能人才紧缺的领域抓紧启动试点，源源不断为各行各业培养亿万高素质的产业生力军。要结合"1＋X"证书制度试点，探索建设"学分银行"，探索构建符合国情的国家资历框架，有序开展学历证书和职业技能等级证书所体现的学习成果的认定、积累和转换，加快学历证书和职业技能等级证书互通衔接，为技术技能人才持续成长拓宽通道。在建筑工程技术领域，BIM、装配式建造技能证书考试先后纳入国家层面"1＋X"证书制度试点。

　　所以，同学们就业后还要面临各种考试，以取得更多更高级别的职业资格。而在校学习期间奠定良好的专业基础更有利于今后通过此类考试，因此必须重视实习期间专业基础知识的学习与积累，通过实习来检验自己掌握的程度，查漏补缺，这样才能在就业后为自己赢得更好的职业环境。

第3章 ▶ 走进建筑企业

3-1
建筑行业的
特点

同学们完成了校内课程的学习，很快将走进建筑企业，参加施工实习、顶岗实习、毕业设计等实践活动，因此有必要先了解建筑企业。建筑行业的特点是什么？我们又将如何融入到建筑企业中去？如何快速适应建筑企业的工作？这些可能都是我们的疑虑，学习生活环境的变化可能会引起焦虑，这都是正常的现象。本章将学习有关建筑企业的基本知识，帮助大家尽快了解建筑企业，以便快速适应实习环境，顺利完成实习任务。

第 1 节　了 解 基 本 建 设 程 序

建筑企业是指依法自主经营、自负盈亏、独立核算，从事建筑商品生产和经营，具有法人资格的经济实体。具体地讲，建筑企业是指从事铁路、公路、隧道、桥梁、堤坝、电站、码头、机场、运动场、房屋（如厂房、剧院、旅馆、医院、商店、学校和住宅等）等土木工程建筑活动，包括对建筑物内、外装饰装修的设计、施工和安装活动的企业，以及从事电力、通信线路、石油、燃气、给水、排水、供热等管道系统和各类机械设备、装置的安装活动的企业。

建筑企业是建筑工程的建设主体，在建筑工程的建设与开展过程中，建筑企业应该整体保障工程的设计、施工、监理质量与安全，全面优化自身的社会经济效益。

为了更好地明确我们的工作内容，首先需要了解基本建设程序。基本建设是一项系统工程，一个工程项目从开始到结束要经历多个阶段（图3.1），我们所在的建筑企业也许只是参与其中一个或几个阶段的工作。

3.1.1　建设程序及其作用

建设程序是"基本建设工作程序"的简称，是基本建设全过程中各项工作必须遵循的先后顺序。它是对基本建设过程中客观存在和起作用的时序规律的认识和反映，并据以制定出基本建设管理工作制度。人们对基本建设时序规律的认识和反应程度不同，制定出来的基本建设工作程序管理制度的科学程度也就不同。

建设程序是对基本建设项目从酝酿、规划到建成投产所经历的整个过程中的各项工作开展先后顺序的规定。它反映了工程建设各个阶段之间的内在联系，是从事建设工作的各有关部门和人员都必须遵守的原则。违反基本建设程序，有可能造成违法，使得项目不具备合法性，参与其中的工作人员、企业的权益也就有可能得不到保障。

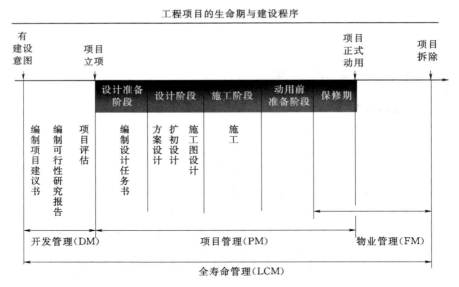

图 3.1 工程项目的生命期与建设程序

一项工程从计划建设到建成投产，要经过许多阶段和环节，有其客观规律性。这种规律性与基本建设自身所具有的技术经济特点有着密切的关系。首先，基本建设工程具有特定的用途。任何工程，不论建设规模大小，工程结构繁简，都要切实符合既定的目的和需要。其次，基本建设工程的位置是固定的，项目具有唯一性。在哪里建设，就在哪里形成生产能力或使用功能。因此，工程建设受社会资源、自然资源、工程地质、水文地质、社会需求等条件的严格制约。基本建设的这些技术经济特点，决定了任何项目的建设过程，一般都要经过计划决策、勘察设计、组织施工、验收投产等阶段，每个阶段又包含着许多环节。这些阶段和环节有其不同的工作步骤和内容，它们按照自身固有的规律，有机地联系在一起，并按客观要求的先后顺序进行。前一个阶段的工作是进行后一个阶段工作的依据，没有完成前一个阶段的工作，就不能进行后一个阶段的工作。比如，没有拿到经过合法审查的图纸就无法开展施工作业。

3.1.2 基本建设程序步骤

3-2 Ⓜ
基本建设程序及主要办理事项

我国按照基本建设的技术经济特点及其规律性，规定基本建设程序主要包括九项步骤。步骤的顺序不能任意颠倒，但可以合理交叉。这些步骤的先后顺序如下：

（1）编制项目建议书。对建设项目的必要性和可行性进行初步研究，提出拟建项目的轮廓设想。这项工作一般是由业主来完成的，业主可以是政府部门、企业、学校、医院等。

（2）开展可行性研究。具体论证和评价项目在技术和经济上是否可行，并对不同方案进行分析比较；可行性研究报告作为设计任务书（也称计划任务书）的附件。可行性研究报告对是否上这个项目、采取什么方案、选择什么地点建设等做出决策。这项工作一般由专业的咨询机构来完成，由咨询工程师根据项目前期调查分析，写出可行性研究报告，并编制设计任务书指导下一阶段的设计工作。

（3）项目评估、编制设计任务书。可行性研究和初步设计，送请有条件的工程咨询机构评估，经认可报计划部门，经过综合平衡，列入年度基本建设计划，并编制设计任务书，对设计要达到的主要指标进行描述。

（4）设计阶段。从技术和经济上对拟建工程做出详尽规划。大中型项目一般采用两阶段设计，即初步设计与施工图设计。技术复杂的项目，可增加技术设计，按三个阶段进行。设计阶段的工作由设计单位完成，成果是形成施工图，施工图一般需要经过专门的图纸审查机构审查才能使用。最终的图纸上，必须有相关人员签字、单位盖章才有效。

（5）建设准备。包括征地拆迁，搞好"三通一平"（通水、通电、通道路、场地平整），通过招投标落实施工力量，组织物资订货和供应，以及其他各项准备工作。

（6）施工阶段。准备工作就绪后，提出开工报告，经过批准，即开工兴建；遵循施工程序，按照设计要求和施工技术验收规范，进行施工安装。

（7）动用准备阶段。生产性建设项目开始施工后，及时组织专门力量，有计划有步骤地开展生产准备工作。如设备的试运转，生产线试生产。

（8）交付验收、项目后评价。按照规定的标准和程序，对竣工工程进行验收，编制竣工验收报告和竣工决算，并办理固定资产交付生产使用的手续。小型建设项目，建设程序可以简化。项目完工后对整个项目的造价、工期、质量、安全等指标进行分析评价或与类似项目进行对比。

（9）物业管理阶段。项目交付以后，进入正式使用阶段，一般项目都有一定的保修期，保修期内的质量问题由施工单位负责维修，保修期后的质量问题由业主或物业管理单位负责维修。

3.1.3　违反基本建设程序的后果

违反基本建设程序是政府不允许发生的行为，因为违反基本建设程序可能造成严重的质量安全事故，也是滋生腐败的重要原因。如该审批的项目未经审批，该勘察设计的项目没有进行严格的勘察设计就开展施工建设，有可能导致严重工程事故。因此建设行政主管部门对基本建设程序要进行严格管理，未按照程序建设的项目一般都会勒令整改或停工处理，情节严重的企业会被列入黑名单，从而造成企业不良的社会影响，无法正常开展经营活动。因此，同学们实习的时候，一定要选择遵纪守法的正规建筑企业。项目正常开展，我们的实习实践才能顺利进行。

第 2 节　施工项目的特点

目前我国建筑业正处在技术转型期，大多数建筑生产采用传统的现场湿作业为主的建造方式，也有部分建筑采用装配式建造方式来建造，装配式建筑、装配式装修、装配式的桥梁与管廊日益增多，建筑生产有工业化的趋势，两种不同的建造方式的施工特点有一定的差异。

3.2.1   建筑施工的总体特点

建筑施工是指工程建设实施阶段的生产活动，是各类建筑物的建造过程，也可以说是把设计图纸上的各种线条、符号在指定的地点变成实物的过程。它包括基础工程施工、主体结构施工、屋面工程施工、装饰工程施工等。施工作业的场所被称为"建筑施工现场"或叫"施工现场"，也叫"工地"。

建筑施工是人们利用各种建筑材料、机械设备按照特定的设计蓝图在一定的空间、时间内进行的为建造各式各样的建筑产品而进行的生产活动。它包括从施工准备、破土动工到工程竣工验收的全部生产过程。这个过程中将要进行施工准备、施工组织设计与管理、土方工程、爆破工程、基础工程、钢筋工程、模板工程、脚手架工程、混凝土工程、预应力混凝土工程、砌体工程、钢结构工程、木结构工程、结构安装工程等工作。

建筑施工是一个技术复杂的生产过程，需要建筑人员发挥聪明才智，创造性地应用材料、力学、结构、工艺等理论解决施工中不断出现的技术难题，确保工程质量和施工安全。这一施工过程是在有限的时间和一定的空间上进行着多工种操作。成百上千种材料的供应、各种机械设备的运行必须有序，因此必须要有科学的、先进的组织管理措施并采用合理的施工工艺才能圆满完成这个生产过程。这一过程是一个具有较大经济性要求的过程，在施工中将要消耗大量的人力、物力和财力。因此要求在施工过程中处处考虑其经济效益，采取措施降低成本。施工过程中人们关注的焦点始终是工程质量、进度、成本、安全和环境保护。

3.2.2   传统建筑施工的特点

传统建筑施工的特点主要由建筑产品的特点所决定。和其他工业产品相比较，建筑产品具有体积庞大、复杂多样、整体难分、不易移动等特点，从而使建筑施工具有下述主要特点：

（1）生产的流动性。一是项目部是临时组建的机构，随着建筑物或构筑物坐落的位置变化而整个地转移生产地点，人员可能有较大的变动；二是在一个工程的施工过程中施工人员和各种机械、电气设备随着施工部位的不同而沿着施工对象上下左右流动，不断转移操作场所。正是由于生产的流动性造成生产人员不稳定，施工风险源多，风险管控任务重。

（2）产品的形式多样。建筑物因其所处的自然条件和用途的不同，工程的结构、造型和材料亦不同，施工方法必将随之变化，很难实现标准化。目前就房屋建筑、市政工程而言，多数采用钢筋混凝土材料建造，也有采用钢结构建造的，当然还有用铝合金、玻璃、石膏、石灰等材料来进行装饰建造，目前很少直接采用木结构来营造建筑物了。

（3）施工技术复杂。建筑施工常需要根据建筑结构情况进行多工种配合作业，多单位（土石方、土建、吊装、安装、装修等）交叉配合施工，所用的物资和设备种类繁多，因而施工组织和施工技术管理的要求较高。

（4）露天和高处作业多。建筑产品的体形庞大、生产周期长，施工多在露天和高处进行，常常受到自然气候条件的影响。由于这些特点，建筑施工风险源相对较多，容易造成一些伤害事故，如高处坠落、物体打击、雷击等，因此需要进行针对性的风险防范，比如做好临边防护、洞口防护等。

（5）机械化程度低。传统建筑施工机械化程度较低，仍要依靠大量的手工操作。对建筑工人的技术要求较高，由于人员的素质差异容易造成产品质量不够稳定。所以需要加强施工过程的管理，管理人员必须掌握一套质量管理手段，才能有效控制建筑产品的质量。

3.2.3　装配式建筑施工的特点

建筑工业化是指通过现代化的制造、运输、安装和科学管理的大工业的生产方式来代替传统建筑业中分散的、低水平的、低效率的手工业生产方式。它的主要标志是建筑设计标准化、构配件生产施工化、施工机械化和组织管理科学化。与传统的建造方式根本区别在于把社会生产力从手工业的小生产方式向社会化的大生产方式转化。它是采用现代大工业生产来建造建筑物，运用现代技术、先进生产方式推动建筑业发展的文明。目前政府有序推进建筑工业化，提倡采用装配式建造方式来建造房屋、市政设施，因此我们在实习过程中很可能会接触装配式建筑的施工。

装配式建筑采用先进、适用的技术、工艺和装备科学合理地组织施工，发展施工专业化，提高机械化水平，减少繁重、复杂的手工劳动和湿作业；发展建筑构配件、制品、设备生产并形成适度的规模经营，为建筑市场提供各类建筑使用的系列化的通用建筑构配件和制品；制定统一的建筑模数和重要的基础标准（模数协调、公差与配合、合理建筑参数、连接等），合理解决标准化和多样化的关系，建立和完善产品标准、工艺标准、企业管理标准、工法等，不断提高建筑标准化水平；采用现代管理方法和手段，优化资源配置，实行科学的组织和管理，培育和发展技术市场和建筑信息管理系统，加大 BIM 技术的应用，使得建造方式往智能建造方向发展（图 3.2）。

3-3
BIM+ 智慧工地

图 3.2　长沙远大住工智能建造工厂

装配式建筑的优缺点：

（1）由于采用工厂化生产，使得施工现场的建筑垃圾大量减少，因而更加环保。由于采用叠合板做楼板底模，外挂板作剪力墙的一侧模板，因此节省了大量的模板。

（2）由于大量的墙板及预制叠合板都在工厂生产，从而大量减少了现场混凝土施工强度所需要的时间，甚至省去了部分砌筑和抹灰工序，因此大大缩短了整体工期（图 3.3）。

图 3.3　带饰面的装配式墙板

（3）有利于文明施工、安全管理。传统现浇式混凝土结构作业现场需要大量的工人，现在把大量的工地作业移到工厂，现场只需留小部分工人就行，大大方便了现场施工安全的管理。

（4）装配式施工不能很好地解决装修的个性化与成品规模化之间的矛盾。装配式房屋对设计、建造各专业的配合度要求更高，需要各专业尽早参与配合。涉及预制构件的预留洞、预埋管，图纸细化工作量非常大（图 3.4）。

图 3.4　预制构件预埋管道及吊装

装配式建筑施工控制重点在于选定构件供应商。选择一个良好的供应商是整个施工过程中质量与进度保障的重点，尽快根据施工图进行图纸深化，并与预制厂进行交底。构件图出图后，第一时间必须对构件图中的预留预埋部分认真核对，确保无遗漏、无错误。避免构件生产后无法满足施工措施和建筑功能的要求。

要审核构件加工厂的预制构件生产加工方案和进度方案，方案内要体现质量控制措施、合格标准、供货计划，重点关注供货计划是否能满足现场施工要求。审核与装配式生产相关的各施工专项方案主要有塔吊安装方案、吊装专项方案、垂直运输方案、脚手架支撑方案等。

装配整体式混凝土结构安装顺序、连接方式、临时支撑、拉结、应保证施工过程结构构件具有足够的承载力和刚度，并应保证结构整体稳固性。施工单位应建立健全质量管理体系、施工质量控制和检验制度。

第 3 节　建设工程项目参建单位

参建单位是指参与某项工程项目建设并对该工程项目承担特定法律责任的所有单位，一般包含项目法人（业主）、设计单位、监理单位、承包商。为了提高工程管理效率，有些建设单位会采用代建模式进行项目管理，于是就出现了建设管理单位作为代理业主进行项目管理。各参建单位在工程施工中担任不同角色，并承担相应义务及责任，形成建设项目管理系统（图 3.5）。

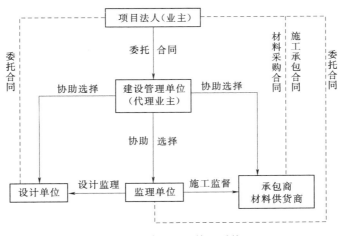

图 3.5　建设项目管理系统

3.3.1　建设工程参建各责任主体的责任和义务

1. 建设单位的责任

（1）建设单位要根据工程特点和技术要求，按有关规定选择相应资质等级的勘察、设计单位和施工单位，在合同中必须有质量条款，明确质量责任，并真实、准确、齐全地提供与建设工程有关的原始资料。凡与建设工程项目的勘察、设计、施工、监理以及工程建设有关的重要设备材料等的采购，均实行招标，依法确定程序和方法，择优选定中标者。不得将应由一个承包单位完成的建设工程项目肢解成若干部分发包给几个承包单位；不得迫使承包方以低于成本的价格竞标；不得任意压缩合理工期；不得明示或暗示设计单位或施工单位违反建设强制性标准，降低建设工程质量。建设单位对其自行选择的设计、施工单位发生的质量问题承担相应责任。

（2）建设单位应根据工程特点，配备相应的质量管理人员。对国家规定强制实行监理的工程项目，必须委托具有相应资质等级的工程监理单位进行监理。建设单位应与监理单位签订监理合同，明确双方的责任和义务。

（3）建设单位在工程开工前，负责办理有关施工图设计文件审查、工程施工许可证和工程质量监督手续，组织设计和施工单位认真进行设计交底。在工程施工中，应按国家现行有关工程建设法规、技术标准及合同规定对工程质量进行检查，涉及建筑主体和承重结构变动的装修工程，建设单位应在施工前委托原设计单位或者相应资质等级的设计单位提出设计方案，经原审查机构审批后方可施工。工程项目竣工后，应及时组织设计、施工、工程监理等有关单位进行施工验收，未经验收备案或验收备案不合格的，不得交付使用。

（4）建设单位按合同的约定负责采购供应的建筑材料、建筑构配件和设备，应符合设计文件和合同要求，对发生的质量问题，应承担相应的责任。

2．工程监理单位的质量责任

（1）工程监理单位应按其资质等级许可的范围承担工程监理业务，不得超越本单位资质等级许可的范围或以其他工程监理单位的名义承担工程监理业务，不得转让工程监理业务，不得允许其他单位或个人以本单位的名义承担工程监理业务。

（2）工程监理单位应依照法律、法规以及有关技术标准、设计文件和建设工程承包合同与建设单位签订监理合同，代表建设单位对工程质量实施监理，并对工程质量承担监理责任。监理责任主要有违法责任和违约责任两个方面。如果工程监理单位故意弄虚作假、降低工程质量标准，造成质量事故，须承担法律责任。如果工程监理单位与承包单位串通，谋取非法利益，给建设单位造成损失，应当与承包单位承担连带赔偿责任。如果监理单位在责任期内，不按照监理合同约定履行监理职责，给建设单位或其他单位造成损失，属违约责任，应当向建设单位赔偿。

3．勘察、设计单位的质量责任

（1）设计单位必须在其资质等级许可的范围内承揽相应的设计任务，不得承揽超越其资质等级许可范围以外的任务，不得将承揽工程转包或违法分包，也不得以任何形式以其他单位的名义承揽业务或允许其他单位或个人以本单位的名义承揽业务。

（2）设计单位必须按照国家现行的有关规定、工程建设强制性技术标准和合同要求进行设计工作，并对所编制的设计文件的质量负责。设计单位提供的设计文件应当符合国家规定的设计深度要求，注明工程合理使用年限。设计文件中选用的材料、构配件和设备应当注明规格、型号、性能等技术指标，其质量必须符合国家规定的标准。除有特殊要求的建筑材料、专用设备、工艺生产线外，不得指定生产厂、供应商。设计单位应就审查合格的施工图文件向施工单位做出详细说明，解决施工中对设计提出的问题，负责设计变更。参与工程质量事故分析，并对因设计造成的质量事故，提出相应的技术处理方案。

4．施工单位的质量责任

（1）施工单位必须在其资质等级许可的范围内承揽相应的施工任务，不得承揽超越其资质等级业务范围以外的任务，不得将承接的工程转包或违法分包，也不得以任何形式以其他施工单位的名义承揽工程或允许其他单位或个人以本单位的名义承揽工程。

（2）施工单位对所承包的工程项目的施工质量负责。应当建立、健全质量管理体系，落实质量责任制，确定工程项目的项目经理、技术负责人和施工管理负责人。实行总承包的工程，总承包单位应对全部建设工程质量负责。建设工程设计、施工、设备采购的一项或多项实行总承包的，总承包单位应对其承包的建设工程或采购设备的质量负责；实行总分包的工程，分包应按照分包合同约定对其分包工程的质量向总承包单位负责，总承包单位与分包单位对分包工程的质量承担连带责任。

（3）施工单位必须按照工程设计图纸和施工技术规范标准组织施工。未经设计单位同意，不得擅自修改工程设计。在施工中，必须按照工程设计要求、施工技术规范标准和合同约定，对建筑材料、构配件、设备进行检验，不得偷工减料，不得使用不符合设计和强制性技术标准要求的产品，不得使用未经检验和试验或检验和试验不合格的产品。

3.3.2　建筑企业资质分类

建筑业企业资质分为施工总承包、专业承包、施工劳务三个序列。其中施工总承包序列设有 12 个类别，一般分为 4 个等级（特级、一级、二级、三级）；专业承包序列设有 36 个类别，一般分为 3 个等级（一级、二级、三级）；施工劳务序列不分类别和等级。

1. 施工总承包序列资质标准

施工总承包序列设有 12 个类别，分别是：建筑工程施工总承包、公路工程施工总承包、铁路工程施工总承包、港口与航道工程施工总承包、水利水电工程施工总承包、电力工程施工总承包、矿山工程施工总承包、冶金工程施工总承包、石油化工工程施工总承包、市政公用工程施工总承包、通信工程施工总承包、机电工程施工总承包。

2. 专业承包序列资质标准

专业承包序列设有 36 个类别，分别是：地基基础工程专业承包、起重设备安装工程专业承包、预拌混凝土专业承包、电子与智能化工程专业承包、消防设施工程专业承包、防水防腐保温工程专业承包、桥梁工程专业承包资质、隧道工程专业承包、钢结构工程专业承包、模板脚手架专业承包、建筑装修装饰工程专业承包、建筑机电安装工程专业承包、建筑幕墙工程专业承包、古建筑工程专业承包、城市及道路照明工程专业承包、公路路面工程专业承包、公路路基工程专业承包、公路交通工程专业承包、铁路电务工程专业承包、铁路铺轨架梁工程专业承包、铁路电气化工程专业承包、机场场道工程专业承包、民航空管工程及机场弱电系统工程专业承包、机场目视助航工程专业承包、港口与海岸工程专业承包、航道工程专业承包、通航建筑物工程专业承包、港航设备安装及水上交管工程专业承包、水工金属结构制作与安装工程专业承包、水利水电机电安装工程专业承包、河湖整治工程专业承包、输变电工程专业承包、核工程专业承包、海洋石油工程专业承包、环保工程专业承包、特种工程专业承包。

3. 施工劳务序列资质标准

施工劳务序列不分类别和等级。

第 4 节　项 目 管 理 基 础 理 论

施工项目管理的内容是研究如何以高效益地实现项目目标为目的，以项目经理负责制为基础，对项目按照其内在逻辑规律进行有效地计划、组织、协调和控制，以适应内部及外部环境并组织高效益的施工,使生产要素优化组合、合理配置,保证施工生产的均衡性,利用现代化的管理技术和手段,以实现项目目标,使企业获得良好的综合效益。施工项目管理也是为使项目实现所要求的质量、所规定的时限、所批准的费用预算所进行的全过程、全方位的规划、组织、控制与协调。在顶岗实习阶段,同学们要参与项目部的工作,就必然会融入项目管理团队,熟悉建筑工程项目管理的基本知识是非常重要的。

3.4.1　项目管理的对象及目标

项目管理的对象是项目,由于项目是一次性的,故项目管理需要用系统工程的观念、理论和方法进行管理,具有全面性、科学性和程序性。项目管理的目标就是项目的目标,项目的目标界定了项目管理的主要内容是三控制二管理一协调,即进度控制、质量控制、费用控制、合同管理、信息管理和组织协调。

施工项目的生产要素有劳动力、材料、机械设备、技术和资金。这些要素具有集合性、相关性、目的性和环境适应性,是一种相互结合的立体多维的关系,这就说明项目是具有系统性的一次性施工任务,施工项目管理是具有系统管理的特点的。加强施工项目管理,必须对施工项目的生产要素详细分析,认真研究并强化其管理。

对施工项目生产要素进行管理主要体现在四个方面:

(1) 对生产要素进行优化配置。即适时、适量、比例适当、位置适宜地配备或投入生产要素以满足施工需要。

(2) 对生产要素进行优化组合。即对投入施工项目的生产要素在施工中适当搭配以协调地发挥作用。

(3) 对生产要素进行动态管理。动态管理是优化配置和优化组合的手段与保证,动态管理的基本内容就是按照项目的内在规律,有效地计划、组织、协调、控制各生产要素,使之在项目中合理流动,在动态中寻求平衡。

(4) 合理地、高效地利用资源,从而实现提高项目管理综合效益,促进整体优化的目的。

3.4.2　项目管理的基本原理

1. 动态控制原理

项目管理领域有一条重要的哲学思想:变是绝对的,不变是相对的;平衡是暂时的,不平衡是永恒的;有干扰是必然的,没有干扰是偶然的。因此项目必须采取动态控制的方法进行管理(图 3.6)。

建设项目目标动态控制的工作步骤划分如下:

(1) 在项目实施的各阶段正确确定计划值。

(2) 准确、完整、及时地收集实际数据。

(3) 作计划值与实际值的动态跟踪比较。

(4) 当发生偏离时,分析产生偏离的原因,采取纠偏措施。

2. PDCA 循环原理

PDCA 循环是美国质量管理专家戴明博士首先提出的，又称戴明环。全面质量管理的思想基础和方法依据就是 PDCA 循环。PDCA 循环的含义是将质量管理分为四个阶段，即计划（plan）、执行（do）、检查（check）、处理（action）。在质量管理活动中，要求把各项工作按照制订计划、计划实施、检查实施效果，然后将成功的纳入标准，不成功的留待下一循环去解决的工作方法，这是质量管理的基本方法，也是企业管理各项工作的一般规律（图 3.7）。

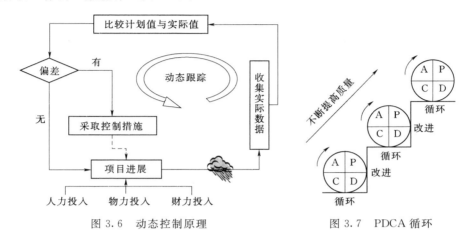

图 3.6　动态控制原理　　　　图 3.7　PDCA 循环

（1）P（plan，计划）

计划可以理解为明确目标并制定实现目标的行动方案。

（2）D（do，执行）

执行就是具体运作，实现计划中的内容。执行包含两个环节，即计划行动方案的交底和按计划规定的方法与要求展开活动。

（3）C（check，检查）

检查指对计划实施过程进行各类检查。各类检查包含两个方面：一是检查是否严格执行了计划的行动方案，实际条件是否发生了变化，没按计划执行的原因；二是检查计划执行的结果。

（4）A（action，处置）

处置指对于检查中所发现的问题，及时进行原因分析，采取必要的措施予以纠正，保持目标处于受控状态。处置分为纠偏处置和预防处置两个步骤，前者是采取应急措施，解决已发生的或当前的问题或缺陷；后者是信息反馈管理部门，反思问题症结或计划时的不周，为今后类似问题的预防提供借鉴。对于处置环节中没有解决的问题，应交给下一个 PDCA 循环去解决。

3.4.3　质量控制基本理论

1. 影响工程质量的因素

影响工程质量的因素包括 4M1E，指 man（人）、machine（机器）、material（物）、

method（方法），简称人、机、事、物方法，工作中充分考虑人、机、事、物四个方面因素，通常还要包含 1E：environment（环境），故合称 4M1E 法。也就是人们常说的：人、机、料、法、环现场管理五大要素（图 3.8）。

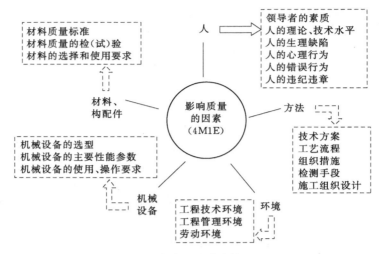

图 3.8　影响工程质量的 4M1E

3－5
三阶段质量
控制

2. 三阶段控制原理

就是通常所说的事前控制、事中控制、事后控制。这三阶段控制构成了质量控制的系统过程。

（1）事前控制。要求预先进行周密的质量计划。尤其是工程项目施工阶段，制订质量计划、编制施工组织设计或施工项目管理规划，都必须建立在切实可行、有效实现预期质量目标的基础上，作为一种方案进行施工部署。事前控制，其内涵包括两层意思，一是强调质量目标的计划预控，二是按质量计划进行质量活动前的准备工作状态的控制。

（2）事中控制。首先是对质量产生过程中各项技术作业活动操作者在相关制度的管理下自我约束的同时，充分发挥其技术能力，去完成预定质量目标的作业任务。其次是对质量活动过程和结果，来自他人的监督控制。

（3）事后控制。包括对质量活动结果的评价和对质量偏差的纠正。从理论上讲，希望做到各种作业活动的结果都"一次成功""一次交验合格率 100％"。但客观上相当部分的工程不可能做到，因为在过程中不可避免地会存在一些计划难以预料的影响因素。因此，当出现实际质量值与目标值之间超出允许偏差时，必须分析原因，采取措施纠正偏差，保持质量受控状态。

事前控制、事中控制、事后控制不是孤立和截然分开的，它们之间构成有机的系统过程，实际上就是 PDCA 循环的具体化，并在每一次滚动循环中不断提高，达到质量管理的持续改进。

3. 三全控制

"三全"管理，主要是指全过程、全员、全企业的质量管理。从系统观点来看，

"三全"管理是一个整体,而整体内部的个体又有各自的个性和相互联系。因此,正确理解"三全"的各自含义,对开展全面质量管理具有十分重要意义。

(1)全过程的质量管理。是指一个工程项目从立项、设计、施工到竣工验收的全过程。或是指施工现场的"全过程",则是从施工准备、施工实施、竣工验收直到回访保修的全过程。全过程的管理就是对每一道工序都要有质量标准,严把质量关,防止不合格的产品流入下一道工序。

(2)全员的质量管理。要使每一道工序质量都符合质量标准,必然涉及每一位职工是否具有强烈的质量意识和工作质量的好坏。因此,全员的质量管理要强调企业和施工现场的全体员工用自己的工作质量来保证每一道工序的质量。

(3)全企业的质量管理。所谓"全企业"主要是从组织管理来理解。在企业管理中,每一个管理层次都有相应的质量管理活动,不同层次的质量管理活动的重点不同。上层侧重于决策和协调;中层侧重于执行其质量职能;基层(一般指施工班组)则侧重于严格按照技术标准和操作规程进行施工。施工现场质量管理活动主要涉及中层和基层的质量管理活动。

3.4.4 进度控制的常用工具

任何工程项目都是有时间约束的,项目部必须在规定的时间内完成项目,因此实习生在参与工程项目时,要逐渐养成进度意识,今日事,今日毕,不能养成拖沓的习惯。在参与进度控制相关工作时会用到进度控制工具,以下进行介绍,同学们也可以通过施工组织设计或工程项目管理相关课程的复习,更好的应用进度控制工具。

1. 横道图

横道图又称甘特图(gantt chart),它是以图示的方式通过活动列表和时间刻度形象地表示出任何特定项目的活动顺序与持续时间。它是在第一次世界大战时期发明的,以亨利·L. 甘特先生的名字命名,他制定了一个完整地用条形图表进度的标志系统。由于甘特图形象简单,在简单、短期的项目中,甘特图均得到了最广泛的运用(图3.9)。

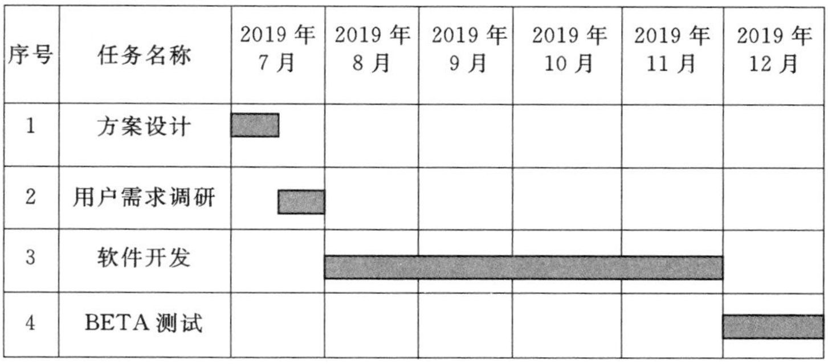

序号	任务名称	2019 年7 月	2019 年8 月	2019 年9 月	2019 年10 月	2019 年11 月	2019 年12 月
1	方案设计	▨					
2	用户需求调研		▨				
3	软件开发			▨▨▨▨			
4	BETA 测试						▨

图 3.9 横道图

由于横道图太简单,用它来描述较为复杂的计划安排时,就显得无能为力。首先,横道图无法描述项目中各种活动间错综复杂且相互制约的逻辑关系,而这种关系是在安排大型项目计划时经常遇到的。其次，横道图只能描述项目计划内各种活动安排的时序关系，无法同时反映更多的由项目策划者或实施者关注的其他计划内容，如影响项目总工期的关键活动有哪些？在哪些活动的节点存在一定的活动余地等。另外，横道图也不便于调整，从而也不便于优化。因此，横道图的应用受到一定的限制，通常仅适用于如下场合：用于某些小型的、简单的、由少数活动组成的项目计划；用于大中型项目或复杂项目计划的初期编制阶段，这时，项目内复杂的内容尚未揭示出来；用于只需要了解粗线条的项目计划的高层领导；用于宣传报道项目进度形象的场合。

在中小型建筑项目中，横道图还是非常实用的进度控制工具，实习生可以先借助横道图进行一些简单任务的进度安排，然后学习更加复杂的进度控制工具。

2. 网络计划技术

网络计划技术是 20 世纪 50 年代末发展起来的，依其起源有关键路径法（CPM）与计划评审法（PERT）之分。1956 年，美国杜邦公司在制定企业不同业务部门的系统规划时，制定了第一套网络计划。这种计划借助于网络表示各项工作与所需要的时间，以及各项工作的相互关系。通过网络分析研究工程费用与工期的相互关系，并找出在编制计划及计划执行过程中的关键路线。

网络图是指网络计划技术的图解模型（图 3.10），反映整个工程任务的分解和合成。分解，是指对工程任务的划分；合成，是指解决各项工作的协作与配合。分解和合成是解决各项工作之间，按逻辑关系的有机组成。绘制网络图是网络计划技术的基础工作。

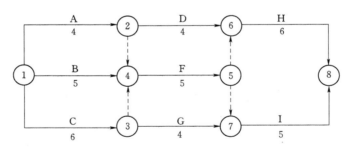

图 3.10   网络图

在实现整个工程任务的过程中，包括人、事、物的运动状态，都是通过转化为时间函数来反映的。反映人、事、物运动状态的时间参数包括各项工作的作业时间、开工与完工的时间、工作之间的衔接时间、完成任务的机动时间及工程范围和总工期等。

通过计算网络图中的时间参数，求出工程工期并找出关键路径。在关键路线上的作业称为关键作业，这些作业完成的快慢直接影响着整个计划的工期。在计划执行过程中关键作业是管理的重点，在时间和费用方面则要严格控制。

网络优化，是指根据关键路线法，通过利用时差，不断改善网络计划的初始方案，在满足一定的约束条件下，寻求管理目标达到最优化的计划方案。网络优化是网络计划技术的主要内容之一，也是较之其他计划方法优越的主要方面。

3.4.5　投资控制的目的及方法

投资控制是项目管理的一项重要任务，是项目管理的核心工作之一。建设工程项目投资控制的目标是使项目的实际总投资不超过项目的计划总投资。

建设工程项目投资控制贯穿于建设工程项目管理的全过程，即从项目立项决策直至工程竣工验收，在项目进展的全过程中，以动态控制原理为指导，进行计划值和实际值的比较，发现偏离及时采取纠偏措施。

经济学中有个"二八定律"也叫帕累托定律，是由意大利经济学家帕累托（1848—1923）提出来的。该定律认为，在任何一组东西中，最重要的只占其中一小部分，约为 20％；其余 80％尽管是多数，却是次要的。项目前期和设计阶段投资控制的重要作用，反映在建设项目前期工作和设计对投资费用的巨大影响上，这种影响也可以由两个"二八定理"来说明：建设项目规划和设计阶段已经决定了建设项目生命周期内 80％的费用；而设计阶段尤其是初步设计阶段已经决定了建设项目 80％的投资（图 3.11）。

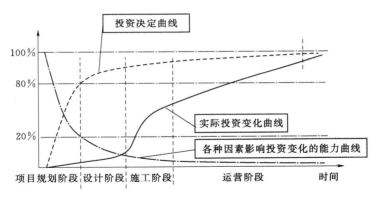

图 3.11　投资控制的二八定律

为实现工程投资动态控制，项目管理人员的工作主要包括以下内容：

（1）确定工程项目投资分解体系，进行投资切块。

（2）确定投资切块的计划值（目标值）。

（3）采集、汇总和分析对应投资切块的实际值。

（4）进行投资目标计划值和实际值的比较，如发现偏差，采取纠偏措施或调整目标计划值。

（5）编制相关投资控制报告。

对施工项目而言，主要是要做好成本控制。工程项目成本控制也包括：事先控制、事中控制（过程控制）和事后控制。成本分析的基本方法包括比较法、因素分析法、差额计算法、比率法，同学们可以在顶岗实习期间进行前续课程复习或文献查阅来进一步掌握这些方法。

第 5 节　施工管理过程中的沟通与协调

项目管理系统中有很多参建单位，各单位有不同的任务、目标和利益，一个单位的项目部也由不同层级的人员组成，单位之间乃至本单位的工作人员之间都需要经常性的沟通与协调。项目中组织利益的冲突比企业中各部门的利益冲突更为激烈，项目管理者必须使各方协调一致、围绕项目目标齐心协力地工作，这就显示出项目管理中沟通与协调的重要性。金华职业技术学院建筑工程技术专业曾经对历届优秀校友进行调研访谈，从调研结果看，优秀校友对沟通与协调能力同样强调，认为从学生成长为企业管理者，良好的沟通与协调能力是非常必要的，因为日常管理工作都需要通过沟通交流。从学校合作企业的调研当中，也可以获得一致的看法。

3.5.1　项目管理中的沟通需求

沟通是组织协调的手段，是解决组织成员间障碍的基本方法，也是正常开展工作的前提，作为实习生应该逐渐建立沟通与协调意识。

协调的程度和效果常依赖于各项目参与者之间沟通的程度。应注重内部人际关系的协调。项目经理所领导的项目经理部是项目组织的领导核心。实习生首先应融入项目团队，才能更有效地开展实习工作。

通常，项目经理不直接控制资源和具体工作，而是由项目经理部中的职能人员具体实施管理，这就使得项目经理和职能人员之间以及各职能人员之间需要协调。实习生需要了解项目部的以下沟通需求。

1. 项目部内部的沟通需求

以项目作为经营对象的施工企业，应形成比较稳定的项目管理队伍，这样尽管项目是一次性的、常新的，但项目小组却相对稳定，各成员之间相互熟悉，彼此了解，可大大减少内部摩擦。

项目部需要建立完善、实用的项目管理机制，明确成员各自的工作职责，设计比较完备的管理工作流程，明确规定项目中正式的沟通方式、渠道和时间，使大家按程序、按规则办事。项目经理应注意从心理学、行为科学的角度激励各个成员的积极性。例如：不独断专行，改进工作关系，关心各个成员，礼貌待人；公开、公平、公正地处理事物；在向上级和职能部门提交报告中，应包括对项目组织成员的评价和鉴定意见，项目结束时应对成绩显著的成员进行表彰等。施工员、安全员等员级管理人员的工作更加具体，往往只负责比较专业、单一的工作，应及时向项目经理汇报项目信息。成员之间在彼此尊重的基础上，也需要及时共享项目信息，以便更好地开展工作。实习生刚刚进入项目组织，不会承担主要工作任务，往往先从员级工作人员的助手做起，应该敏锐洞察成员之间的沟通需求和技巧，逐渐适应项目组的工作氛围，让自己在同事心目中留下良好的印象。

2. 项目部与企业管理层关系的协调

项目经理部与企业管理层关系的协调依据项目管理目标责任书。项目经理部受企业有关职能部、室的指导，既是上下级行政关系，又是服务与服从、监督与执行的关系，即企业层次生产要素的调控体系要服务于项目层次生产要素的优化配置，同时项目生产要素的动态管理要服从于企业主管部门的宏观调控。企业要对项目管理全过程进行必要的监督调控，项目经理部要按照与企业签订的承包合同，尽职尽责、全力以赴地抓好项目的具体实施。

3. 项目经理部与发包人之间的协调

发包人代表项目的所有者，对项目具有特殊的权利。要取得项目的成功，必须获得发包人的支持。项目经理首先要理解总目标和发包人的意图，反复阅读合同或项目任务文件。对于未能参加项目决策过程的项目经理，必须了解项目构思的基础、起因、出发点，了解目标设计和决策背景，否则可能对目标及完成任务有不完整的甚至无效的理解，会给工作造成很大的困难。如果项目管理和实施状况与最高管理层或发包人的预期要求不同，发包人将会干预，要改变这种状态。因此，项目经理必须花很大力气来研究发包人的意图，研究项目目标。

尽管有预定的目标，但项目实施必须执行发包人的指令，使发包人满意。发包人通常是其他专业领域的人，可能对项目懂得很少，解决这个问题比较好的办法是：使发包人理解项目和项目实施的过程，减少非程序干预；项目经理做出决策时要考虑到发包人的期望，经常了解发包人所面临的压力，以及发包人对项目关注的焦点；尊重发包人，随时向发包人报告情况；合理安排计划，按照计划办事，让发包人理解承包商和非程序干预的后果。

项目经理部协调与发包人之间关系的有效方法是严格执行合同。从实习生到项目经理，有很长的路要走，也许你认为自己职位低，不会与业主直接沟通，从而忽视处理与业主之间的关系，这是错误的。实习生应该站在项目成员的角度，理解项目经理与业主沟通的需求，从项目利益考虑，可以为项目经理提供一些有用的信息，从而使得项目经理或施工员与业主沟通更加顺畅。然后逐渐模仿正式成员的沟通技巧，为将来胜任岗位奠定基础。

4. 施工项目部与监理机构关系的协调

项目经理部应及时向监理机构提供有关生产计划、统计资料、工程事故报告等，应按施工合同的要求，接受监理单位的监督和管理，搞好协作配合。项目经理部应充分了解监理工作的性质、原则，尊重监理人员，对其工作积极配合，始终坚持双方目标一致的原则，并积极主动地工作。在合作过程中，项目经理部应注意现场签证工作，遇到设计变更、材料改变或特殊工艺以及隐蔽工程等应及时得到监理人员的认可，并形成书面材料，尽量减少与监理人员的摩擦。项目经理部应严格地组织施工，与监理人员意见不一致时，双方应以进一步合作为前提，在相互理解、相互配合的原则下进行协商，项目经理部应尊重监理人员或监理机构的最后决定。实习生是项目部成员之一，理解施工单位和监理单位的关系是表达出正确的沟通意向的基础。

5. 项目经理部与设计单位关系的协调

项目经理部应在设计交底、图纸会审、设计洽商与变更、地基处理、隐蔽工程验收和竣工验收等环节与设计单位密切配合，同时应接受发包人和监理工程师对双方的

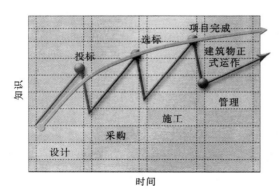

图 3.12　信息在不同管理环节的流失

协调。项目经理部应注重与设计单位的沟通，对设计中存在的问题应主动与设计单位磋商，积极支持设计单位的工作，同时争取设计单位的支持。项目经理部在设计交底和图纸会审工作中应与设计单位进行深层次的交流，准确把握设计，减少信息流失（图 3.12）。对设计与施工不吻合或设计中的隐含问题应及时予以澄清和落实；对于一些争议性的问题，应巧妙地利用发包人与监理工程师的职能，避免正面冲突。

6. 项目经理部与材料供应商关系的协调

项目经理部与材料供应商应该依据供应合同，充分利用价格招标、竞争机制和供求机制搞好协作配合。项目经理部应在项目管理实施规划的指导下，认真做好材料需求计划，并认真调查市场，在确保材料质量和供应的前提下选择供应商。为保证双方的顺利合作，项目经理部应与材料供应商签订供应合同，并力争使得供应合同具体、明确。为了减少资源采购风险，提高资源利用效率，供应合同应就数量、规格、质量、时间和配套服务等事项进行明确。项目经理部应利用价格机制和竞争机制与材料供应商建立可靠的供求关系，确保材料质量和使用服务。

7. 项目经理部与分包人关系的协调

项目经理部与分包人关系的协调应按分包合同执行，正确处理技术关系、经济关系，正确处理项目进度控制、质量控制、安全控制、成本控制、生产要素管理和现场管理中的协调关系。项目经理部还应对分包单位的工作进行监督和支持。项目经理部应加强与分包人的沟通，及时了解分包人的情况，发现问题及时处理，并以平等的合同双方关系支持承包人的活动，同时加强监管力度，避免问题的复杂化和扩大化。

8. 项目经理部与其他单位关系的协调

项目经理部与其他公用部门有关单位的协调应通过加强计划性和通过发包人或监理进行协调。具体内容包括：要求作业队伍到建设行政主管部门办理分包施工许可证，到劳动管理部门办理劳务人员就业证；办理企业安全资格认可证、安全施工许可证、项目经理安全生产资格证等手续；办理施工现场消防安全资格认可证，到交通管理部门办理通行证；到当地户籍部门办理劳务人员暂住手续；到当地城市管理部门办理临建审批手续；到当地政府质量监督管理部门办理建设工程质量监督通知单等手续；到市容监察部门审批运输不遗洒、污水不外流、垃圾清运、场容与场貌等的保证措施方案和通行路线图；配合环保部门做好施工现场的噪声检测；因建设需要砍伐树木时必须提出申请，报园林主管部门审批；大型项目施工或者在文物较密集地进行施工，项目部应事先与市文物部门联系，在施工范围内可能埋藏文物的地方进行文物调查或者勘察工作；持建设项目批准文件、地形图、建筑总平面图、用电量资料等到城市供电管理部门办理施工用电报装手续等。项目经理部与外层关系的协调应在严格守法、遵守公共道德的前提下，充分利用中介机构和社会管理机构的力量。远外层关系的协调主要应以公共原则为主，在确保自己工作合法性的基础上，公平、公正地处理工作关系，提高工作效率。

综上所述，完成一个成功的项目，除了懂技术外，还需要沟通与协调技巧。当你懂得如何获得同事的认可，如何取得客户的信任时，你离胜任正式工作就不远了。平时需要锻炼良好的沟通能力和人际交往能力，以及处理和解决问题的能力。工程项目管理中协调工作涉及方面多而且琐碎，突出了各专业协调对项目顺利实施的重要性。

3.5.2 沟通的艺术

我们在图纸会审、工程交底、项目验收时都需要多方沟通与协调。前苏联教育家苏霍姆林斯基说，"美的语言能带给人愉悦、幸福和享受，是人类不可缺少的精神生活资料"。为了更好地开展工作，我们也需要学习一下沟通的艺术。

在实习和工作过程中，我们经常要与他人沟通和交流。敢讲话、能讲话、会讲话是一项重要的工作能力，也体现一个人的交际水平。提高说话艺术，学会说话、坏话好说、大话小说、急话缓说、虚话实说、实话巧说；真话不全说、假话不能说；善于把僵硬的话讲得婉转、把枯燥的话讲得灿烂、把刻板的话讲得灵动、把冗长的话讲得简练，事情就不会被动。学会说话可以改变一个人性格，由自卑变得自信；可以健全人格，在修炼中学会坚持；把话说好，善于沟通，正确表达工作意图，能够让我们的工作更流畅。

会讲话、把话讲好不是一件容易的事情，沟通需要艺术。人都有一张嘴，主要解决两个基本而重要的需求：一是生存需求，人要吃饭，要呼吸；二是精神需求，人要说话，要交流。说话，是人与人最基本、最直接也是使用最多的沟通交流方式。同时，语言还是人的思维的符号载体，人们获取和积累经验、知识等都要借助语言符号在大脑中储存记忆；说话是理性思维的表达方式，直接反映人的归纳、演绎、逻辑和推理等能力，是个人素养、公众形象、领导水平、组织能力等综合素质最直接的体现。同时，说话方式是一个人思想、观点、立场等观念的反映，是协调艺术和沟通技巧的运用，是立场态度感情的有效表达，是心灵摩擦碰撞的智慧火花。实习生刚到企业，要融入团队，更需要注重沟通。把话讲好，准确地表达自己的思想，是终身都要学习的一项基本功。

有人可能说，我生下来没有几个月就开口说话了，讲了几十年了，讲话还需要再学习吗？其实，能不能说话是一回事，能不能把话讲好是另一回事，开口说话和把话说好是完全不一样的。在项目管理过程中，团队成员之间，项目成员与业主、监理之间沟通时，都应基于自己的立场，做出正确的表达。

纵观古今，善言者长于辩，善思者敏于慧，一个优秀的管理者一定是一个讲话、鼓动的高手，他知道如何通过富有感染力和影响力的讲话去打造愿景、号召群众、凝聚团队、统一认识，形成推动事业发展的强大力量。干一件事情，首先要想明白，而后要讲明白，只有想明白、讲明白，才能干明白。俗话说："良言一句三冬暖，恶语伤人六月寒。"很多时候，一番充满激情和爱意的讲话，会给人很大的鼓励和帮助，让听众热血沸腾，力量倍增；而一句不合时宜的话，会令他人倍感受伤，甚至闹出矛盾。

说话还体现一个人情商的高低。低情商的说话方式既让别人不自在，也让自己不满意，大家的感觉都不好，沟通自然就会出现障碍。而高情商的表达，不仅让对方听着舒服，自己也讲得顺心，大家的感情越讲越近，双方关系越来越融洽，团队的沟通能力得到提升，工作的合力就能够得到增强。

既要干得好，更要讲得好。我们应该把做事与说话两者完美地结合起来，而不是简单地对立起来。在今天的自媒体高度发达的信息社会，只有讲得好，才可能干得好。荀子说，"口能言之，身能行之，国宝也"。戴尔·卡耐基说，"一个人的成功，只有15%归结于他的专业知识，而85%归于他表达思想、领导他人及唤起他人热情的能力"。说话和做事是相辅相成的，一个人"会说话"，不仅有利于提升自身的工作领导力与执行力，而且有利于扩大自己的人际交往，获取更多的工作资源，增强自己的亲和力与影响力，从而把工作做得更好。

3.5.3　建筑施工过程中的沟通与协调

建筑施工中的协作，涉及各个专业工种的每个阶段。由于各专业工程施工中的协调工作处理不妥，可能导致工程施工出现返工、误工，甚至还会带来质量问题和安全隐患。因此，项目参与各方从工程的设计到竣工验收的整个过程，要做到按时按质高效完成，实现价值和利润的最大化，各专业之间的充分沟通与协调尤其重要。

1. 出现沟通与协调问题的原因

现代建筑的科技含量不断提高，涉及范围也越来越广，有土建、给水排水、强电、弱电、通风空调、消防等。每一专业都有它特定的技术要求，同时又必须满足其他专业施工的时间顺序和空间位置的合理需求。如果在技术上不能全面充分考虑各专业工种的协作，则会产生时空上的施工冲突，影响工程的质量和进度。同时，每一栋建筑都是一件个性化的特殊产品，它的每一条管线、设备都有特定的要求，加上新技术、新产品的不断出现和应用，施工人员未能及时掌握，这些都会为施工带来各种技术问题。

在现代项目管理中，专业分包是普遍现象。专业分包单位在工作范围的界定上很难做到"无缝接合"。各专业分包单位往往更多的考虑自身利益，从而人为地带来一些问题，增加了协调管理的复杂性。另外，施工组织管理体制不健全，存在着人员责、权、利不对称和不合理，或者是专业人员思想麻痹，加之施工人员、管理人员的素质参差不齐、不善沟通，都会给施工中各专业的协调工作增加难度，也是产生问题的重要原因。

2. 提升协调管理工作的科学性

作为建筑施工的管理者，应该充分认识施工管理协调工作的重要性，首先要提高行业人员的职业道德修养，有对业主、用户和社会认真负责的态度，认真履行合同，明确自己的责任、权利和义务，积极对待协调问题。

从管理模式上创新，在现有管理水平的基础上，针对影响工程质量和进度的关键问题，创建高效、科学的管理体制，使全体管理人员各负其责，提高整体的管理水平。

项目经理要有全局观念，要有较强的组织协调能力，项目组成员（包括实习生）也要有较强的领会能力，及时帮助项目经理协调解决一些具体问题。

管理协调要避免多头重复、条块分割。协调工作不仅要从技术上下功夫，还要建立一整套健全的管理体系。通过管理以减少施工中各专业的不协调问题，建立以甲方、项目经理为主的统一领导，由专人统一调度，解决各施工单位的协调工作。作为甲方管理人员、项目经理，首先要全面掌握各专业的工序和设计的要求，这样才有可能统筹各专业的施工队伍，保证施工管理的实效。项目组成员也必须明确自己的工作权限、职责，做好承上启下的沟通工作。

3. 重视图纸会审与技术交底

图纸会审是技术协调工作的重要工作。图纸会审关系到各专业的协调，设计人员自己设计的专业图纸都较为严密和完整，但与其他专业施工图的要求不一定能够衔接，比如结构施工图与水电施工图的衔接。要减少因技术错误带来的协调问题，就需要在图纸会审时找出问题，并认真落实，把协调的隐患问题解决在施工前。

技术交底也是协调的重要环节。技术交底是让施工队、班组充分理解设计意图，了解施工的各个环节，从而减少交叉协调出现的问题。

4. 明确责任制度

建立由管理层到班组逐级的责任制度，责权分明。在责任制度的基础上建立奖惩制度，提高施工人员的责任心和积极性。建立严格的验收制度，隐蔽验收与中间验收是做好协调管理工作的关键。此时的工作已从图纸阶段进入实物阶段，各专业之间的问题更加形象与直观，问题更容易发现，同时也最容易解决和补救。通过各部门的认真检查，建立严格的验收制度，可以把问题减至最少。

5. 建立专门的协调制度和问题处理制度

项目参与各方定期组织协调会，及时解决施工中的协调问题。对于较为复杂的部位，在施工前应组织专门的协调会，使各专业队伍进一步明确施工顺序、技术要求。当出现质量问题时，监督人员视具体情况处理，必要时则通知参加建设各方召开现场会，分析质量问题的根源，做出决定。根据现场会的决定，由监理单位整理形成会议纪要，制定下一步全面检测方案。设计单位根据检测报告进行设计复核，出具书面复核或质量问题处理意见，并加盖设计单位图章。

监理单位经全面检测，证实工程或构件、部位存在结构问题及隐患的，必须依据有关技术标准、设计意见提出对质量问题处理的报告。施工单位要根据设计、监理及建设单位意见制定处理结构质量问题的处理报告。经设计单位提出复核、处理意见的，监督部门应监督建设单位组织整改，加固或补强施工。事故处理完结后，由施工单位提出报告，建设单位组织各方验收，形成事故处理验收意见，纳入施工技术资料。

6. 要善于总结经验

及时总结经验教训，善于分析问题，找出问题的所在，是施工协调管理工作中决策者和组织实施者的基本要求。作为施工现场技术管理人员，更要善于不断地总结工作中的经验教训，对施工中常见的问题，如水电与土建施工的交叉，设备与建筑结构的冲突，建筑的外立面施工与内部功能设施作业顺序的矛盾，各种预制件、预埋件、装饰与结构的关系以及各专业之间的工期矛盾等，都要做到心中有数，了如指掌。

第 6 节　实 习 安 全 指 导

安全是保障各项工作的前提，而安全隐患无处不在，无时不在。顶岗实习期间我们需要下工地学习，建筑施工现场危险源较多，如果不掌握一定的安全防范知识，就有可能造成伤害事故，因此在实习前应该学习一些安全知识。

3.6.1　实习期间的日常安全注意事项

校外实习期间，由于施工场地的流动性，同学们可能会住在企业集体宿舍或出租房，或许工地离住处会有一定的距离，需要交通出行，因此要注意一些日常的安全问题，比如火灾的防范、安全出行、安全用电等。

1. 如何预防在实习单位或住处发生火灾

（1）不乱扔烟头和火种，最好能不抽烟。

（2）不违章使用明火，不点蜡烛，不焚烧杂物，不燃放烟花爆竹。

（3）不存放易燃易爆物品。

（4）不乱拉乱接电线。

（5）不违章使用电器。

（6）不使用废旧或者质量低劣的电器设备。

（7）不损坏、圈占消防栓等消防设施。

（8）不侵占消防通道，保持其畅通。

（9）不在火源附近放置可燃物品。

（10）不长时间给手机充电或使用电热毯等发热物品。

（11）进入公共场所注意观察消防标志，记住疏散方向。

火灾防范意识是每个公民都必须具备的意识，一些火灾案例中不乏学生受害者的身影，即使在大学校园内也有因学生不遵守消防规定而酿成的悲剧。

2. 灭火的基本方法

3-6 ⊤
火灾案例

燃烧必须同时具备三个条件：可燃物质、助燃物质（氧气）和火源。只要能去掉一个燃烧条件，即能将火熄灭。从灭火斗争实践中，消防部门总结出了以下几种有效的灭火方法：

（1）隔离法。将着火的地方和物体与其周围的可燃物隔离或移开，燃烧就会因为缺少可燃物质而停止。

（2）窒息法。阻止空气流入燃烧区或用不燃烧的物质冲淡空气，使燃烧物得不到足够的氧气而熄灭，比如油锅着火，可以马上用锅盖盖上，即可扑灭。

（3）冷却法。将灭火剂直接喷射到燃烧物上，以降低燃烧物的温度。当燃烧物的温度降低到该物的燃点时，燃烧就停止了。

（4）抑制法。由于有焰燃烧是通过链式反应进行的，如果能够有效地抑制自由基的产生或降低火焰中的自由基浓度，即可使燃烧中止。化学抑制灭火的常见灭火剂有干粉灭火剂和七氟丙烷灭火剂。化学抑制灭火速度快，使用得当可有效地扑灭初期火灾，减少人员伤亡和财产损失。该方法对于有焰燃烧火灾效果较好，而对深位火灾由于渗透性较差，灭火效果不理想。

3. 拨打"119"火警电话

（1）打电话要沉着镇定，可直接拨 119 号码。

（2）听到对方接电话时，即可讲清火灾的地点和单位，并尽可能讲清着火的对象、类型和范围。

（3）要注意对方的提问，并把自己的电话号码告诉对方，以便联系。

（4）电话挂断后派人在必经的路口等候，引导消防车迅速到达火场。

4. 参加灭火的注意事项

在参加灭火过程中，既要灭火也要保护自身的安全，因此应该注意：

（1）"一切行动听指挥"。一旦发生火灾，要自觉听从指挥机构的统一指挥，有序地进行灭火。

（2）要提高警觉，遵守火场秩序，听从专业消防人员的指挥。

（3）在灭火过程中，由于思想处于高度紧张状态，要特别注意安全，谨慎行事，避免不必要的伤亡。

5. 应对人身着火

（1）不能奔跑，应就地打滚。

（2）如果条件允许，可以迅速将着火的衣服撕裂脱下，浸入水中或掼、踩或用水扑灭。

（3）倘若附近有河、塘、水池等，可迅速跳入浅水中，但是，如果人体烧伤面积太大或者烧伤程度较深，则不能跳水，防止细菌感染或其他不测。

（4）如果有两人以上在场，未着火的人需要镇定、沉着，立即用衣服、扫帚等朝着火人身上的火点覆盖、掼或帮助他撕下衣服，或将湿毛毯把着火人包裹起来。

6. 火灾后如何自救

（1）要镇定自己的神志，保持清醒的头脑，就地利用消防器材或水，想办法灭火，能扑灭的要尽量想办法尽早扑救，避免酿成火灾。

（2）当火势越来越大，不能立即扑灭，人被围困的危险情况下，应尽快设法脱险。如果门窗、通道、楼梯已被烟火封住，可向头部、身上浇些冷水或用湿毛巾、湿被单将头部包好，用湿棉被、湿毯子将身体裹好，再冲出险区。如果浓烟太大，呛得透不过气来，可用口罩或毛巾捂住口鼻，身体尽量贴近地面行进或者爬行，穿过险区。当楼梯已被烧断，通道已被堵死，应保持镇静，设法从别的安全地方转移。可按当时具体情况，采取以下几种方法脱离险区：

1）可以从别的楼梯或室外消防梯走出险区。有些高层楼房设有消防梯，人们应熟悉通向消防梯的通道，着火后可迅速由消防梯的安全门下楼。

2）住在比较低的楼层可以利用结实的绳索（如果找不到绳索，可将被褥、床单或结实的窗帘布等物撕成条，拧好成绳），拴在牢固的窗框或床架上，然后沿绳缓缓爬下。

3）如果被火困于二楼，可以先向楼外扔一些被褥作垫子，然后攀着窗口或阳台往下跳。这样可以缩短距离，更好地保证人身安全。如果被困于三楼以上，千万不要急于往下跳，因距离大，容易造成伤亡。

4）可以转移到其他比较安全的房间、窗边或阳台上，耐心等待消防人员救助。

5）当退路切断无法脱身时，则退入室内将门窗关闭，并向门窗泼水降温。同时，也可向楼下扔枕头等物品，以引起救援人员的注意。

3.6.2　如何处置触电事故

电流对人体的损伤主要是电热所致的灼伤和肌肉痉挛，这会影响到呼吸中枢和心脏，引起呼吸抑制或骤停，严重电击伤可致残，甚至直接危及生命。

3-7
心肺复苏

（1）要使触电者迅速脱离电源、应立即拉下电源开关或拔掉插头。若无法及时找到或断开电源时，可用干燥的竹竿、木棒等绝缘物挑开电线。

（2）将脱离电源的触电者迅速移至通风干燥处仰卧，将其上衣和裤带放松，观察触电者有无呼吸，摸一摸颈动脉有无搏动。同时迅速拨打"120"急救电话。

（3）施行急救。若触电者呼吸及心脏均停止时，应在做人工呼吸的同时实施心肺复苏抢救。

（4）尽快送往医院，途中应继续施救。

3.6.3　校外交通安全注意事项

（1）步行安全常识。步行外出时要注意行走在人行道内，在没有人行道的地方要靠路边行走。横过马路时须走过街天桥或地下通道，没有天桥和地下通道的地方应走人行通道；在没划人行横道的地方横过马路时要注意来往车辆，不要斜穿、猛跑；在通过十字路口时，要听从交通民警的指挥并遵守交通信号；在设有护栏或隔离墩的道路上不得横过马路。

（2）骑车安全常识。骑车外出的同学，出行前要先检查一下车辆的铃、闸、锁、牌是否齐全有效，保证没有问题后方可上路。在道路上要在非机动车道内行驶，没有划分车道要靠右边行驶。通过路口时要严守信号，停车不要越过停车线、不要绕过信号行驶、不要骑车逆行、不扶肩并行、不双手离把骑车、不攀扶其他车辆、不在便道上骑车。在横穿 4 条以上机动车道或中途车闸失效时，须下车推行；骑车转弯时要伸手示意，不要强行猛拐。

（3）驾车安全常识。实习期间需要驾车出行，出车前一定要认真检查车辆，确认车辆无故障后方可出车，驾车上路必须遵守交通法规。

3.6.4　施工现场安全

3-8
施工现场安
全管理简介

施工现场是危险源较多的场所。企业会制定一系列安全行为准则，按照企业中所有作业类型或者工种类别进行准则大纲制定，并以具体工作中的危险有害因素的辨识为基础，明确在该作业中必须遵守的行为准则。明确具体的作业场景，提出"必须做什么""禁止做什么"等规定，并配备必要的安全设施，同学们到现场后需要先认真学习这些安全设施的用途。

1. 坚持安全生产的一个方针、三个原则

（1）安全第一、预防为主的方针。

（2）管生产必须管安全，不安全不生产原则。企业的主要负责人在抓经营管理的同时必须抓安全生产。

（3）全员安全生产教育培训的原则。对企业全体员工（包括临时工、实习生）进行安全生产法律法规和安全专业知识，以及安全生产技能等方面的教育和培训。

（4）发生事故"四不放"的原则。即事故原因查不清不放过；事故责任者和广大群众没受到教育不放过；没采取改进措施不放过；事故责任者和有关领导没受到查处不放过。

2. 遵守如下规章制度、劳动纪律和安全注意事项

（1）进入工地人员必须遵守各项安全生产规章制度和劳动纪律，严禁违章作业。

（2）进入施工现场必须戴好安全帽（系好安全带）。

（3）两米以上高处作业，必须挂好安全带，或满铺架板。

（4）生产现场不准赤膊、赤脚或穿拖鞋、高跟鞋。

（5）严禁酒后上岗作业。

（6）特种作业人员应持证上岗，实习生不允许操作特种设备。

（7）不准在施工现场戏耍、打闹或私自启动机电设备。

（8）不准在施工现场往下或往上抛掷材料、工具等物件。

（9）施工现场一切安全设施装置及安全标志牌，禁止随意拆除或移动。

（10）禁止带无关人员进入施工现场，禁止在危险区通行及停留。

其他还有一些安全注意事项，如不准乱动消防器材，不准在禁火区内动火；严禁乱拉乱扯电线，未经同意不得使用碘钨灯；熟悉施工环境，掌握本工种的安全技术操作规程等。有违章指挥或存在安全隐患的作业条件时，作业人员有权拒绝施工。作业队负责人及安全员要在班前对全体施工人员包括实习人员进行安全交底，并认真填写班组安全活动日记。作业队带班人员要在施工现场进行安全巡检，发现问题及时处理解决，重大问题及时报告项目经理和专项安全员。如发生安全事故，及时上报，抢救伤者，注意保护事故现场，按应负的责任接受处理等。

3-9　Ⓣ
实习生安全
技术交底
记录

3. 安全生产中的常用术语

（1）五大伤害。所谓五大伤害是指建筑工地上最常出现的五类安全事故，分别是高处坠落、物体打击、触电、机械伤害和坍塌伤害。

（2）三级教育。指的是安全教育中的公司级教育、项目级教育和班组级教育。

（3）三违。所谓三违是指：违章指挥、违章作业、违反劳动纪律。违章指挥是指：不遵守安全生产规程、制度和安全技术措施交底或擅自更改这些条目；指挥那些没有经过培训、没有"做工证"和没有特种作业操作证的工人上岗作业的行为；指挥工人在安全防护设施、设备上有缺陷的条件下仍然冒险作业的；还有发现违章作业而不制止的，均为违章指挥。违章作业是指：不遵守施工现场安全制度、进入施工现场不戴安全帽，高处作业不系安全带和不正确使用个人防护用品；擅自动用机电设备或拆改

挪动设施、设备、随意爬脚手架等均为违章作业。违反劳动纪律是指：不遵守企业的各项劳动纪律，比如不坚守岗位，乱串岗等行为。

（4）三宝。所谓三宝是指：建筑施工防护使用的安全网、个人防护佩戴的安全帽和安全带。坚持正确使用佩戴，可减少操作人员的伤亡事故，因此称为"三宝"。

（5）四不伤害。所谓四不伤害是指：在生产作业中不伤害自己，不伤害他人、不被别人伤害、不让别人伤害他人。

（6）四不放过。所谓四不放过是指：事故原因没有查清不放过；事故责任者没有严肃处理不放过；广大职工没有受到教育不放过；防范措施没有落实不放过。

（7）四口。所谓四口是指：楼梯口、电梯口（包括垃圾口）、预留洞口、通道口。有人说这些是张着的老虎嘴。多数事故就是在这"四口"发生的。

（8）五临边。所谓的五临边是指：深度超过 2m 的槽、坑、沟的周边；无外脚手架的屋面与楼层的周边，分层施工的楼梯口的梯段边；井字架、龙门架、外用电梯和脚手架与建筑物的通道和上下跑道、斜道的两侧边；尚未安装栏杆或栏板的阳台、料台、挑平台的周边。

事故不难防，重在守规章；最大祸根是安全意识的缺乏，最大隐患是违章。在平时的工作中我们要有这样一个意识：懂得预防，懂得在事情没有发生时做好防备，这样才能降低事故发生的可能性。退一万步讲，如果事情真的发生了，我们也不会束手无策。安全是永恒的主题，确保实习安全，才能有更美好的明天。

第4章 ▶ 项目施工各阶段的工作要点

顶岗实习主要参与施工阶段的工作，项目施工阶段涉及的作业内容繁多，又可分为施工准备阶段、基础工程施工阶段、主体工程施工阶段、装饰装修工程施工阶段、竣工验收阶段等。在不同的阶段岗位任务会有针对性的变化，在实习时可以针对项目所处阶段，认真学习在该阶段自己要参与哪些工作，需要学习（或复习）和应用哪些专业知识和技能，然后有目的有计划地开展顶岗实习。

第1节 建筑施工准备阶段

施工准备工作的基本内容包括：技术准备、物资准备、施工组织准备、施工现场准备和场外协调工作准备等，这些工作有的在开工前完成，有的则可贯穿于施工过程中进行。施工方须配合甲方完成施工报建的有关手续，包括施工许可证办理，质量、安全监督备案，施工合同备案等工作。项目部需根据工程施工预算，编制工程计划成本，提出公司与项目经理部的承包合同，项目经理部还要与各专业班组签订承包合同。项目部组织编制施工材料预算，作为材料部门备料、供料依据。在这一阶段，同学们需尽快熟悉项目概况，融入项目团队，并参考以下内容，计划好自己能参与哪些工作，积极地实施实习计划。

4.1.1 施工技术准备

在开工前及时收集各种技术资料，包括工程勘察资料、施工图、工程量清单、材料成本分析等前期准备工作成果资料。施工前项目部应组织施工人员对设计文件、图纸、资料认真进行熟悉，查对是否齐全、有无遗漏、差错或相互之间有无矛盾之处。发现差错应及时向建设单位提出补齐或更正，并做出记录。在研究设计图纸、资料的过程中，需与现场实际情况核对，并在必要时进行补充调查、踏勘，以做好准备。要会同甲方摸清原有地下管线及地上构造物的情况，便于土方施工时采取保护措施，避免发生意外事故。做好各种原材料试验、混凝土及砂浆配合比的试验准备工作，并报监理方审批。

施工前应对测量仪器如水准仪、激光经纬仪、全站仪进行校核。对建设单位所交付的中心桩、道路控制点、雨污水管道、控制点进行检查复核。按照施工需要加密控制网，为保证控制网的可靠性，应做好保护桩。主控点（或保护桩）均应稳固可靠，保留至工程结束。为防止差错，对主控点等重要标志至少由二组相互检查核对，并做

4-1
土方工程施工准备

出测量和检查核对记录。根据建设单位提供的水准点,建立施工临时水准点网。实测成果经内业计算,须符合设计及测量规范要求,并上报监理复核检测认可后,方能使用测量成果。

根据设计方案,了解有哪些新材料、新工艺、新机具需要事先进行科研工作。做好与设计的沟通工作:进一步了解结构关键部位的设计做法,并向设计单位介绍施工经验资料,使各种做法能够进一步的完善,减少出现较大的设计变更。进行各类施工工艺的设计、安排、试验、审核。编制施工机具、材料、构件加工和外购委托计划,力求保证进度的需要。根据建设单位的要求和提供的情况,绘制具体的施工总平面图。根据施工清单预算提出的劳动力计划,做好组织落实,保证施工需要。

4.1.2　现场与周围环境的处理

了解沿线各单位因施工受到的影响情况,以及车辆交通影响,以便提出合理的安排方案。根据工程总平面布置和现场测量,拟建工程周围的环境要求,切实履行总包管理职责。施工区域附近受施工影响的建筑物、管线事先查明,并考虑可能发生的各种问题,若发现问题及时采取措施迅速加以解决,防止发生意外,如工地上空的高压线路,地下的燃气管道、通信光缆等。同时,施工中应合理安排施工作业时间,保证周围居民生活不受影响。

根据建设单位指定的水源、电源、水准点和轴线控制桩,架设水电线路和各种生产、生活用临时设施。清除现场障碍,搞好场地平整。围护好场地,注意环境卫生,场容整洁。做好道路、现场的排水措施,特别是拌和机、生活区的污水要妥善处理。现场开工前,组织材料分期分批进场。项目经理部进场后,以城市规划部门及业主提供的测量点为计算依据,利用智能型全站仪,沿整个施工现场布设一条闭合导线,进行整个场区控制。

4.1.3　劳动力准备

根据施工进度计划,组织施工班组进场,并对技术性工种的施工人员进行岗位培训,特殊工种实行持证上岗。为保证工程质量和工期,应派强有力的项目班子及抽调有丰富经验的班组进场施工。施工队伍进场后由项目经理部统一安排,进行施工任务交底和文明施工教育。

充分认识组建施工项目经理部的重要性,成立项目组织机构。施工项目经理部成员应选拔思想素质高,技术能力强,一专多能的人,确保工程项目管理机构的成员知识化、专业化。在劳务队伍的选择上,应挑选施工经验丰富、勤劳能干的优秀施工班组。项目部成立后及时组织人员培训,培训内容为政治思想、劳动纪律、本项目工程概况及本项目的工作目标。

4.1.4　材料准备

项目部根据施工组织设计中的施工进度计划和施工预算中的工料分析,编制工程所需材料用量计划,作为备料、供料和确定仓库、堆场面积及组织运输的依据,组织材料按计划进场，并做好保管工作。

施工机具准备：拟由施工方负责解决的施工机具，应根据需用量计划组织落实，确保按期供应。

施工临时设施及常规物资：搭建临时设施及筹备各类施工工具，测量定位仪器、消防器材、周转材料等均应提前进场，并合理分类堆放，派专人看护。

施工用建筑材料视施工阶段进展情况计划材料进场时间，需预先编制采购计划，并报请业主及监理工程师审核确认，所有进场物资按预先设定场地分类别堆放，并做好标识。

对于一些特殊产品，根据工程进展的实际情况编制使用计划，报业主及现场监理工程师审核及批准，组织进场，同时在管理中派专人负责供料和有关事宜，如收料登记，指定场地堆放、产品保护等工作。施工现场的管材、钢材、商品砼、沥青砼、水泥稳定碎石料等均应遴选优质渠道进货。

严格按质量标准采购工程需用的成品、半成品、构配件及原材料、设备等，合理组织材料供应和材料使用，并做好储运、搬运工作，及抽样复试工作，质量管理人员需对提供的建筑产品进行抽查监督。

4.1.5　机械设备准备

大中型土建项目具有施工范围大、施工专业性强、施工现场范围内障碍多、开挖施工困难、施工干扰因素多等诸多特点。必须配备强大的机械力量，联合作业，方能保证质量和工期。项目部应合理调配机械设备，充分发挥机械效率。

根据施工组织中确定的施工方法，施工机具配备要求、数量及施工进度安排，编排施工机械设备需求计划。对大型施工机械的需求量和时间，向公司设备部门联系，提出要求，落实后签订合同，并做好进场准备工作。

4.1.6　质量检验仪器的配备

根据施工现场的实际情况，在施工现场建立临时标养室，对施工过程进行质量控制，配备一些必要的试验器具，诸如环刀、天平、灌沙筒、弯沉仪等，并设有专人负责保管。在市政工程中可能需要开展管道闭水试验、垫层和基层的土工试验、地基承载试验等，均需有配套的质检仪器设备支持。现场的计量设备、测量仪器需定期检验校核，确保计量、测量数据的精确性。

4.1.7　现场准备

4-2
施工现场临建布置

现场的准备应考虑安全文明施工要求，结合现场前期条件进行合理设计。根据建设单位提供的测量基准点和水准点及桩位，做好复核、放样工作，并报建设单位、监理单位检查认可，桩基轴线定位点及水准点设置在不受交通要道及机械运行影响的地方，做到牢固、可靠，建立适合本工程的测量定位网络和标高控制网络。

进场后立即向业主、监理工程师上报项目工程前期准备工作情况，并就有关问题征求他们的意见，对工程有关事宜达成共识。更重要的是向业主、监理工程提供一份详尽的施工组织设计及进度安排计划，取得他们的批复。

安装施工铭牌、交通警示牌、施工通告及宣传标语牌，营造施工氛围，让有关人员关注工程。各施工主入口设置交通警示牌，文明安全施工标语。项目经理部挂牌工作，所有管理人员到位，各负其责。现场制作九牌一图（图 4.1），并挂在醒目的位置。制作好建设单位要求的各种进度牌，安全文明形象牌，刀旗，以及预防扬尘等一系列标语牌匾。

图 4.1   施工现场九牌一图

组织材料、构配件进场，针对不同等级的砼进行配合比优化设计，做好试配工作。对所采用的主要原材料严格按规范要求进行检验，取样等工作，把好原材料质量关，对甲供材料务必做好原材料质量控制关。

检查有关资料是否齐全，并组织有关人员对各项资料进行研究分析，发现问题会同有关部门予以修改和补充。向各班组进行质量安全技术交底，质量保证措施及安全生产文明施工注意事项。施工方提交开工报告，报建设单位、监理单位审批。

根据现场实际情况，在施工现场设置临时办公生活区、搅拌场地及材料堆场等。除按照施工安排组织机械设备器材，工程物资进场外，现场重点抓好供电、供水设备、施工便道工作及文明施工设施的建设等工作。临时用电视项目复杂程度编制临时用电方案，确保现场电力供应。现场必须加强进场材料的管理工作，材料进场后，要分规格、分型号，按施工使用情况有序的堆放，并设置小型仓库。

第 2 节   建筑基础工程施工

基础工程施工阶段是项目开展施工的第一个阶段，涉及场地平整、土方开挖、基坑支护、基坑降排水、桩基础工程、防水工程、地下结构建造等工作。这一阶段的工作场地特点是以地面作业为主，主要需做好施工临时用电安全管理、机械设备安全管理，以及确保土体稳定，防止坍塌事故。建议同学们到岗后应先熟悉基础施工图，并准备好基础工程施工相关规范资料，可以通过查阅项目施工组织设计文件熟悉该阶段的施工部署。

4.2.1　基础施工准备

施工准备工作的基本内容，一般包括技术准备、物资准备、施工组织准备、施工现场准备和场外协调工作等，这些工作，有的必须在开工前完成，有的则贯穿于施工全过程中。

4.2.1.1　技术准备

1. 做好现场调查工作

（1）气象、地形和水文地质情况的调查。建筑施工由于周期长，一般要经过雨季、冬期，因此，需要掌握气象情况，以便于组织好全年的均衡施工。特别是高层建筑施工多为深基础，且构造复杂、施工难度大、工期长，因此，需要详细掌握水文地质、地形地貌，如地质条件、最高和最低地下水位，地下径流及流向、流速和流量等，以便于制订有效的深基础施工方案及降低地下水位的措施。

（2）地上、地下情况的调查。为了确保建筑基础和结构施工的顺利进行，应对建设场地及其周围的地上建筑的位置、地下构造物、高压输变电线路和各种地下管线位置和走向情况进行调查，便于在施工前采取有效措施，及时进行拆迁或保护。在城区施工时，还要积极采取环境保护措施，降低施工噪声和粉尘污染，防止扰民及妥善解决污水处理问题。

（3）各种物质资源和技术条件的调查。

1）对各种物质资源的生产供应情况、价格、品种等进行详细的调查，便于及早落实采购；对确实需要自行加工的构配件，应明确加工的数量及所需设施的质量要求。

2）现场道路准备。在城区施工，场地狭小，物资、设备存放空间有限，运输频繁，并且往往与城市交通管理存在矛盾。因此，须认真做好调研，统筹规划，尽量减少交通堵塞和场内二次搬运。

3）现场水、电供应准备。高层建筑施工用水的扬程高，用电的启动电流大，负荷变化多，用电机具多。因此，需对水、电源的供应情况作详细调查，包括给水的水源、水量、压力、接管地点、供电的能力、线路距离、用电负荷。需要对现场的用电设备功率进行统计，确保附近变压器在施工期间能正常供电。

2. 通过图纸学习理解设计意图

认真熟悉设计图纸，学习招标文件和监理规划，做好技术交底，施工人员应明确施工任务和方案，以及技术要求。在开工前，技术人员先要认真阅读图纸，了解设计意图，并及时与设计单位沟通有关问题。项目部要组织有关人员对设计图纸进行学习和会审，使参与施工的人员掌握施工图的内容和要求，通过审查发现施工图中的问题，以便尽早和设计人员沟通解决，避免影响施工进度。

技术人员通过学习，熟悉图纸内容，了解设计要求以及施工应该达到的技术标准，明确工艺流程；各工种对本工种的有关图纸进行审查，掌握图纸中的细节；在自审的基础上，由总承包单位内部的土建和水、暖、电等专业，共同核对图纸，消除差错，协商施工配合事项。开展综合会审，总承包单位与外分包单位（如机械挖土、深基坑挡土支护、机械吊装、设备安装等）在各自审查图纸的基础上，共同核对图纸中的差错并协商有关施工配合问题，结合设计交底与设计方及时沟通解决问题。对于会审图纸中遗留的问题（包括施工配合问题），应与建设单位、设计单位联系，共同解决，经协商取得一致意见后，应及时办理变更洽商记录。

3. 编制施工方案和施工预算

施工方案是统筹规划拟建工程进行准备和正常施工的全面性的技术经济文件，也是编制施工预算、实行项目管理的依据。建筑施工由于工程量大、工期长、技术复杂和干扰因素多等特点，不可能通过开工前的一次统筹规划就能毫无变动地来指导全过程的施工。因此，施工方案应根据工程进展中实际条件的变化，在总的施工部署指导下，进行必要的调整或补充，制定分阶段（如基础、结构、装修）切实可行的施工方案，以确保工程顺利开展。

施工预算，是施工企业内部根据施工方案中的施工方法与施工定额编制的施工所需人工、材料、机械台班数量及费用的预算文件。它是编制施工作业计划、向班组签发施工任务单和限额领料的依据，也是进行"两算"（工程预算和施工预算）对比、控制工程成本、实行内部经济核算、进行经济活动分析的依据。

4.2.1.2　物资准备

建筑施工所需的材料、构配件、机具设备，品种多、数量大，能否保证按计划供应，对整个施工过程非常重要，将直接影响工期、质量和成本。因此，要将物资准备作为施工准备工作的一个重要方面来抓。

1. 材料准备

根据施工方案中的施工进度计划和施工预算中的工料分析，编制工程所需材料用量计划，作为备料、供料和确定仓库、堆场面积及组织运输的依据。根据材料需用量计划，做好材料的申请、订货和采购工作。然后组织材料按计划进场，并做好保管工作。

2. 构配件及设备加工订货准备

根据施工进度计划及施工预算所提供的各种构配件及设备数量，做好加工翻样工作，并编制相应的需用量计划。根据需用量计划，向有关厂家提出加工订货要求，并签订订货合同。组织构配件和设备进场计划，按施工平面布置图做好存放及保管工作。

3. 施工机具准备

对施工机具配备的要求、数量进行计划。根据施工方案中确定的施工方法，编制施工机具需用量计划，如挖掘机、铲运机、运输车辆的数量。拟由本企业内部负责解决的施工机具，应根据需用量计划组织落实，确保按期供应。对于大型施工机械（如塔式起重机、挖土机、桩基设备等）的需求量和需求时间，应向有关方面（如专业分包单位）联系，提出要求，在落实后签订有关分包合同，并为大型机械按期进场做好现场有关准备工作。

4. 运输准备

根据上述三项需用量计划，编制运输计划，并组织落实运输工具。明确物资进场日期，联系和调配所需运输工具，确保材料、构配件和机具设备按期进场。

4.2.1.3 施工现场准备

施工现场的准备工作，是保证建筑工程按计划开工和顺利进行施工的首要环节，因此必须认真落实做好。通过取样试验，核实现场土样的物理力学特性。此外，根据地形和线路控制点的情况，对重要控制点设保护桩。在已有建筑物附近开挖，应做好建筑物的保护工作，尽可能做到不影响其正常使用。做好取土场临时运输道路的勘测、征地和修建，做好施工前的安全保障工作。

1. 施工现场控制网的测量

保证控制网点的稳定、正确，是确保建筑施工质量的先决条件。特别是在城区建设，障碍多，通视条件差，给测量工作带来一定的难度。因此，必须根据规划部门给定的永久性坐标和高程，按照建筑总平面图，进行施工现场控制网点的测量，妥善设立现场永久性桩，为施工全过程中的投测创造条件。

开工前，根据设计图纸和现场线路中心控制桩点，做认真细致的复测。复测内容包括中心距离、平面位置、水准点高程、现场地面标高等及复核横断面，计算工程量。

配合建设单位做好"三通一平"工作，确保施工现场水通、电通、道路通和场地平整。虽然此项工作应由建设单位承担，但施工单位应密切配合促使工作顺利进行。建设单位也可以把厂区的"三通一平"工作委托施工单位承担，此项费用不包括在投标报价之内。施工单位也可以采用测定方格网计算平整场地的土方量，计算"三通一平"的费用，并与建设单位签订"三通一平"的协议。

2. 现场临时用水、用电准备

（1）施工临时用水。施工临时用水最好利用附近现有的供水管道。其中分为：现场施工用水、机械施工用水、生活用水和消防用水。

（2）施工临时用电。施工现场临时用电大体上可分为施工机械用电和照明用电两大类。施工现场临时供电变压器的选择，应根据现场临时用电总量，确定变压器的容量。根据供电系统的电压等级及现场使用条件，选择变压器的类型和规格。变压器的安装位置，应安全可靠，便于安装和维修，周围无污秽气体，并应设在供电范围负荷中心附近。由于建筑工程施工面积大，启动电流大、负荷变化多且手持式用电机具多，因此，施工现场临时用电要考虑安全和节能措施。如现场低压供电采用三相五线制、设置漏电开关保护和改善功率因数等。

3. 做好施工现场排水工作

建筑施工工程除了要做好现场和临时道路的排水和生活污水的排放工作以外，还应该注意做好以下几项排水工作：

（1）深基础的排水。特别是高层建筑的基坑深、面积大，施工往往要经过雨季。因此，要做好基坑周围的挡土支护工作，防止坑外雨水向坑内汇流。另外，还要做好基坑底部汇集雨水的排放工作。

（2）污、废水的处理和排放。采用现浇钢筋混凝土结构时，现浇混凝土量大，应对洗刷罐车和搅拌机的污水进行认真的处理（如沉淀处理），先除去杂质再排放到地下管网中或做回收使用。

（3）楼层的排水。楼层的雨水、施工污水直接或经过沉淀排放到城市管网中去，为防止污染环境和影响工程施工，应集中设置排水管道。排水管道的设置可以根据具体条件，采取一栋一设或几栋共设。

4. 搭建临时性生产、生活设施

施工现场临时性生产、生活设施，应尽量利用施工现场或附近原有设施（包括要拆迁，但可暂时利用的建筑物）。

钢筋加工车间：有条件的施工企业应集中进行配料加工，运往现场使用；或在现场设置临时性钢筋加工车间，可以减少运输量。

模板加工厂：现场主要是拼装、堆放，可根据实际情况设置露天堆场。

4.2.1.4　场外组织与管理的准备

场外组织与管理的协调配合，是确保场内各项施工准备工作顺利进行的必要措施，其范围和内容可以根据具体情况确定，一般有签订施工合同、落实材料、构配件的加工和订货、施工机具的订购和租赁、分包安排和组织好科研攻关等。

4.2.2　基础工程施工流程及工作要点

基础工程施工工艺流程如图4.2所示。

4.2.2.1　挖土方工程

土方开挖工作内容包括：准备工作、场地清理、施工排水、边坡观测、完工验收前的维护，以及将开挖可利用或废弃的土方运至指定的堆放区并加以保护、处理等工作。

土方开挖的施工程序如下：

开挖方案报批→开挖线复测→施工准备→场地清理→表土清除→土方开挖→（植被恢复）→完工验收。

1. 场地清理

场地清理包括工程区域内植被清理和表土清挖，包括永久和临时工程、存弃渣场、土料场等施工用地需要清理的全部区域的地表。

清除工程区域内需要开挖的场地上的全部树木、草根、垃圾、废渣及监理人认为需要清理的其他障碍物。除监理工程师另有指示外，主体工程施工场地地表的植被清理，必须延伸至施工图所示的最大开挖边界或建筑物边线外侧至10m的距离。

主体工程的植被清理，需将预挖除树根的范围延伸到离施工图所示的最大开挖边界、填筑边线或建筑物基础外侧的3m以外。清理上述区域或以外的树木必须经监理单位批准，清理的弃渣土应堆放在监理工程师指定的地点。

对含有细根须、草本植物及覆盖草等植物的表层有机土壤，应按监理工程师指示的开挖深度进行开挖，并将开挖的有机土壤运到指定区域堆放。并防止土壤被冲刷流

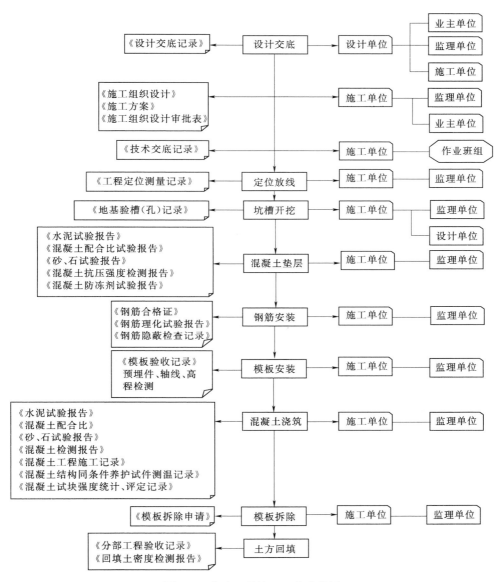

图 4.2　基础工程施工工艺流程图

失。施工时，应尽最大可能保护清理区域以外的天然植被，砍伐上述区域以外的树木，必须报请监理工程师批准。

2. 土方开挖

开挖前，必须做好测量放样工作，开挖必须符合图纸规定。开挖过程中，经常校核测量开挖平面位置、水平标高、控制桩号、水准点和边坡调节等是否符合施工图纸的要求。监理人有权随时抽验校核测量成果，或进行联合校测。

深基坑一般采用支护开挖方式，对于较浅的基坑可以采用放坡开挖方式。土方削坡采用人工削坡、整形相结合的方法，自上而下的进行。坡面整形完毕后，须经监理工程师会同业主和质检单位联合检查验收签证。坡面整形后应补设排水沟槽及时排除坡面雨水。为防止修整后的开挖边坡遭受雨水的冲刷，边坡的护面和加固工作应在雨季前按施工图纸要求完成。

4-3 ⊤
现场签证的作用

临时开挖边坡，按施工图纸所示或监理人的指示进行开挖。对承包人自行确定边坡坡度且时间保留较长的临时边坡，经监理人检查认为存在不安全因素时，承包人应采取保护措施。

在工程实施过程中，根据土方开挖所揭示的地质特性，需要对施工图纸所示的开挖线作必要修改时，应按监理人签发的设计修改图执行，修改的内容涉及变更的应按有关规定办理。承包人因施工需要变更施工图纸所示的开挖线，应报送监理人批准后，方可实施。

3. 施工期临时排水

施工前做好季节性排水规划方案。在每项开挖工程开工前，尽可能结合永久性排水设施的布置，规划好开挖区内外的临时性排水设施，并制订详细的措施报送监理工程师审批。

沿山坡开挖的工程，为保护其开挖边坡免受雨水冲刷，在工程开工前，按施工图纸的要求开挖并完成开挖边坡上部永久山坡截水沟的施工。若上部未设计永久性山坡截水沟，施工前也应开挖临时的山坡截水沟。

4-4 ▶
井点降水

在场地开挖过程中，做好临时性地面排水设施，包括按监理工程师要求保持必要的地面排水坡度、设置临时坑槽、使用机械排除积水，以及开挖排水沟排走雨水和地面积水。

在平地和凹地开挖作业时，在开挖区周围设置挡水堤和开挖周边排水沟以及采取集水坑抽水等措施，阻止场外水流入场地，并有效排除积水。基坑内部的地下水则可以采用井点降水或基坑明排水方法排除。

4. 开挖土料的利用

可利用土料和弃置废土分类堆存，在进行工程开挖时，将可利用渣料和弃置废渣分别运至指定地点分类堆存。保持渣料堆体的边坡稳定，并设置良好的排水设施。对监理工程师已确认的可用料，在开挖、装运、堆存和其他作业时，采取可靠的保质措施，保护渣料免受污染和侵蚀。

5. 质量检查和验收

（1）土方开挖前的质量检查和验收。土方开挖前，应会同监理进行以下各项的质量检查和验收：

1）用于开挖工程量计量的原地形测量剖面的复核检查。

2）按施工图纸所示的工程开挖尺寸进行开挖剖面测量放样成果的检查。承包人的开挖剖面放样成果应经监理复核签认后，作为工程量计量的依据。

3）按施工图纸所示进行开挖区周围排水和防洪保护设施的质量检查和验收。

（2）土方开挖过程中的质量检查。在土方开挖过程中，应定期测量校正开挖平面的尺寸和标高，以及按施工图纸的要求检查开挖边坡的坡度和平整度，并将测量资料提交监理。

（3）土方开挖工程完成后的质量检查和验收。按施工图纸要求检查基础开挖面的平面尺寸、标高和场地平整度，并取样检测基础土的物理力学性质指标。有永久边坡的工程，要对永久边坡的坡度、平整度、边坡永久性排水沟道的坡度和尺寸进行复测检查。

4.2.2.2　混凝土垫层施工

垫层混凝土层厚一般为 100mm，垫层连续浇筑。

浇筑顺序：每个施工段均为单向退浇，不设施工缝。混凝土垫层施工紧跟土方工作之后进行，土方验收后及时进行混凝土浇筑。混凝土浇筑前应先设定好标高，混凝土浇捣时采用平板振动机振捣密实，待收水后用木蟹打抹平整。

4.2.2.3　钢筋混凝土基础施工

深基础一般会采用桩基础形式，如果是预制桩基础，则主要要控制好打桩或压桩质量，对入土深度、单桩平面位置均须严格控制。灌注桩，则要控制好桩位和成孔质量，包括成孔直径、深度等质量控制要点。桩身混凝土浇筑需振捣密实，防止离析，并注意试块留置。

1. 试块留置

混凝土试块制作要求如下：

（1）每拌制 100 盘且不超过 100m³ 的同配比混凝土取样不得少于一次。

（2）每工作班拌制的同一配合比的混凝土不足 100 盘时，取样不得少于一次。

（3）每一楼层、同一配比的混凝土，取样不得少于一次。

每次取样应至少留置一组标准养护试件，同条件养护试件的留置组数应根据实际需要确定，且根据施工需要适当留置拆模试件。同条件养护试件的留置方式和取样数量应符合下列要求：

（1）同条件养护试件对应的结构构件或结构部位应由监理（建设）、施工等各方共同选定。

（2）对混凝土结构工程中各混凝土强度等级，均应留置同条件养护试件。

（3）同一强度等级的同条件养护试件，其留置的数量应根据混凝土工程量和重要性确定，不宜少于 10 组，且不应少于 3 组。

（4）同条件养护试件拆模后，应放置在靠近相应结构构件或结构部位的适当位置，并采取相同的养护方法。应用铁笼上锁固定。

2. 基础混凝土浇筑

混凝土施工前，会同有关部门对隐蔽工程进行验收，完全符合设计及规范要求后方可进行混凝土浇筑施工。基础混凝土施工中不得留施工缝，确保每一层混凝土初凝前就被上一层混凝土覆盖。墙板混凝土浇捣前用水泥砂浆套浆，施工中要做到"两个充分"，即劳动力组织和材料、物资准备充分；"三个可靠"，即脚手平台、机具设备、技术措施可靠；"四个畅通"，即调度指挥、浇捣下料、电气水源线路、现场道路畅通，以保证混凝土顺利浇捣，防止出现意外冷缝，造成漏水。

浇捣混凝土时，采用分层浇筑法，一方面在施工中使混凝土内部热量得以有效散发；另一方面加强振捣，提高混凝土密实度，使之有相对较强的抗裂能力。如果基础混凝土体量大，则需要编制大体积混凝土浇筑方案，防止水化热过高导致底板开裂。

3. 基础混凝土的浇捣

混凝土浇筑时应遵循先边角后中间及由下至上分层浇筑的施工原则。具体施工时均向一个方向逐轴施工，昼夜不停，连续施工，直至完成。

混凝土的振捣方式：基础混凝土采用插入式振动器振捣密实，面层再用小型平板式振捣器振实，并表面木蟹搓平。

混凝土浇筑标高控制：在浇筑基础混凝土时，事先在基础梁模板上柱插筋上设置好标高控制点标记，在混凝土浇捣过程中派专人负责基础梁面混凝土收头工作。

4. 施工缝留置

基础浇混凝土过程中，如遇断电或其他特殊情况不可避免要留施工缝时，应严格按施工规范留设。施工缝留设位置原则上应该留在结构受剪力较小部位，即承台之间的基础梁的 1/3 梁长部位，施工缝留置时，应使施工缝垂直于结构件的轴线。

4.2.2.4　土方回填工程

基础混凝土工程、防水工程、预埋管道安装工程通过质量验收后，方可进行土方回填作业。四方外壁基坑回填土，回填时必须采取分层回填，从最深处开始逐层向上，并随回填随用电动打夯机夯实。回填土采用最佳含水量状态，土块直径小于 100mm，不得含有有机杂物。回填土必须按规定分层夯压密实，取样测定压实后的干土重力密度，其合格率不应小于 90%；不合格干土重力密度的最低值与设计值的差不应大于 0.08g/cm³，且不应集中。

填土前应检验其含水量是否在控制范围内；如含水量偏高，可采用翻松、晾晒、均匀掺入干土或换土等措施；如回填土的含水量偏低，可采用预先晒水润湿等措施。

回填土应分层铺摊和夯实。每层铺土厚度和夯实遍数应根据土质，夯实系数和机具性能确定。蛙式打夯机每层铺土厚度为 200～250mm；人工打夯不大于 200mm；打夯机每层至少夯打三遍。分层夯实时，要求一夯压半夯。

4.2.3　基础工程施工质量验收

基础工程施工完成后，一般施工单位会组织自检，在自检合格的基础上邀请业主、监理、勘察、设计等单位共同对基础工程进行验收。这一阶段同学们主要要熟悉地基基础工程的验收程序，以及验收的标准和验收完成后的资料整理工作。

在单位工程完工后，施工单位需自行组织相关人员进行自检，项目经理、项目技术负责人等应参加由总监理工程师组织对工程项目进行质量验收的环节。此外，施工单位还应向建设单位提交工程质量验收报告。若在自检的过程中发现存在质量问题，施工单位应立即整改，且在整改完成后提交整改验收报告。

地基基础验收由建设单位组织，参建单位的验收组成员参加，质量监督部门对验收的过程进行监督。过程是由建设单位进行专家组（验收组）成员资格及身份证的核查工作；由参建各单位进行项目情况简单介绍。然后开展现场验收：观感、实测组去现场验收，资料组要对施工资料进行检查；最后复会总结。由观感组、实测组、资料组组长分别对验收情况作出总结，最后验收组共同决定此次验收是否合格。

基础验收合格后，需按照工程档案部门的要求，归档相关工程资料。要注意的是基础分部（桩基子分部）验收表要甲方、监理、设计单位、勘察单位、施工单位共同签字盖章认可。

基础工程阶段的工程资料一般包括：基础检验批验收记录、分项工程验收记录、分部验收记录、材料检测检验报告、各种方案、基础验收报告、监理的基础评定报告、基础验收通知书、验收签到表、地基验槽记录、预检工程记录、工程定位测量及复测记录、地基钎探记录、基础混凝土浇灌申请书、基础混凝土开盘鉴定、基础混凝土工程施工记录、基础隐蔽工程验收记录、基础分部工程质量验收记录、土方分项工程质量验收记录、回填土分项工程质量验收记录、混凝土分项工程质量验收记录、钢筋分项工程质量验收记录、砌体基础分项工程质量验收记录、模板分项工程质量验收记录、现浇结构分项工程质量验收记录等。

所有资料必须仔细核对，签字盖章无遗漏，数据记录真实完整。资料整理由现场资料员完成，顶岗实习期间协助资料员认真整理工程资料，会获得大量的工程经验积累。

第 3 节　建筑主体结构施工

主体结构的形式以钢筋混凝土结构为主，包括现浇钢筋混凝土结构和装配式钢筋混凝土结构；其他的结构形式包括钢结构、砌体结构、木结构等。主体结构工程量大，施工占用时间长，是房屋建筑工程施工的关键阶段。顶岗实习时，同学们可以结合所处岗位有侧重的进行技术技能的学习。以下以现浇钢筋混凝土结构为例，为同学们指出主体结构施工期间的学习要点。

4.3.1　阅读施工方案

主体结构施工工艺复杂，施工组织要求高。因此同学们在主体结构施工期间一定要认真领会项目的施工组织设计意图，认真学习施工总方案，包括项目要采用的主要施工方法，工程施工进度计划；单位工程综合进度计划和施工力量、机具及部署。明确施工技术措施，包括工程质量保证、安全防护以及环境保护等各种措施。

此外，如果项目有高大结构，一般会编制高大支模架施工专项方案、悬挑脚手架搭设方案等。针对危险性较大的分部分项工程的施工方案，同学们一定要认真阅读理解，采取正确应对措施，确保项目正常开展，也可保障施工人员的人身安全。

4.3.2　参与主体结构施工测量放样

现场施工，测量先行，精确的测量放样是工程质量得以保证的前提。测量放样工作是顶岗实习期间重要的工作之一，同学们可以先复习一下《工程测量》知识，并查阅相关标准和规范，便于下一步开展工作。

1. 测量工作原则

测量主要操作人员必须持证上岗。施工前要编制测量方案并获得审批通过（方案中要有：建立测量网络控制图、结构测量放线图、标高传递图、水电定位图、砌筑定位放线图、抹灰放线控制图等），准备好测量用具和仪器设备（图4.3）。

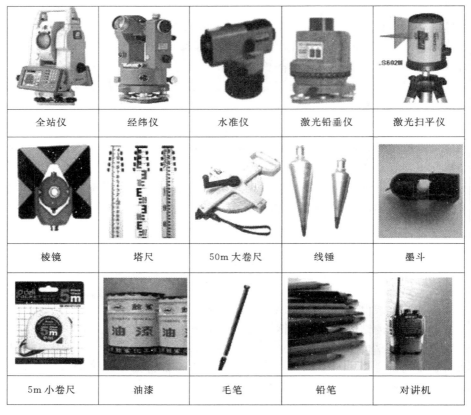

全站仪	经纬仪	水准仪	激光铅垂仪	激光扫平仪
棱镜	塔尺	50m大卷尺	线锤	墨斗
5m小卷尺	油漆	毛笔	铅笔	对讲机

图4.3   测量放样仪器和用具

读懂图纸：开展放样外业之前，需仔细研究图纸，对所有尺寸、建筑物关系进行校核，核对平面、立面、大样图所标注的同一部位尺寸、形状、标高是否一致，室内外标高之间的关系是否正确。

实施测量原则：以大定小、以长定短、以精定粗、先整体后局部，高精度控制低精度。控制点要选在拘束度小、安全、易保护的位置，通视条件良好，分布均匀。

2. 结构测量做法

进场前，根据国土局提供的基准点进行建筑物定位引测，并在场地附近建立施工期间坐标控制网、标高控制点。现场需建立3个以上三级坐标、高程控制点，采用钢管做维护、警示；沉降观测点采用φ20镀锌圆钢加工，测量点位统一进行编号，沉降由第三方实施观测，进入主体标准层开始观测；临时测量控制点采用木桩制作，桩截面不小于50mm×50mm，木桩顶部平整，木桩周边浇筑混凝土避免扰动；场地内设置施工测量控制基准点，采用混凝土浇筑，必须牢固、坚实；建立方格网控制图，占地面积不大于 1 万 m^2 方格网间距 10m；占地面积不小于 1 万 m^2 方格网间距 20m，地形复杂的可适当调整。施工单位在完成建筑定位、轴线引测后报监理公司复核，基础施工轴线引测采用龙门桩（图 4.4）。

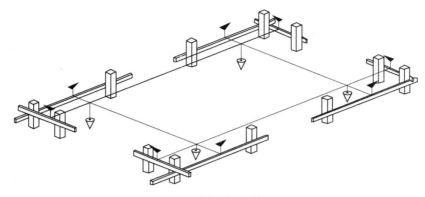

图 4.4　龙门桩引测轴线

3. 测量放线工艺

（1）平面测量放线：控制点引测→控制线引测、弹线→弹墙体两侧边线→弹模板控制线→门窗洞口测量、弹线→对影响弹线和有凸出线外的钢筋在平面图中标注→弹竖向线（墙身大角线、阳台边线、窗洞口线）→将所有控制点用红油漆标注→对钢筋调整部位进行补线。

（2）钢筋标高控制线：引测楼层＋500mm 标高线→引测平面＋500mm 标高控制网→将所有控制点用油漆标注→对钢筋调整部位进行复测补线。

（3）混凝土标高控制线：引测楼层＋500mm 标高线→对混凝土不同标高部位线弹线进行标注。

4. 结构施工中的楼层标高控制

（1）对水准点的检测及要求。对场内设的水准点，每间隔一定的时间须联测一次，以作相互检校。仪器采用 DJ2 精密水准仪，精度按二等水准技术指标执行。对检测后的数据须采用 PC1500 电算，电算成果须做分析，以保证水准点使用的准确性。

（2）结构施工中楼层标高控制方法及测设要求。在首层平面易于向上传递标高的位置布设基本传递高程点，用水准仪往返测，测设合格后，用红色油漆标记"▼"，并在旁边标注建筑标高，以红"▼"上顶线为标高基准，同一层平面内红"▼"不得少于三个，间距分布均匀并要满足结构施工的需要，且红"▼"需设在同一水平高度，其误差控制在±5mm 以内则认为合格，在施测各层标高时，应后视其中的两个红"▼"上顶线以作校核。

±0.000 以上各层的标高传递均利用首层红"▼"上顶线为标高基准，用检定合格的钢尺向上引测，并在投测层标记红"▼"，检核合格后，方可在该层施测。

在结构施工到一定高度后，应重新引测相应的结构标高，以保证高层建筑的测量质量要求。

4.3.3　主体结构施工技术与管理工作要点

钢筋混凝土结构是建筑工程主体结构的主要形式，施工应从技术与管理等方面保证质量和安全，并体现绿色施工等技术经济政策。现场技术和作业人员（包括实习人员）应结合相关规范规定，理解混凝土结构工程的施工要求。

1. 参与施工管理

（1）熟悉质量管理体系、施工质量控制和检验制度。施工单位的质量管理体系覆盖施工全过程，包括材料的采购、验收和储存，施工过程中的质量自检、互检、交接检、抽检，以及隐蔽工程的检查、验收等环节。混凝土结构施工全过程中，应随时记录并处理出现的各类问题。

（2）熟悉施工项目部的机构设置和人员组成；熟悉项目部各人员的职责、分工和权限；熟悉项目部的工作制度、考核制度和奖惩制度。操作工人应经过培训上岗，具备岗位的基础知识、达到相应的技能水平。

（3）施工前，应参加由建设单位组织的设计文件交底和会审；熟悉具体的施工方案；熟悉施工单位应对施工现场可能发生的危害、灾害与突发事件制订的应急预案；参与应急预案交底、培训及应急演练。

（4）参与施工全过程的资料编制、收集、整理和审核，并应协助资料员及时存档、备案。实习生应熟悉施工资料管理制度。在资料管理过程中应保证施工资料的真实性和有效性。

2. 施工技术学习

（1）参与施工准备工作。项目部在工程施工前，根据结构类型、特点和施工条件确定施工工艺，并应做好各项准备工作。混凝土结构施工前的准备工作包括：供水、用电、道路、运输、模板及支架、混凝土覆盖与养护、起重设备、泵送设备、振捣设备、施工机具和安全防护设施等。

学习并掌握混凝土结构施工中采用的新技术、新工艺、新材料和新设备，方案需要评审的应按有关规定进行评审、备案。

（2）掌握工程检测内容。对形体复杂、高度或跨度较大、地基情况复杂及施工环境条件特殊的混凝土结构工程，宜进行施工过程监测。施工过程监测一般包括施工环境监测和结构监测，前者如风向、风速、气温、湿度、雨量、气压、太阳辐射等，结构检测如结构沉降观测、倾斜测量、楼层水平度测量、控制点标高与水准测量以及构件关键部位或截面的应变、应力监测等。

（3）要熟悉混凝土结构施工采取的环境保护措施。

3. 参与施工质量与安全管理

（1）明确工序管理规定。混凝土结构工程各工序的施工，应在前一道工序质量检查合格后进行。在施工过程中，应及时进行自检、互检和交接检，工程质量应符合现行国家标准的有关规定。对检查中发现的质量问题应及时处理。

在混凝土结构施工过程中，应贯彻执行施工质量控制和检验的制度。施工企业实行的"过程三检制"是一种有效的企业内部质量控制方法，是质量过程控制的必要手段。"过程三检制"即自检、互检和交接检三种检查方式。

（2）熟悉隐蔽工程验收内容。在混凝土结构施工过程中，对隐蔽工程应进行验收，对重要工序和关键部位应加强质量检查或在必要时进行测试，并应做好详细记录，同时宜留存影像资料。

混凝土结构工程的隐蔽工程验收主要指钢筋工程的安装质量检查。考虑重要工序和关键部位对于结构安全影响较大所以还应对其加强质量检查，必要时还应进行测试，测试过程应有详细记录和必要的影像资料。

（3）掌握质量控制要求。混凝土结构工程施工使用的材料、产品和设备，应符合国家现行有关标准、设计文件和施工方案的规定。材料、半成品和成品进场时，应对其规格、型号、外观和质量证明文件进行检查，并应按有关规定进行检验。材料进场后，应按种类、规格、批次分开贮存与堆放，并应标识明晰。贮存与堆放条件不应影响材料品质。

4-7
同条件试块留置及养护

试件留设是混凝土结构施工检测和试验计划的重要内容。混凝土结构施工过程中，确认混凝土强度等级达到要求应采用标准养护的混凝土试件；混凝土结构构件拆模、脱模、吊装、施加预应力及施工期间负荷时的混凝土强度，应采用同条件养护的混凝土试件。当施工阶段混凝土强度指标要求较低，不适宜用同条件养护试件进行强度测试时，可根据经验判断。

（4）熟悉检测和试验计划。混凝土结构工程施工前，施工单位应制订检测和试验计划，并应经监理或建设单位批准后实施。监理或建设单位应根据检测和试验计划制订见证计划。

（5）明确安全文明施工管理规定。混凝土结构工程施工中的安全措施、劳动保护、环保措施等，应符合国家现行有关标准的规定。并在实习过程中严格遵守劳动纪律，确保自身安全。

第 4 节　建 筑 装 饰 装 修 施 工

建筑装饰装修工程具有量大、面广、材料与工艺繁杂的特点。由于装饰装修工程要处理的是建筑内外展开的表面，因此装饰装修工程消耗的工期往往也较长。这一阶段的实习，同学们首先要熟悉施工图纸，以及所用到的装饰材料的性能特点，掌握各种装饰工艺流程。建筑装饰装修工程与主体结构工程最明显的区别是装饰材料更新快，由于材料的更新导致工艺进步也非常快，不断地推动装饰装修技术的进步。如墙面工程，有涂料、裱糊、软包、硅藻泥涂饰等做法，材料和工艺选择余地很大。高档装修材料、人工都很昂贵，单位造价也就较高，因此更要注意施工质量的控制，以免返工造成损失。

4.4.1　认识建筑装饰装修工程与相关工程的关系

（1）装饰装修工程与建筑的关系。建筑装饰装修是对建筑精心修饰的过程，所以开展建筑装饰装修之前需要正确的理解把握建筑师的意图，充分理解业主和建筑师对建筑的期望，如对建筑的属性、艺术风格、空间要求等，只有这样才能通过装饰装修工程的设计和施工呈现出建筑的最终效果。

（2）装饰装修与建筑结构的关系。建筑装饰装修以建筑结构为载体，在涉及结构的改动时，一定以安全为前提，尽量不要消减原建筑结构的承载能力和整体性。如必须改变原结构的，必须经过原建筑设计单位审核同意。

（3）建筑装饰装修与设备的关系。建筑设备大部分需要通过建筑装饰装修来整合和隐蔽，尤其是其管线部分。因此必须认真解决好装饰与设备的关系，如果处理不合理可能就会影响到建筑装饰空间，同时也可能造成设备的无法正常运行。在施工中各分包单位必须密切配合，方可避免矛盾的发生。

（4）建筑装饰装修与环境的关系。建筑装饰装修材料的质量也可能存在一定的环境风险，如造成室内甲醛含量超标。因此装饰装修施工必须严格执行国家规范，控制入场材料和构配件的质量，注意选择环境友好的建材进行施工，减少因建筑装饰材料和工艺选择不当造成的室内环境污染。

（5）建筑装饰装修与消防的关系。建筑装饰材料中有很多属于可燃或易燃的材料，一些装饰构造或空间的处理如果处理不当也可能会影响建筑的防火性能，因此必须重视工程的消防安全。所用建筑材料必须经消防部门许可，工程完工后还需通过消防部门的验收方可投入使用。在工程施工过程中应注意相关的资料收集，如消防产品生产许可证明文件、建筑防火材料（包括内部装修材料见证取样检验报告）、构件和消防产品质量检验报告、合格证明，以及主要消防产品、设备的生产单位对其产品、设备的数量、型号及施工安装质量的确认报告等。

4.4.2　熟悉建筑装饰装修工程的施工范围

（1）按建筑物的不同使用类型划分。建筑物按不同的使用类型，可划分为民用建筑（包括住宅和公共建筑）、工业建筑、农业建筑和军事建筑等。

（2）按建筑装饰工程施工部位划分。总体上可分为室内装饰工程和室外装饰工程两大类。建筑室外装饰装修部位有外墙面、门窗、屋顶、檐口、入口、台阶、建筑小品等；室内装饰部位有内墙面、顶棚、楼地面、隔墙、隔断、室内灯具、家具陈设等。

（3）按建筑装饰施工满足建筑功能划分。建筑装饰装修施工除了完善建筑的使用功能外，同时还追求建筑空间环境效果。如采光、通风、防水、隔音、卫生、交通等效果，针对各项使用功能在装饰装修工程施工中分别有针对性的措施和施工项目。

（4）按建筑装饰装修施工的项目划分。《建筑装饰装修工程质量验收规范》（GB 50210—2018）将其划分为抹灰工程、门窗工程、玻璃工程、吊顶工程、隔断工程、饰面工程、涂料工程、裱糊与软包工程、细部工程等。

4.4.3　掌握装饰装修施工基本要求

承担建筑装饰装修工程施工的单位应具备相应的资质，并应建立质量管理体系。施工单位应编制施工组织设计并应经过审查批准。施工单位应按有关的施工工艺标准或经审定的施工技术方案施工，并应对施工全过程实行质量控制。除此之外，还应遵循以下基本规定：

（1）承担建筑装饰装修工程施工的人员应有相应岗位的资格证书。

（2）建筑装饰装修工程的施工质量应符合设计要求和规范规定，由于违反设计文件和规范的规定而造成的质量问题应由施工单位负责。

（3）建筑装饰装修工程施工中，严禁擅自改动建筑主体、承重结构或主要使用功能；严禁未经设计确认和有关部门批准擅自拆改水、暖、电、燃气、通信等配套设施。

（4）施工单位应遵守有关环境保护的法律法规，并应采取有效措施控制施工现场的各种粉尘、废气、废弃物、噪声、振动等对周围环境造成的污染和危害。

（5）施工单位应遵守有关施工安全、劳动保护、防火和防毒的法律法规，应建立相应的管理制度，并应配备必要的设备、器具和标识。

（6）建筑装饰装修工程应在基体或基层的质量验收合格后施工。对既有建筑进行装饰装修前，应对基层进行处理并达到规范的要求。

（7）墙面采用保温材料的建筑装饰装修工程，所用保温材料的类型、品种、规格及施工工艺应符合设计要求。

（8）管道、设备等的安装及调试，应在建筑装饰装修工程施工前完成，当必须同步进行时，应在饰面层施工前完成。建筑装饰装修工程不得影响管道、设备等的使用和维修。涉及燃气管道的建筑装饰装修工程必须符合有关安全管理的规定。

（9）建筑装饰装修工程的电器安装，应符合设计要求和国家现行标准的规定。严禁不经穿管直接埋设电线。

（10）室内外建筑装饰装修工程施工的环境条件应满足施工工艺的要求。施工环境温度应大于或等于5℃。当必须在小于5℃气温下施工时，应采取保证工程质量的有效措施。

（11）建筑装饰装修工程在施工过程中，应做好半成品、成品的保护，防止污染和损坏。

（12）建筑装饰装修工程验收前，应将施工现场清理干净，做到场地日日清理。

第 5 节　路基路面工程施工

市政专业的同学在顶岗实习期间一般会遇到路基路面工程施工，实习的要点是要弄清楚路基路面工程的施工工艺及质量验收标准。进入项目部后要认真阅读施工图纸，查阅相关技术规范，尤其是关键施工参数。验收要点要熟记，然后结合日常的现场作业，逐渐内化成为自己的技术技能。

4.5.1　路基工程施工

1. 路基施工准备工作

路基开工前，工、料、机进场后，首先要进行测量定线工作，其内容包括导线、中线、水准点复测、横断面检查与补测。测量精度要符合交通部颁布的现行公路路线勘测规程的要求。测量应使用精度符合要求的全站仪，红外测距仪，经纬仪和水准仪。

当导线点与水准点不能满足施工要求时，报监理工程师批准，对其进行加密，成果资料提交监理工程师审查后经签字认可方可使用。

在开工前放出路基边缘、坡口、坡脚、边沟护坡道、借土场等的具体位置，标明其轮廓，报监理工程师检查批准。对工程沿线及借土场取有代表性的土样，按《公路土工试验规程》（JTG E40—2007）标准试验方法，进行天然密度、含水量、液限、塑性指数等的试验。用于填方的土样，测量最大干容重、最佳含水量或毛体积比重和土的加州承载比 GBR 值，测试结果报监理工程师审批。

2. 场地清理工作

在路线用地范围内的树木、杂草、灌木等应予以清除，运至监理工程师指定或经认可的地点，取土场的表土草皮等杂物按监理工程师指定的深度和范围清除并运至工程师指定地点，路基用地范围内的结构物按要求清除，对于路基附近的危险建筑予以适当加固，对文物古迹妥善保护。路基表面清理完毕后，根据规范的要求进行填前碾压，并达到验收要求。填方或挖方区域内，所有的淤泥、腐殖土、表层植土均应挖除干净，按环保规定弃置到路基用地范围以外，并按《公路路基施工技术规范》（JTG/T 3310—2019）弃土条例处置，对因挖除树根、障碍物而留下的孔洞、孔穴按要求进行处理。所有清理工作，均须经工程师检查合格后方可进行下一工序施工。

3. 路基挖方作业

在路基挖方开工前，将绘制的开挖。横断面图和土石方调配图及开工报告报监理工程师检查审批。认可后，按图纸规定或监理工程师确定的位置、标高和横断面进行开挖。开挖过程中要经常测定其标高，避免超挖，不适用路基填筑或路基填筑剩余的材料，按监理工程师指定的弃土场位置，予以废弃。土方使用挖掘机开挖，按图纸要求自上而下进行，开挖前应了解场地情况，开挖过程中，发现施工图纸未标明的地下管线、缆线和其他构造物应进行保护，停止作业，并立即报告监理工程师等待监理指示处理。实习遇到疑难问题应及时请教师傅，杜绝违章指挥和违章作业。

4. 路基填方作业

（1）铺筑试验段。根据路基填筑所用材料的试验结果和选定的碾压机械通过试验段的铺筑，确定土方的一次松铺厚度、机械选用、压实遍数等有关技术数据，然后写出试验报告，报请监理工程师审查批准。

（2）路基填方施工。主要利用合同段挖出土方（或土石方），监理认可后，自卸车配合挖掘机运送，运到填方路段后，用推土机推开，根据试验段确定的最佳含水量调节含水量，用平地机翻拌后整平，使用试验段确定的成果进行压实，直至达到监理工程师指定的压实度。碾压应遵循先低后高的原则，直线段由路基两侧向中心碾压，有超高的路线由弯道内侧向外侧碾压，并保证达到规定压实度。固体构造物边角、台背、通道、涵洞等部位填筑材料，其规格按规范或监理工程师的批示处理，压路机碾压困难时应指导工人采用电动打夯机或人工夯实。

（3）路基整修。路基填方完成后，恢复各控制桩，检查路基的中线位置，宽度、纵坡、横坡、边坡及相应标高，用人工或人工配合机械削坡成型。路基表面采用人工配合平地机整平，标高不足部分采用与路基表面相同的素土填平压实，所填素土层厚需大于 10cm，否则把原路基翻松后再填土压实，路基边沟开挖应先于路基填土，以利于路基施工排水，路基完成后，挂线整理边沟，用仪器检测边沟和纵坡，整理后的路基报监理工程师检验，并需达到施工规范的要求。

（4）取土场处理。当路基填土完成后或某些土场取土完毕后，应按监理工程师的要求整修取土场和取土场的边坡，清除施工产生的废物与垃圾。不再使用的运土便道要予以开挖翻松，恢复至使用前状态，并使监理工程师满意。

5. 路基压实作业

路堑和路堤基底均应压实，路基压实的关键技术在于控制压实度，大家可以复习土力学中关于土方压实的关键要点，如含水量、铺土厚度、机械参数等。路基的压实最佳含水量、最大干密度等指标应在取土地点取具有代表性的土样进行击实试验确定，每一种土应取一组土样试验，施工中如发现土质有变化，应及时补做全部土工试验。每一压实层均应检验压实度，合格后方可填筑其上一层，检验频率、检验标准必须符合规范要求。土质路床顶面压实完成后应进行弯沉检验，检验的车轮重及弯沉允许值按设计标准执行。路基工程应采用机械压实，压实机械应根据工程规模、场地大小、填料种类、压实度要求、压实机械效率等因素综合考虑确定。采用振路机碾路基时应指挥工人以先静后振、先弱振后强振、先慢后快的原则施工。直线段采用先边后中，曲线段由内向外，向进退式进行，应达到无漏压、无死角，碾压均匀。具体施工参数要符合施工组织设计中的施工技术措施要求，同学们在实习期间一定要认真领会施工方案，尤其是关键技术措施，结合现场施工过程的参与，进行验证，并在实习日志中进行详细记录，以便积累经验。

4.5.2　路面工程施工

施工前的准备工作主要有确定材料来源及进场材料的质量检验、施工机具检查、修筑试验路段，全面展开作业等项工作。

1. 进场材料的质量检验

对进场沥青，每批到货均应检验生产厂家所附的试验报告，检查装运数量、装运日期、订货数量、试验结果等。对每批沥青进行抽样检测。试验中如有一项达不到规定要求时，应加倍抽样做试验，如仍不合格，则不允许使用。沥青材料的试验项目有：针入度、延度、软化点、薄膜加热、蜡含量、密度等。有时根据合同要求，可增加其他非常规测试项目。实习期间均可有针对性地进行学习，了解材料的相关指标及其对工程质量可能造成的影响。

4-8
路面施工组
织案例

沥青运至沥青厂或沥青加热站后，应按规定分摊检验其主要性质指标是否符合要求，不同种类和标号的沥青材料应分别贮存，并加以标记。临时性的贮油池必须搭盖棚顶，并应疏通周围排水渠道，防止雨水或地表水进入池内。

2. 矿料准备工作

不同规格的矿料应指导作业人员分别堆放，不得混杂，在有条件时宜加盖防雨顶棚。各种规格的矿料到达工地后，对其强度、形状、尺寸、级配、清洁度、潮湿度进行检查。如尺寸不符合规定要求时应重新过筛，若有污染时应用水冲洗干净，待干燥后方可使用。应确保进场的砂、石屑及矿粉应满足规定的质量要求。

3. 施工机械检查

沥青路面施工前对各种施工机具应作全面检查。如洒油车应检查油泵系统、洒油管道、量油表、保温设备等有无故障，并将一定数量的沥青装入油罐，在路上先试洒、校核其洒油量，每次喷洒前应保持喷油嘴干净，管道畅通，喷油嘴的角度应一致，并与洒油管呈 $15°\sim25°$ 的夹角。矿料撒铺车应检查其传动和液压调整系统，并应事先进行试撒，以确定撒铺每一种规格矿料时应控制的间隙和行驶速度。

摊铺机应检查其规格和主要机械性能，如振捣板、振动器、熨平板、螺旋摊铺器、离合器、送料器、料斗闸门、厚度调节器、自动找平装置等是否正常。压路机应检查其规格和主要机械性能（如转向、启动、振动、倒退、停驶等方面的能力）及滚筒表面的磨损情况，滚筒表面如有凹陷或坑槽不得使用。

4. 铺筑试验路段

路面施工在大范围施工前应铺筑试验段。试验段的长度应根据试验目的确定，宜为 $100\sim200\text{m}$，太短了不便施工，得不出稳定的数据。热拌热铺沥青混合料路面试验段铺筑分试拌及试铺两个阶段，应包括下列试验内容：

（1）根据沥青路面各种施工机械相匹配的原则，确定合理的施工机械、机械数量及组合方式。

（2）通过试拌确定拌和机的上料速度、拌和数量与时间、拌和温度等操作工艺。

在试验段的铺筑过程中，施工单位应认真做好记录分析，监理工程师或工程质量监督部门应监督、检查试验段的施工质量，及时与施工单位商定有关结果。铺筑结束后，施工单位应就各项试验内容提出试验总结报告，并取得主管部门的批复，作为施工依据。铺筑试验对同学们来说是很好的学习机会，应认真参与全过程，了解试验目的、试验过程，并学习试验总结报告的内容。

5. 全面展开铺筑作业

全面展开作业一般按照试验段取得的经验开展作业，实习生在这个阶段主要可以协助施工员开展工作，协调各作业面的工作，观察现场作业质量，并协助做好现场的安全防护工作；作业结束后应参与相关部门对工程的验收，协助资料员做好资料汇总工作。

第 6 节 桥 梁 工 程 施 工

桥梁工程施工分为下部结构施工和上部结构施工两部分。下部结构工程（基础、墩台）采用就地浇筑施工；上部结构工程根据桥位的地形地貌特点、墩台高低、梁孔多少等选择桥位现浇法或预制梁场集中预制的运架方案。

4.6.1 桥梁施工方案选择

桥梁下部结构工程施工：一般优先安排水中或岸边的墩台施工，因水中或岸边墩台的施工受季节影响较大，一般应避开雨季、安排在枯水季节施工。

　　桥梁上部结构工程施工：当某项目桥梁数量较多且具有设置梁场和可通行架桥机的条件下，采用预制场集中预制、运梁车运输至桥位、架桥机架设就位的施工方案。

　　当某项目桥梁数量较少或不具备制、运、架条件的桥隧相连的山区，或建预制场不经济的条件下采用桥位现浇的施工方案；当某桥墩台较低，地势较平坦且梁孔较少时宜采用满堂支架法就地浇注；当某桥墩台较高，地面起伏较大且梁孔较少时宜采用梁柱式支架法就地浇注；当某桥梁孔较多，宜采用移动模架法就地浇注。

　　当某桥跨越大江大河、深山峡谷或跨越既有公路、铁路等既有建筑物时，一般采用大跨的预应力钢筋混凝土连续（或刚构）梁结构，该类型的主跨连续梁一般采用悬臂现浇法施工。

　　桥梁工程施工技术管理流程见图 4.5，桥梁工程施工工艺流程见图 4.6。

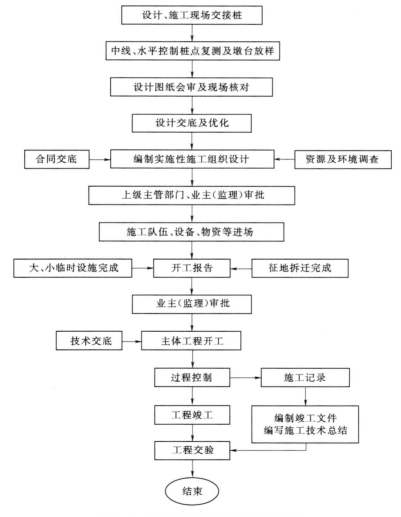

图 4.5　桥梁工程施工技术管理流程图

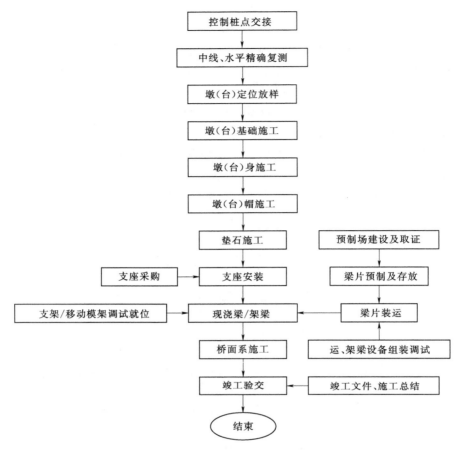

图 4.6　桥梁工程施工工艺流程图

4.6.2　下部结构工程的施工程序及要点

1. 承台施工程序

钻孔桩水下混凝土灌注完毕并养护期满，应经第三方对桩身进行无损检测并符合设计及检验标准要求后，方可进行承台施工。坑开挖之前先做好地面排水系统。根据具体情况，采取必要的加固坑壁措施，如挡板支撑、喷混凝土护壁及锚杆支护等。基坑自开挖起，应抓紧时间连续不断地施工直至沉台施工完成。基坑排水方法由地质条件确定：当基坑内无流沙地层时、一般采用集水坑排水法；当基坑内有流沙地层时，宜采用井点排水法。沉台的施工放样，应注意桥梁中心线与线路中心线的关系。桩头与承台的连接要符合设计有关规定。承台施工工艺流程见图 4.7。

2. 墩（台）身施工程序

（1）实体墩施工。实体墩施工，对实体墩高度小于 20m 时，可采用支架、定型钢模、一次浇筑；当高度大于 20m 时，可采用分段立模浇筑混凝土的施工方法，其施工工艺流程见图 4.8。

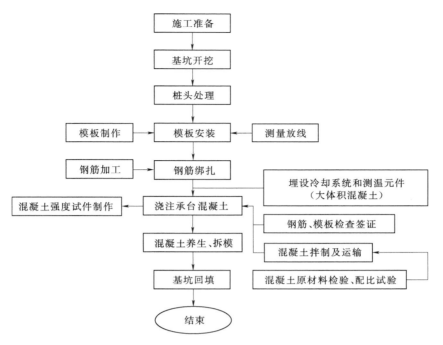

图 4.7 承台施工工艺流程图

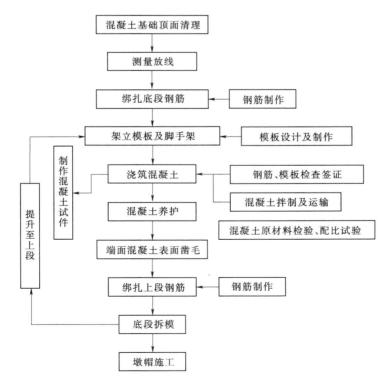

图 4.8 实体墩施工工艺流程图

实体墩施工要点：当基础混凝土达到设计强度 70％ 以上后，开始将墩身底部范围内基础混凝土表层浮浆彻底凿毛并清理干净。在钢筋绑扎前先调整好基础预留的插筋间距，在钢筋骨架外侧绑扎同级混凝土垫块，确保钢筋的保护层厚度及间距、接头符合设计、规范要求。墩身施工的定型钢模应拆装方便，接缝严密不漏浆，并有足够的强度、刚度和稳定性；安装就位的尺寸偏差应符合设计及检验标准要求。浇筑混凝土前，宜在接头处先浇筑 5cm 厚的等强砂浆，利于施工缝的结合。混凝土浇筑过程中，设专人护模，如果发现跑模、胀模以及漏浆等情况应及时处理；混凝土浇筑前要对振捣工进行技术交底，做到不过振、漏振，达到混凝土工程内实外美。混凝土浇筑完毕初凝后，及时抽拔或转动墩台预留孔的模芯，及时采用塑料薄膜或草袋覆盖、洒水养护。

（2）空心墩施工。当墩高小于 20m 时，采用支架法，分两次浇筑混凝土；当墩高大于 20m 时，可采用滑模、翻模法施工。墩身垂直运输使用墩旁塔吊，人员作业上下使用工作梯。塔吊和工作梯均支撑在混凝土基础上。外模采用大块钢模板施工，内模采用标准小块钢模板拼装而成。墩身混凝土均用混凝土输送泵泵送入模，插入式振捣器捣固。空心墩翻板模施工工艺流程见图 4.9，施工方法见图 4.10。

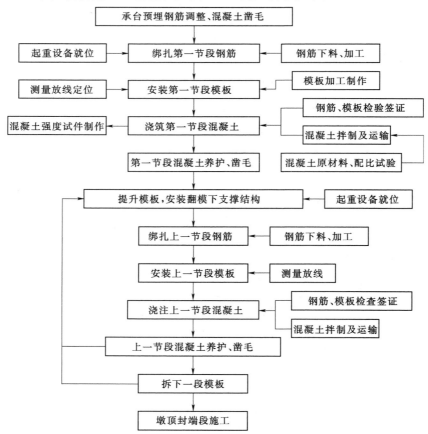

图 4.9　空心墩翻模施工工艺流程图

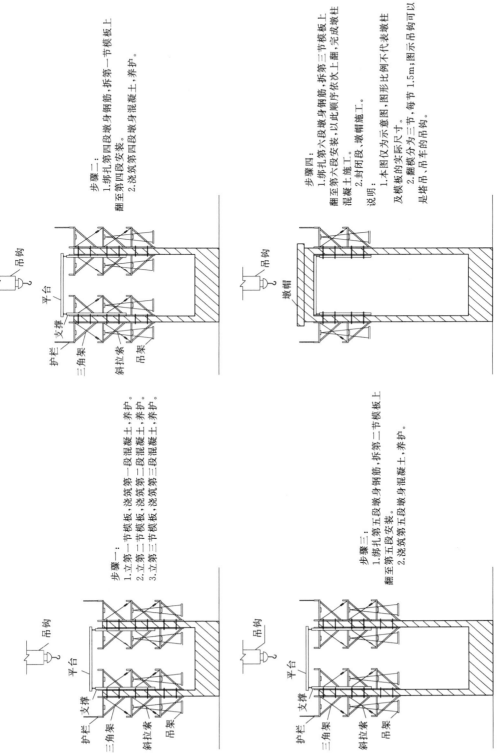

图 4.10　空心墩翻模施工方法图

步骤二:
1.绑扎第四段墩身钢筋,拆第一节模板上翻第四段墩身安装。
2.浇筑第四段墩身混凝土,养护。

步骤四:
1.绑扎第六段墩身钢筋,拆第三节模板上翻第六段安装,以此顺序依次上翻,完成墩柱混凝土施工。
2.封闭段,墩帽施工。

说明:
1.本图仅为示意图,图形比例不代表墩柱及模板的实际尺寸。
2.翻模分为三节,每节 1.5m;图示吊钩可以是塔吊,吊车的吊钩。

步骤一:
1.立第一节模板,浇筑第一段混凝土,养护。
2.立第二节模板,浇筑第二段混凝土,养护。
3.立第三节模板,浇筑第三段混凝土,养护。

步骤三:
1.绑扎第五段墩身钢筋,拆第二节模板上翻第五段安装。
2.浇筑第五段墩身混凝土,养护。

空心墩施工要点：施工模板、塔吊基础、工作梯等应进行施工及工艺设计，在塔吊和工作梯四周设置临时排水沟，防止基础下沉。按设计准确放出薄壁空心墩的中线水平及内外模边线，如四周不在同一水平面，采用砂浆将立模底面标高调整到同一高程。模板加工完成后、应试拼合格后方可投入使用，起吊安装过程中应严格操作规程，应确保模板在混凝土浇筑过程中不变形，不漏浆；应确保结构物中线、水平位置正确、尺寸偏差在允许范围内。模板安装后，用水准仪和全站仪检查模板四周顶面标高和墩身中心及平面尺寸，符合标准后再进行下道工序施工。优选混凝土配合比，保证混凝土的强度及和易性，混凝土浇筑初凝后，将混凝土顶面的浮浆清除并凿毛，有利于新老混凝土的黏接，并做好养护。

3. 桥台施工

桥台施工工艺流程见图 4.11。

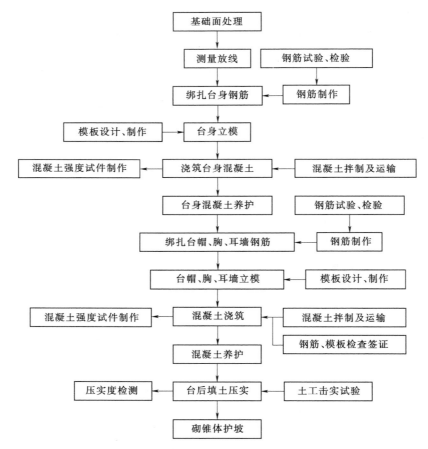

图 4.11　桥台施工工艺流程图

桥台施工要点：当基础混凝土达到设计强度的 70% 以上后，开始将台身底部范围内基础混凝土表层浮浆彻底凿毛并清理干净。在钢筋绑扎前先调整好基础的预留插筋间距，确保钢筋的保护层厚度及间距符合设计、规范要求。模板采用大块钢模板，先在地面拼装，然后用吊车吊装。应确保模板在混凝土浇筑过程中不变形，不漏浆。混凝土浇筑过程中，设专人护模，如果发现跑模、胀模以及漏浆等情况应及时处理；混凝土浇筑前要对振捣工进行技术交底，做到不过振、不漏振，以达到内实外光的混凝土结构。桥台施工完成后应及时进行台后填筑，填料符合设计要求，分层夯实，夯实质量符合检验标准要求。

4. 墩帽施工

墩帽模板采用定型钢模板，钢筋采用卷扬机提升，人工绑扎。混凝土采用拌和站集中拌制，混凝土运输使用罐车运输，泵送入模。

墩柱支承垫石高程位置应准确，表面应平整，并按设计或支座生产厂家的要求预留支座地脚螺栓孔（孔口宜偏大）。在支承垫石施工前实测墩顶标高，并根据实测标高调整垫石高度。

施工准备工作的基本内容一般包括技术准备、物资准备、施工组织准备、施工现场准备和场外协调工作等，这些工作有的必须在开工前完成，有的则贯穿于施工全过程中。

4.6.3 上部结构工程的施工程序及要点

1. 桥位现浇梁法

桥位现浇梁法施工就是在桥址处就地搭设支架、架立模板、绑扎钢筋、浇筑混凝土及预应力张拉、压浆的桥梁施工方法，其主要施工方法有支架法、移动模架法和挂篮悬灌法。

支架法是指根据桥址地形、地质的差异，在桥位处就地搭设支撑架，模板支承于支撑架上，完成一孔梁施工的模板支撑体系。通常使用的支架形式有梁柱式和满堂脚手架式两种。支架法施工工艺流程见图4.12。

移动模架法是指由支承、主梁、模板和行走机构等几部分组成的"空中"现浇法循环制梁的模板支架体系。根据地形的差异，通常使用的移动模架主要有上行式和下行式两种。移动模架法施工工艺流程见图4.13。

悬灌现浇法是指在桥墩上预埋墩旁托架或就墩附近搭设膺架浇注墩顶上的0号梁段，在以0号梁为基础，拼装挂篮对其他梁段进行悬臂现浇的施工方法。普遍采用的挂篮形式主要有菱形挂篮和桁架式挂篮。悬臂现浇法施工工艺流程见图4.14。

2. 制、运、架法

随着高速铁路的加速修建，桥梁设计、施工技术得到了快速发展。桥梁大吨位提梁机、运梁车、架桥机的问世，梁部工程由原来的单线一孔两片预制"T"梁（工厂集中预制、统一架桥机架设）组成发展到目前双线箱梁整孔预制及架设的施工方法。

箱梁预制模板采用整体式外侧模、液压收缩式内模。钢筋施工，底、腹板钢筋和桥面钢筋分别在专用绑扎胎模上绑扎成型。混凝土浇筑一次成型，采用混凝土搅拌车运输、布料机布料、输送泵泵送混凝土入模、高频附着式振动器辅以振动棒振捣的方法施工，养生采用淋水进行箱梁混凝土养生。待箱梁混凝土强度、弹模、龄期达到设计要求后即进行张拉、压浆、封锚、存梁等工作。搬运采用900T搬梁机；运输采用

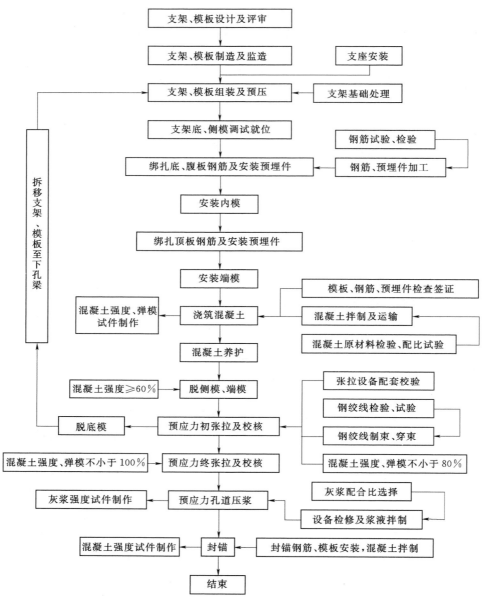

图 4.12   支架法施工艺流程图

900T 轮式运梁车。架设采用 900T 轮式架桥机等。箱梁预制及运架施工工艺流程分别见图 4.15 和图 4.16。

预制梁场应尽可能建在先架梁段相对较短的位置，并尽可能设在路堑段且与路基标高相差不大（坡度 2‰～3‰）的路基两侧；应进行细致的场地规划、编制实施性施工组织设计，并编写具体的施工工艺细则（作业指导书）。预制场内设制梁区、存梁区、钢筋加工区、混凝土生产区、架梁区、办公生活区等。梁场投入的机械设备按施工安排和业主、监理单位的要求，分期、分批调入，同时还确保机械设备的完好率，

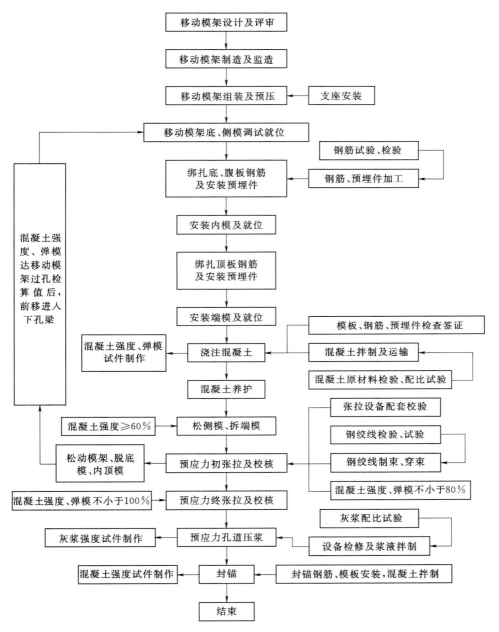

图 4.13　移动模架法施工工艺流程图

完工后及时退场。梁场建设的工程质量应符合标准：制梁台座、存梁台座应稳固；制梁模板的强度、刚度应符合桥规及验标要求；制梁的计量设备应达标；制梁用的机具设备应安全可靠，并通过严格检验后方可投入使用。梁场建设完成后，通过自检合格后试制梁 10 片左右，并做好各种记录，按"预应力混凝土铁路桥简支梁产品生产许可证实施细则"要求的程序、标准办妥生产许可证后方可投入批量生产。

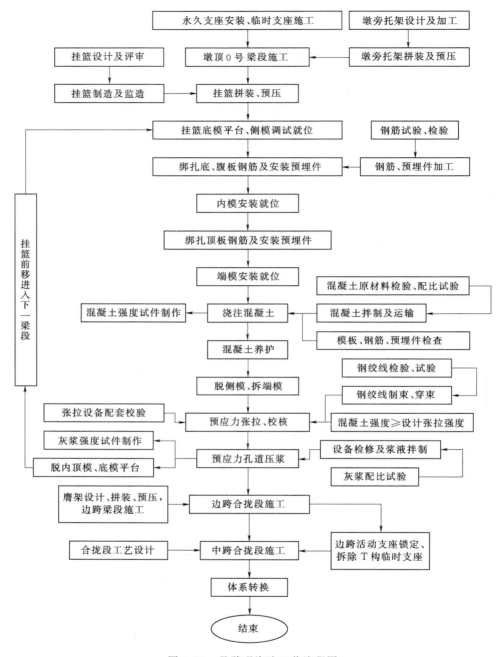

图 4.14   悬臂现浇法工艺流程图

预制箱梁采用高性能混凝土，对原材料、混凝土拌和物等检验项目与频次、混凝土入模温度、模板温度、混凝土养护、拆模各阶段的温度等控制严格，以及对箱梁混凝土养护时间和防止梁体混凝土开裂措施要求较高，因此混凝土配合比设计为制梁工作的重中之重。在胎具上进行钢筋整体绑扎，绑扎顺序为底板→腹板→顶板。底模、

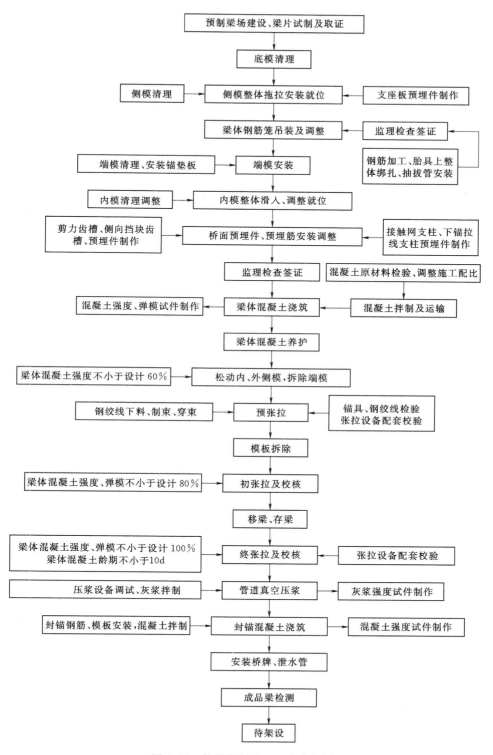

图 4.15　箱梁预制施工工艺流程图

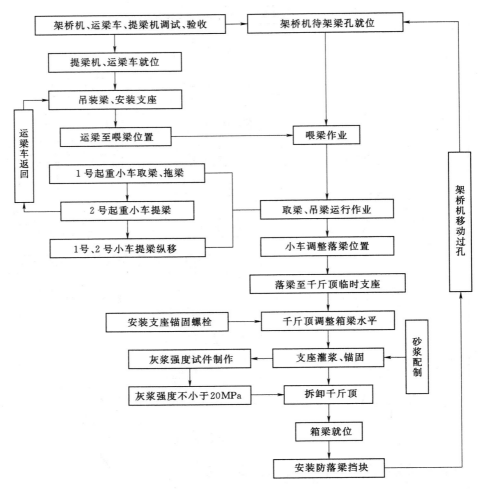

图 4.16   箱梁运架施工工艺流程图

侧模定位后,将绑扎完毕的钢筋骨架整体吊装就位,端模加固后内模整体滑入;预张拉前松开内模,拆除端模,初张拉后松开外模、拆除内模;拆模时梁体混凝土芯部与表层、箱内与箱外、表层与环境温差均不宜大于 15℃,并应保证梁体棱角完整,大风天气、气温急剧变化时不宜拆模。箱梁混凝土采用集中拌制、搅拌运输车运输,箱梁浇注采用一次整体、连续灌注。灌注顺序为先底板、再腹板、最后顶板,一孔梁总的灌注时间不超过 6h(宜在混凝土初凝时间内完成)。采用水平分层、斜向推进灌注工艺。混凝土振捣以附着式振动和高频插入式振动器相配合的方法。混凝土按季节分别采用自然养护和蒸汽养护,严格养护标准。箱梁张拉工艺复杂,预张拉主要是为防止梁体出现早期裂缝,在端模拆除、外模只拆不移(混凝土强度达到 33.5MPa 以上)的情况下进行;初张拉主要是为加快台座周转需要,在混凝土强度达到 43.5MPa 以上后进行,初张拉完毕拆除内模,将梁从制梁台座吊放到存梁台座;终张拉在存梁台座上进行,在梁体砼强度达到 53.5MPa、弹性模量达 36.0MPa,且混凝土龄期满足不少于10d 后进行;混凝土强度以梁体浇注最后一车混凝土所取试件、并在与梁体同等条件养护下的试件试压报告为准。管道压浆采用真空辅助压浆工艺。预应力钢绞线束张拉完毕，24h 后经观察确认无滑丝现象，48h 内组织进行管道压浆；压浆前，必须清除孔道内的杂物和积水，压浆顺序先下后上，同一管道压浆必须连续进行，一次完成；在压浆前首先对管道进行抽真空，使孔道内的真空度稳定在 $-0.08 \sim -0.06$MPa 之间后，立即开启管道压浆端阀门，同时开启压浆泵进行连续压浆；当孔道另一端出浆浓度与进浆浓度一致时，关闭出浆口，并保持 $0.5 \sim 0.6$MPa 压力 3min 结束；压浆时浆体温度应在 $5 \sim 30$℃ 之间，压浆时及压浆后 3d 内，梁体及环境温度不得低于 5℃，否则，应采取保温措施；在环境温度高于 35℃ 时，选择温度较低的时间段施工，如在夜间进行；在环境温度低于 5℃ 时，按冬期施工处理，可适当增加引气剂，含气量通过试验确定；不可在压浆剂中使用防冻剂。

架梁前应编制运、架梁施工工艺细则（作业指导书），对全体施工人员进行详细的施工安全、施工技术交底。提梁机、运梁车、架桥机按出厂使用说明组装、调试完成、并经严格验收合格后方可投入使用。架梁前应对桥梁中线、水平、跨度进行复测，并对运梁线路进行确认；要求路基承载力 $K_{30} \geqslant 190$MPa/m，路基表层及两侧无障碍物，排水设施良好。运、架梁过程中应严格执行运架梁施工工艺细则，严格按设备操作规程及使用保养说明进行操作和保养。要确保支座、梁片中线及水平位置满足验标要求。支座灌浆锚固螺栓应采用早强灰浆，灰浆强度不小于 20MPa 后才能移走千斤顶，将梁重传递给支座并拧紧螺栓。

第 7 节　隧 道 工 程 施 工

实习过程中，我们可能会遇到隧道工程施工。隧道长，断面大，地质条件复杂，局部地段软质围岩变形，断层破碎带、岩溶等不良地质，施工中应注意监控围岩变化，严格遵循"超前探、管超前、短进尺、弱爆破、强支护、勤量测、紧衬砌"的原则。用先进的探测和量测技术取得围岩状态参数，通过对信息、数据的综合分析和处理，判定地质变化，反馈于设计和施工，实行动态管理信息化施工。单口承担任务重，为开辟施工工作面，加快施工进度，满足全施工过程的通风和分散弃渣的要求，以及运营期间防灾救援的需要，需设置辅助通道。分成进口、斜井、竖井、导洞、横洞、出口作业面，洞内掘进、出渣、初期支护及二次衬砌，待拉开规定的工序步距后实行平行作业。

4.7.1　隧道洞口施工方法及工艺

1. 隧道进洞

为了掌握围岩在开挖过程中的动态变化和支护结构的稳定状态，施工中必须进行现场监控量测。通过对量测数据的分析和判断，对围岩-支护体系的稳定状态进行预测和分析，并据此及时调整支护参数和相应措施，以确保围岩及其结构的稳定。隧道洞身开挖中，将采用超前地质预报技术，提前掌握掌子面前方的地质、水文条件，及时采用应对的技术措施。隧道进洞施工工艺流程见图 4.17。

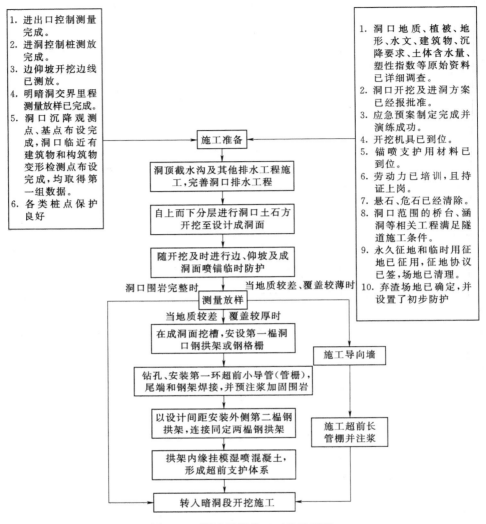

图 4.17　隧道进洞施工工艺流程图

2. 隧道出洞

出洞作业通常可以分为洞外与洞内两个施工步骤。洞内施工在出洞之前先封闭掌子面，再进行小导洞开挖至出洞。洞外施工在小导洞出洞后立即对边坡进行临时防护，再通过洞外往洞内布设管棚。完毕后洞内洞外相向施工，直至出洞贯通。隧道出洞施工工艺流程见图 4.18。

施工中必须加强围岩量测，根据量测结果及时反馈支护信息，确保支护措施安全合理。钢管内注浆时，操作人员应佩戴口罩、眼镜和胶手套。拆卸钻杆时，要有统一指挥、明确联络信号，扳钳卡钻方向应正确，防止管钳及扳手打伤人。制定挑顶施工的安全应急预案，做好应急材料、物资的储备，参照有关规范制订安全规章制度。

4.7.2　隧道开挖施工

采用浅埋暗挖法施工隧道时，主要开挖方法见表 4.1。

1. 全断面法

全断面开挖是将隧道掌子面一次开挖成形的施工方法，工艺循环进尺须根据隧道断面、围岩地质条件、机械设备能力、爆破振动限制、循环作业时间等情况合理确定，全断面开挖施工适用于Ⅰ、Ⅱ级围岩双线隧道，及Ⅲ级围岩单线隧道。Ⅲ级围岩双线隧道如果岩体相对完整，亦可采用全断面法。

爆破采用光面爆破技术，钻孔时须按钻爆设计要求严格控制钻孔的间距、深度和角度。掏槽眼的眼口间距和深度允许偏差为 5cm；周边眼的间距允许偏差为 5cm，外插角必须符合钻爆设计要求，孔底不得超出开挖轮廓线 15cm。全断面法开挖施工工艺流程见图 4.19。

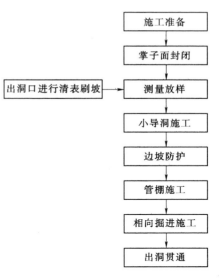

图 4.18　隧道出洞施工工艺流程图

表 4.1　　　　　　　　　　　　　主 要 开 挖 方 法 表

施工方法	示意图	重要指标比较					
		适用条件	沉降	工期	防水	初期支护拆除情况	造价
全断面法	1	地层好 跨度≤8m	一般	最短	好	没有拆除	低
两台阶法	1 2	地层较差 跨度≤12m	一般	短	好	没有拆除	低
上半断面临时封闭 正台阶法	1 2	地层差 跨度≤12m	一般	短	好	少量拆除	低
上弧导坑预留核心 土开挖法	1 2 3	地层差 跨度≤12m	一般	短	好	没有拆除	低

续表

施工方法	示意图	重要指标比较					
		适用条件	沉降	工期	防水	初期支护拆除情况	造价
单侧壁导坑正台阶法		地层差 跨度≤14m	较大	较短	好	拆除少	低
中隔墙法（CD 法）		地层差 跨度≤18m	较大	较短	好	拆除少	偏低
交叉中隔墙法（CRD 法）		地层差 跨度≤20m	较小	长	好	拆除多	高
双侧壁导坑法（眼镜法）		小跨度，连续使用可扩成大跨度	大	长	效果差	拆除多	高
中洞法		小跨度，连续使用可扩成大跨度	小	长	效果差	拆除多	较高
侧洞法		小跨度，连续使用可扩成大跨度	大	长	效果差	拆除多	高
柱洞法		多层多跨	大	长	效果差	拆除多	高

2. 两台阶法

两台阶法开挖是先开挖上半断面，待开挖至一定长度后再开挖下半断面，上、下半断面同时并进的施工工艺。两台阶法开挖适用于Ⅲ级和Ⅳ级围岩隧道的施工，台阶长度必须根据隧道断面跨度、围岩地质条件、初期支护形成闭合断面的时间要求、上部施工所需空间大小等因素确定，台阶长度应缩短，宜为 5m 左右。两台阶法施工工艺流程见图 4.20。

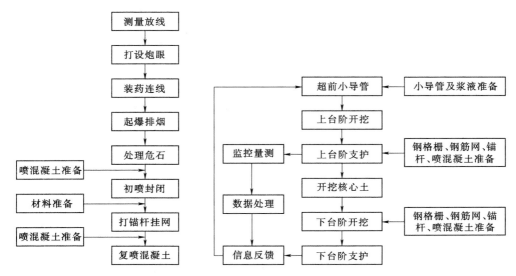

图 4.19 全断面法开挖施工工艺流程图　　　图 4.20 两台阶法施工工艺流程图

3. 三台阶七步开挖法

　　三台阶七步开挖法是以弧形导坑开挖预留核心土为基本模式，分为上、中、下三个台阶七个开挖面，各部位的开挖与支护沿隧道纵向错开、平行推进的隧道施工方法。三台阶七步开挖法适用于浅埋大断面Ⅳ级围岩和具备一定自稳条件的Ⅴ级围岩地段隧道的施工。采用三台阶七步开挖法应尽量缩短台阶长度，台阶长度一般为3～5m，确保初期支护尽快闭合成环，仰拱和拱墙衬砌及时跟进，尽早形成稳定的支护体系。三台阶七步开挖法施工工艺流程图见图 4.21。

4. 上弧导坑预留核心土开挖法

　　弧形导坑预留核心土开挖法一般适用于地层较差，Ⅴ～Ⅵ级围岩地段。弧形导坑预留核心土开挖法上台阶取 1 倍洞径左右环形开挖预留核心土；用系统小导管超前支护预注浆稳定工作面；用网构钢拱架做初期支护；拱脚、墙角设置锁脚锚杆；从开挖到初期支护、仰拱封闭不能超过10d，以控制地表沉陷。弧形导坑预留核心土开挖法施工工艺流程图见图 4.22。

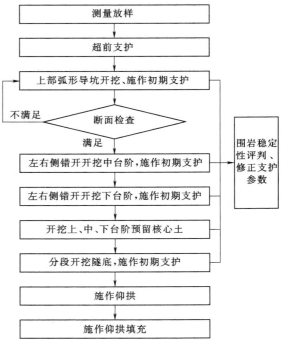

图 4.21 三台阶七步开挖法施工工艺流程图

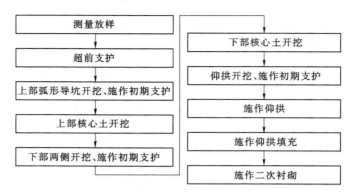

图 4.22　弧形导坑预留核心土开挖法施工工艺流程图

5. 中隔壁法（CD 法）

中隔壁法（CD 法），采用自上而下分 2～3 步开挖隧道的一侧，完成初期支护和中隔壁；再进行另一侧的开挖及支护，形成带有中隔壁支护的左右洞室；最后拆除中隔壁，施作仰拱及拱墙衬砌。适用于 V 级围岩浅埋、偏压及洞口段的施工。中隔壁法（CD 法）施工工艺流程见图 4.23。

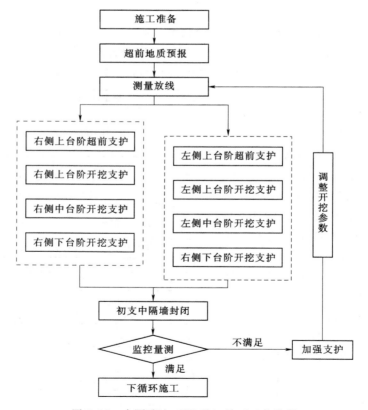

图 4.23　中隔壁法（CD 法）施工工艺流程

6.交叉中隔壁法（CRD法）

交叉中隔壁法（CRD法），采用自上而下分1~2步开挖隧道的第一侧上中部，完成初期支护，施作中隔壁和横隔板；再进行第二侧的上中部开挖支护；最后依次开挖第一侧、第二侧的底部，完成初期支护和中隔壁、临时仰拱，形成带有中隔壁和1~2层水平支撑的网格状支撑系统；最后拆除支护，施作仰拱、拱墙衬砌。CRD法的每部开挖均形成钢支撑和喷射混凝土结构的环形封闭支护体系。交叉中隔壁法（CRD法）适用于Ⅴ~Ⅵ级围岩浅埋偏压、洞口段及不良地质地段的施工。交叉中隔壁法（CRD法）施工工艺流程见图4.24。

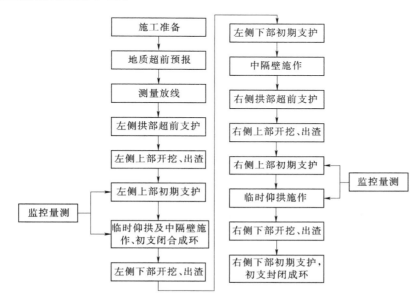

图 4.24　交叉中隔壁法（CRD法）施工工艺流程图

7.双侧壁导坑法

双侧壁导坑法是先开挖隧道两侧的导坑，并进行初期支护，再分部开挖剩余部分的施工工艺。双侧壁导坑法适用于Ⅴ~Ⅵ级围岩浅埋偏压、洞口段及不良地质地段，并且对沉降要求较高的隧道施工。

根据地质预报结果，采取超前支护及注浆加固地层后进行分部开挖，先开挖左（右）侧壁导坑土体，并进行初期支护及临时支护；再分部开挖右（左）侧壁导坑土体和初期支护、临时支护，左、右两侧壁导坑前后相错15~20m；最后开挖下部土体，并进行初期支护及临时支护。在施作二次衬砌时，分段拆除临时支护，然后依次施作仰拱及拱墙二次衬砌混凝土。双侧壁导坑法施工流程见图4.25。

4.7.3　隧道支护施工方法及工艺

1.超前支护及加固施工

在隧道施工中，采用最多的超前支护是超前大管棚和小导管，局部采用掌子面喷混凝土及玻纤锚杆，含水砂层等特殊地层采用超前水平旋喷，富水断层、破碎围岩等

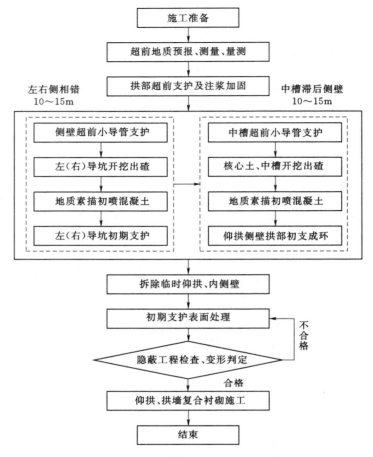

图 4.25   双侧壁导坑法施工流程图

采用帷幕注浆加固地层。

（1）大管棚是在隧道开挖前，沿隧道开挖轮廓线外利用钻机或夯管按一定角度打入长度大于 20m 的钢管，通过钢管注浆预加固隧道拱部围岩，并将钢管内采用砂浆充填密实以减少围岩沉降的超前支护与加固方法。隧道洞口以及 V 级围岩浅埋、下穿建（构）筑物等地段采用较多。超前大管棚支护施工工艺流程见图 4.26。

（2）超前小导管是在隧道开挖前，沿隧道拱部开挖轮廓线外按一定角度打入直径为 32～60mm，长度为 3～5m 的钢管，必要时利用钢管注浆或与钢架连成一体进行围岩加固的超前支护方法。多用于隧道 IV 级围岩、深埋 V 级围岩地段拱部超前预支护。超前小导管施工工艺流程见图 4.27。

（3）超前帷幕注浆的目的是堵水和加固围岩。当隧道经过含水软弱地层、断层破碎带、充填性溶洞时，地面环境要求不允许排水或排水施工不能保证隧道施工安全时，采用帷幕注浆的辅助施工措施。超前帷幕注浆施工工艺流程见图 4.28。

（4）水平旋喷法采用水平定向钻机钻孔，钻至设计深度后，边拔钻杆边把浆液喷射到土体内，借助流体的冲击力切削土层，改变土体结构。钻杆一边低速（20r/min）

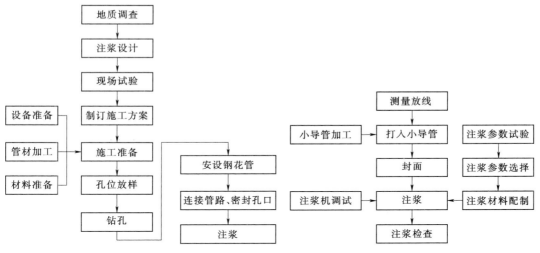

图 4.26　超前大管棚支护施工工艺流程图　　　　图 4.27　超前小导管施工工艺流程图

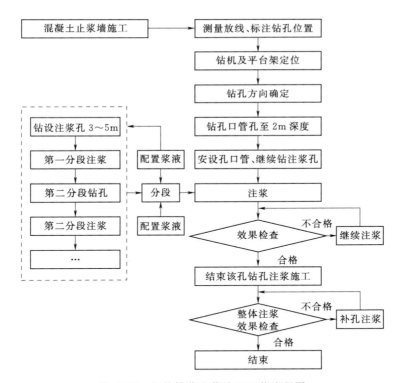

图 4.28　超前帷幕注浆施工工艺流程图

旋转，一边徐徐（速度 15～30cm/min）外拔，使土体与水泥浆充分搅拌混合，胶结硬化后形成直径比较均匀，且具有一定强度（0.5～8.0MPa）的桩体，从而使地层得到加固。水平旋喷施工工艺流程见图 4.29。

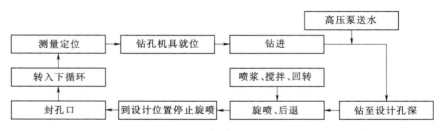

图4.29　水平旋喷施工工艺流程图

2. 初期支护施工

隧道初期支护通常包括系统锚杆、钢架、钢筋网和喷射混凝土组成。初期支护应紧跟开挖面及时施作，尽量减少围岩暴露时间，抑制围岩变形，防止围岩在短期内松弛剥落。

钢架、钢筋网和锚杆在洞外构件厂加工，利用钢架架设机械、人工配合安装钢架，挂设钢筋网，锚杆台车或专用锚杆钻机施作系统锚杆，喷射机械手湿喷混凝土。初期支护施工工艺流程见图4.30。

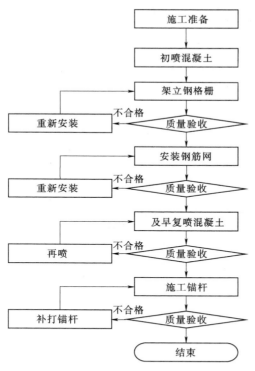

图4.30　初期支护施工工艺流程图

隧道初期支护的系统锚杆一般拱部采用带排气装置的中空注浆锚杆，边墙采用砂浆锚杆；当围岩成孔条件较差或有特殊要求时，可采用自进式锚杆。锚杆端头设置垫板，锚杆孔灌浆应密实，系统锚杆材质的断裂伸长率不得小于16%，垫板采用A3钢，尺寸不小于150mm×150mm×6mm。在Ⅳ、Ⅴ级围岩及特殊地质围岩中开挖隧道时应先喷混凝土再安装锚杆，在膨胀性等围岩中宜采用摩擦式锚杆。

3. 钢拱架施工

钢架预先在洞外加工厂加工成型，在洞内用螺栓连接成整体。钢架加工的焊接不得有假焊，焊缝表面不得有裂纹、焊瘤等缺陷。每榀钢架加工完成后放在水泥地面上试拼，周边拼装允许误差为±3mm，平面翘曲小于2cm，钢架在开挖或初喷混凝土后及时架设。安装前清除底脚下的虚渣及杂物。钢架安装允许偏差为钢架间距、横向位置和高程与设计位置的偏差不超过±5cm，垂直度误差为±2°。

沿钢架外缘每隔2m用钢楔或混凝土预制块楔紧。钢架底脚置于牢固的基础上。钢架尽量密贴围岩并与锚杆焊接牢固，钢架之间按设计纵向连接。分部开挖法施工时，钢拱架拱脚打设锁脚锚杆（管），锚杆（管）长度不小于 4m，数量为 2～4 根。下半部或三台阶的下台阶开挖后钢架及时落地接长，封闭成环。钢架与喷混凝土形成一体，钢架与围岩间的间隙用喷混凝土充填密实。

4．钢筋网施工

钢筋网预先在洞外加工厂加工成型。安装搭接长度为 1～2 个网格。钢筋网随受喷面起伏铺设，与受喷面的间隙一般不大于 3cm。与锚杆或其他固定装置连接牢固。开始喷射时，缩短喷头至受喷面的距离，并调整喷射角度。

钢筋网与锚杆或其他固定装置连接牢固，在喷射混凝土时钢筋不得晃动。钢筋网采用分段分块制作，具体尺寸根据施工现场需要而确定。钢筋网加工允许偏差为：钢筋间距±10mm；钢筋搭接长±15mm。根据设计图纸，在拱墙布设钢筋网，钢筋网与锚杆之间采用绑扎或焊接连接。钢筋在使用前除锈拉直，钢筋的直径、钢筋网的间距，符合设计要求。在岩面喷射一层混凝土后铺设，钢筋网喷混凝土保护层厚度不小于 40mm。钢筋与锚杆或其他锚固装置连接牢固，喷射时钢筋不得晃动。钢筋网提前加工成成品并存放在加工场内，使用时运至洞内。

5．喷射混凝土施工

常见喷射混凝土施工分普通喷射混凝土施工和钢纤维喷射混凝土施工。相对普通喷射混凝土施工，钢纤维喷射混凝土施工是按比例加入特定品种和规格的钢纤维，搅拌均匀后作为集料进行喷射形成复合型混凝土的施工方法，加入钢纤维后，喷射混凝土的抗压强度、抗折强度、抗弯强度及耐冲击性能均有较大幅度的提高，尤适于松软、破碎地层支护。

喷射混凝土采用洞外自动计量拌和站拌和，湿喷法施工。喷前对设备进行检查和试运转。在受喷面、各种机械设备操作场所配备充足的照明及通风设备。喷射混凝土的现场配比应适当提高其强度等级，以确保附着在围岩面上的喷混凝土层实际强度满足要求。

6．背后注浆施工

隧道二衬施工不可避免会在背后形成一定区域的不密实部分，为保证隧道施工质量并降低隧道运营后风险，在初期支护及二衬施工后应实施背后注浆。施工工艺流程：施工准备→埋深注浆管→浆液选择及配合比确定→配料及拌和→灌注浆液→终止注浆→检查注浆情况。

背后注浆严格按配比进行注浆，浆液配合比满足设计要求，并做好现场记录。初支背后的注浆保证填充密实；注浆要在初期支护混凝土达到设计强度后进行。

4.7.4　隧道衬砌及防排水施工方法及工艺

1．防排水系统施工

（1）对基面渗漏水采用回填注浆进行堵水，以保持基面无明显漏水。对初期支护表面外漏的锚杆头、钢筋头等硬物进行割除，再用砂浆进行抹平。对初期支护表面凹凸不平处采用喷射混凝土补喷平顺。对基面处理质量进行检查，并应满足以下要求：初期支护表面无明显渗漏水，无空鼓、裂缝、酥松等现象；初期支护表面平整，平整度符合规范要求；初期支护表面无尖锐突出物。

（2）洞内排水盲管主要包括环向排水盲管、纵向排水盲管、横向排水盲管，三者排水功能不同但形成完整的排水系统。排水盲管的安装应满足可维护的要求，任一点堵塞时，均具备从管口使用高压水冲洗的条件。

（3）防水板施工作业在基面处理、排水盲管设置完成后进行，主要包括铺设准备、防水板固定、防水板焊接、质量检查等环节。防水板施工工艺流程见图 4.31。

图 4.31　防水板施工工艺流程

（4）止水带主要布置在隧道施工缝、变形缝处。止水带施工作业包括制作专用卡件、止水带安装、接头位置处理、混凝土浇筑。在仰拱与拱墙施工缝处设纵向止水带，二衬环向施工缝部位设环向背贴式止水带或中埋式止水带。

2. 仰拱施工

隧道仰拱由初期支护仰拱、二次衬砌仰拱和仰拱填充组成，作为隧道施工承前启后的一道工序，起到了闭合结构体、稳定初期支护的作用。仰拱施工工艺流程见图 4.32。

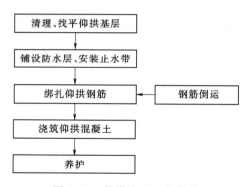

图 4.32　仰拱施工工艺流程

施工前，应将隧底虚渣、杂物、泥浆、积水等清除，并用高压风将隧底吹洗干净，超挖应采用同级混凝土回填。仰拱超前拱墙二次衬砌，其超前距离保持 3 倍以上衬砌循环作业长度。底板、仰拱的整体浇筑采用防干扰作业平台保证作业空间；仰拱成型采用浮放模板支架。仰拱、底板混凝土整体浇筑，一次成型。填充混凝土在仰拱混凝土终凝后浇筑。仰拱拱座与墙基同时浇筑，排水侧沟与边墙同时浇筑。仰拱施工缝和变形缝作防水处理。膨胀岩地段，仰拱要进行加强，并增设锚杆或锚固桩等。填充混凝土强度达到 5MPa 后允许行人通行，填充混凝土强度达到设计强度的 100% 后允许车辆通行。

4-10
隧道衬砌
技术

3. 二次衬砌施工

二衬的质量决定着整个隧道的质量。二次衬砌的混凝土要求具备高性能、耐久性好等特性，施工后要求二次衬砌零修补。拱墙二次衬砌采用整体钢模衬砌台车一次性浇筑，混凝土搅拌运输车运输，泵送混凝土入模，振捣器捣固，左右对称浇筑，挡头模采用钢模与木模。隧道二次衬砌施工工艺流程见图 4.33。

4.7.5　地质超前预报施工方法及工艺

由于隧道地质条件的复杂性、多变性，在勘察阶段要准确无误地确定围岩的状态、特征，并准确预测隧道施工中可能引发的地质灾害的位置、规模及性质是十分困难的。在隧道施工阶段，重视和加强地质超前预报，最大限度地利用先进的地质超前预报技术预测开挖工作面前方的地质情况，对于安全施工、提高工效、缩短施工周期、避免事故损失具有重大意义。

地质超前预报包括隧道所在地区地质分析与宏观地质预报、隧道洞身不良地质及灾害地质超前预报和重大施工地质灾害临警预报。

隧道施工地质超前预报方法主要有传统地质分析法、超前平行导坑预报法、超前水平钻孔法、物理探测法等。施工地质超前预报是一项系统性工作，是重要的施工工序。

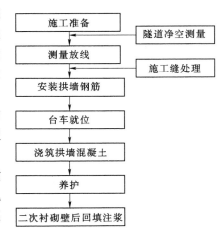

图 4.33　隧道二次衬砌施工工艺流程

第5章 ▶ 资料员顶岗实习指导

资料员是负责工程项目资料的编制、收集、整理、档案管理等内业管理工作的技术人员。从以往的就业调查看，高职毕业生选择资料员岗位的较多，且女生所占的比例更高。建筑资料员一般需要通过国家相关部门组织的岗位资格考试，取得相应的上岗证书后方能担任相关岗位的工作。在顶岗实习期间选择资料员岗位，其实习的要点是需要熟悉工程各阶段的资料内容、资料文件要求、组卷要求，以及熟练掌握工程资料软件的使用。资料员需要从施工各部门、人员处获取一手资料，因此沟通协调能力的培养也不能忽视。

第1节 顶岗实习的目的与任务

实习目的：通过资料员岗位实习，参与具体工程的实施与管理工作，熟悉土木工程施工管理的全过程，达到理论与实践相结合的目的。主要通过参与施工阶段的生产活动，加深理解专业理论知识，熟悉资料员的工作职责、工作内容。掌握工程资料收集、整理、组卷的相关技术，并在实践中强化锻炼岗位技能，达到能够独立开展资料管理工作的目标。

实习任务：协助资料员进行工程技术资料的发放、收集、整理、组卷与归档工作，具体内容见表5.1。

表5.1 资料员岗位实习任务

工程实施阶段	序号	资料员工作内容
施工前期阶段	1	熟悉建设项目的有关资料和施工图
	2	协助编制施工组织设计（施工技术方案），并填写施工组织设计（方案）报审表给现场监理机构并要求审批
	3	申报开工，填报工程开工报审表，填写开工通知单
	4	协助编制各工种的技术交底材料
	5	协助制定各种规章制度
施工阶段	1	及时搜集整理进场的工程材料、构配件、成品、半成品和设备的质量控制资料（出厂质量证明书、生产许可证、准用证、交易证），填报工程材料、构配件、设备报审表，由监理工程师审批
	2	与施工进度同步，做好隐蔽工程验收记录及检验批质量验收记录的报审工作
	3	及时整理施工试验记录和测试记录
	4	阶段性地协助整理施工日记

续表

工程实施阶段		序号	资料员工作内容
竣工验收阶段	组卷	1	单位（子单位）工程质量验收资料
		2	单位（子单位）工程质量控制资料核查记录
		3	单位（子单位）工程安全与功能检验资料核查及主要功能抽查资料
		4	单位（子单位）工程施工技术管理资料
	归档	1	施工技术准备文件，包括图纸会审记录、控制网设置资料、定位测量资料、基槽开挖线测量资料
		2	工程图纸变更记录，包括设计会议会审记录、设计变更记录、工程洽谈记录等
		3	地基处理记录，包括地基钎探记录、钎探平面布置点、验槽记录、地基处理记录、桩基施工记录、试桩记录等
		4	施工材料预制构件质量证明文件及复试试验报告
		5	施工试验记录，包括土壤试验记录、砂浆混凝土抗压强度试验报告、商品混凝土出厂合格证和复试报告、钢筋接头焊接报告等
		6	施工记录，包括工程定位测量记录、沉降观测记录、现场施工预应力记录、工程竣工测量、新型建筑材料、施工新技术等
		7	隐蔽工程检查记录，包括基础与主体结构钢筋工程、钢结构工程、防水工程、高程测量记录等
		8	工程质量事故处理记录

第2节 资料员岗位职责及任职资格

1. 资料员的岗位职责

（1）负责施工单位内部及与建设单位、勘察单位、设计单位、监理单位、材料及设备供应单位、分包单位、其他有关部门之间的文件及资料的收发、传达、管理等工作，应进行资料的规范管理，做到及时收发、认真传达、妥善管理、准确无误。

（2）负责所涉及的工程图样的收发、登记、传阅、借阅、整理、组卷、保管、移交、归档。

（3）参与施工生产管理，做好各类文件资料的及时收集、核查、登记、传阅、借阅、整理、保管等工作。

（4）负责施工资料的分类、组卷、归档、移交工作。

（5）及时检索和查询、收集、整理、传阅、保存有关工程管理方面的信息。

（6）处理好各种公共关系。

2. 资料员的任职资格

资料员一般由具有资料员上岗证的人员担任。建设行政主管部门以往每年都会组织八大员上岗证书考试，2019年曾一度暂停了"员"级现场管理岗位资格证书考试，2020年恢复相关考试制度。不管政策如何变动，作为高职土建类专业的毕业生，应该要认真学习管理岗位的技术技能，使自己具备相应的能力，一旦有条件参加相关考试，便能确保自己能较快适岗，资料员岗位技术技能要求见表5.2。

表 5.2   资料员岗位技术技能要求

分　类	序号	岗 位 技 能 要 求
资料计划管理	1	能够编制施工资料管理计划
资料收集整理	1	能够建立施工资料收集台账
	2	能够进行施工资料交底
	3	能够收集、审查、整理施工资料，以及竣工图、竣工验收资料
资料使用保管	1	能够检索、处理、存储、传递、追溯、应用工程信息资料
	2	能够安全防护和管理施工资料
资料归档移交	1	能够对施工资料立卷、编目、装订、归档、移交
资料信息系统管理	1	能够建立项目施工信息资料计算机软件管理平台
	2	能够应用专业软件进行工程技术资料的处理
备注	鉴于土建施工、建筑设备安装等不同分部工作差异较为明显，资料员的岗位技能要不断培训学习	

第 3 节   资料工作流程与岗位协调

如果你选择资料员作为顶岗实习的岗位，则需要知道资料员岗位相关工作流程，以下各工作流程可作为参考，不同的施工企业在管理流程上可能会有差异，但总体工作内容相近。

5.3.1   资料工作流程

1. 资料管理工作流程（图 5.1）

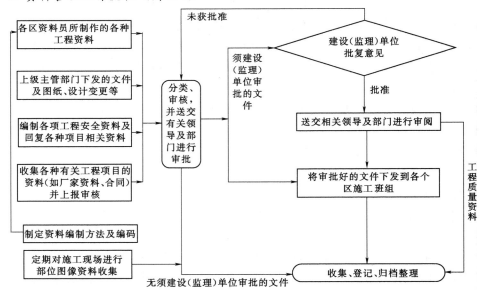

图 5.1 资料管理工作流程

2. 施工技术资料收集整理流程（图 5.2）

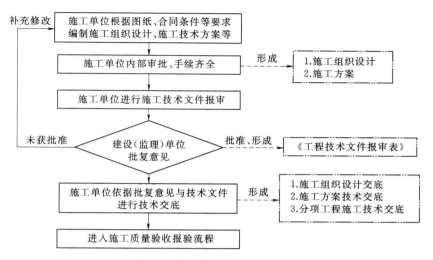

图 5.2　施工技术资料整理流程

3. 施工物资资料收集整理流程（图 5.3）

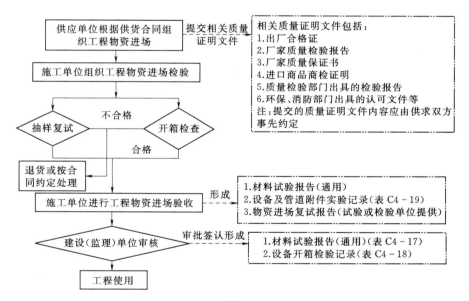

图 5.3　施工物资资料收集整理流程

4. 检验批质量验收流程（图 5.4）

5. 分项工程质量验收流程（图 5.5）

6. 分部（子分部）工程质量验收流程（图 5.6）

7. 安全资料管理流程（图 5.7）

8. 工程验收资料管理流程（图 5.8）

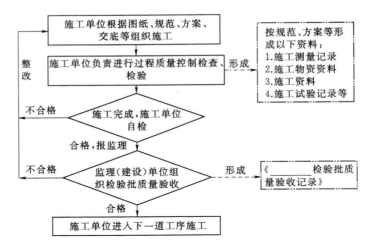

图 5.4   检验批质量验收流程

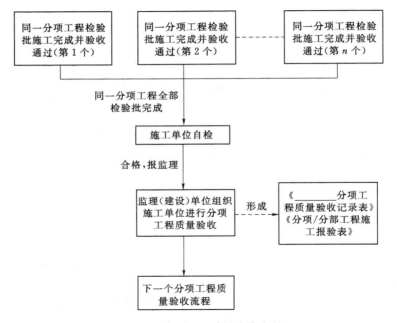

图 5.5   分项工程质量验收流程

5.3.2   资料工作沟通与协调

资料员的工作主要是负责收集、整理工程资料。而工程资料是伴随着项目所有的工作开展而产生的，因此相关岗位人员应负责与其工作有关的资料管理职责。

项目技术负责人：负责组织编制施工组织设计、组织进行设计交底、办理洽商及各类方案的审核。

施工员：负责施工方案、交底、隐检、预检（包括放样）资料。

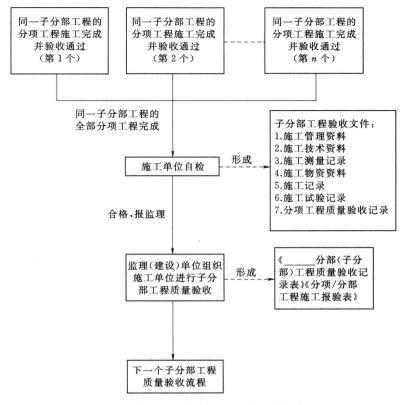

图 5.6　分布（子分布）工程质量验收流程

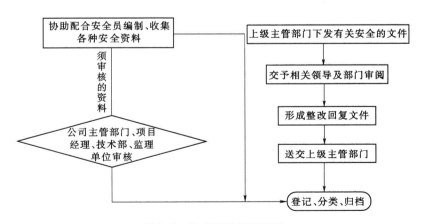

图 5.7　安全资料管理流程

试验员：负责本工程钢筋、防水材料、钢筋接头、混凝土各种试块、回填土、冬施测温等各项试验资料。

测量员：负责定位测量、基槽验线和楼层放线测量资料。

质量员：负责分部（子分部）、分项工程报验资料。

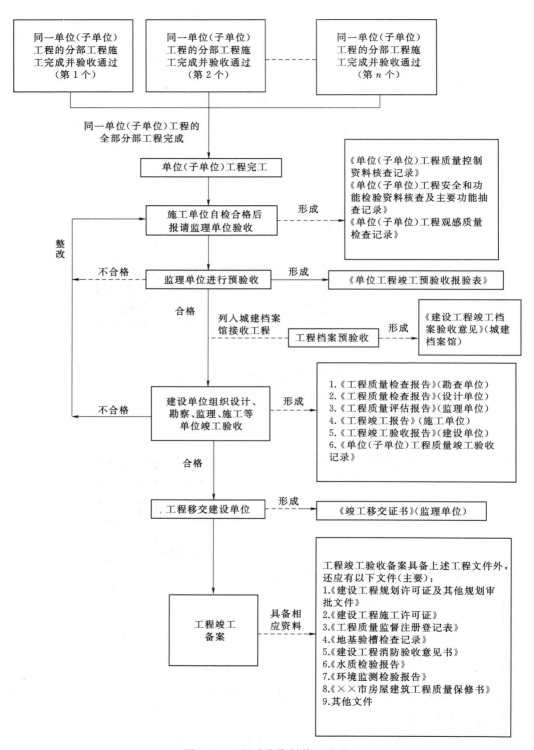

图 5.8　工程验收资料管理流程

工长：负责钢筋加工检验、混凝土浇筑申请、混凝土浇筑记录资料。

资料员在工作过程中应加强与相关岗位工作人员的沟通与协调，确保工程资料能够及时有效的收集与整理。

第 4 节　资料收集整理、归档移交

资料员在收集整理施工资料时，必须及时、真实，做到与施工同步进行，并考虑与各专业、各工序之间的交接。确保施工资料必须使用原件（质量证明文件可用复印件，但需注明原件存放处、经办人签字、日期、加盖原件存放单位公章）。

收来的施工资料上要求项目齐全，无未了事项；如无此项，可画"/"，应填写的内容必须填写完整。工程资料的验收应与工程竣工验收同步进行，工程资料不符合要求的，不得进行工程竣工验收。工程资料的形成、收集和整理采用计算机管理。施工资料必须用档案规定用笔签字，并做到清晰易认、工整，不准用草书或艺术字签名。整个项目接近收尾时，需及时整理全部工程资料，确保能够按照档案管理部门的要求立卷、归档。

5-1　①
建筑工程竣
工资料组卷
参考表

1. 立卷

立卷是指按照一定的原则和方法，将有保存价值的文件分门别类地整理成案卷，亦称组卷。

（1）立卷的基本原则。立卷应遵循工程文件的自然形成规律，保持卷内文件的有机联系，便于档案的保管和利用。一个建设工程由多个单位工程组成时，工程文件应按单位工程组卷。

（2）立卷的方法。

1）工程文件可按建设程序划分为工程准备阶段的文件、监理文件、施工文件、竣工图、竣工验收文件 5 个部分。

2）工程准备阶段文件可按建设程序、专业、形成单位等组卷。

3）监理文件和施工文件可按单位工程、分部工程、专业、阶段等组卷。

4）竣工图和竣工验收文件可按单位工程、专业等组卷。

（3）立卷过程中宜遵循下列要求。

1）案卷不宜过厚，一般不超过 40mm。

2）案卷内不应有重份文件，不同载体的文件一般应分别组卷。

（4）卷内文件的排列。

1）文字材料按事项和专业顺序排列。同一事项的请示与批复、同一文件的印本与定稿，主体与附件不能分开，并按批复在前、请示在后，印本在前、定稿在后，主件在前、附件在后的顺序排列。

2）图样按专业排列，同专业图样按图号顺序排列。

3）既有文字材料又有图样的案卷，文字材料排前，图样排后。

2. 案卷的编目

（1）编卷内文件页号应符合下列规定。

1）卷内文件均按有书写内容的页面编号。每卷单独编号，页号从"1"开始。

2）页号编写位置：单面书写的文件在右下角；双面书写的文件，正面在右下角，背面在左下角。折叠后的图样一律在右下角。

3）成套图样或印刷成册的科技文件材料，自成一卷的，原目录可代替卷内目录，不必重新编写页码。

4）案卷封面、卷内目录、卷内备考表不编写页号。

（2）卷内目录的编制应符合下列规定：

1）卷内目录式样宜符合下图要求。

2）序号。以一份文件为单位，用阿拉伯数字从1依次标注。

3）责任者。填写文件的直接形成单位和个人。有多个责任者时，选择两个主要责任者，其应用"等"代替。

4）文件编号。填写工程文件原有的文号或图号。

5）文件题名。填写文件标题的全称。

6）日期。填写文件形成的日期。

7）页次。填写文件在卷内所排的起始页号。最后一份文件填写起止页号。

8）卷内目录排列在卷内文件首页之前（图5.9）。

（3）卷内备考表的编制应符合下列规定。

1）卷内备考表的式样宜符合档案管理部门规定的要求。

2）卷内备考表主要标明卷内文件的总页数、各类文件页数（照片张数），以及立卷单位对于案卷情况的说明。

3）卷内备考表排列在卷内文件的尾页之后。

（4）案卷封面的编制应符合下列规定。

1）案卷封面印刷在卷盒、卷夹的正表面，也可采用内封面形式。案卷封面的式样宜符合档案管理部门规定的要求。

2）案卷封面的内容应包括：档号、档案馆代号、案卷题名、编制单位、起止日期、密级、保管期限、共几卷、第几卷。

3）档号应由分类号、项目号和案卷号组成。档号由档案保管单位填写。

4）档案馆代号应填写国家给定的档案馆的编号。档案馆代号由档案馆填写。

5）案卷题名应简明、准确地揭示卷内文件的内容。案卷题名应包括工程名称、专业名称、卷内文件的内容。

6）编制单位应填写案卷内文件的形成单位或主要责任者。

7）起止日期应填写案卷内全部文件形成的起止日期。

8）保管期限分为永久、长期、短期三种期限。

卷内目录、卷内备考表、案卷内封面应采用70g以上白色书写纸制作，幅面统一采用A4幅面。

3. 案卷装订

案卷可采用装订与不装订两种形式。文字材料必须装订。既有文字材料，又有图样的案卷应装订。装订应采用线绳三孔左侧装订法，要整齐、牢固，便于保管和利用。

卷内目录式样(尺寸单位统一为:mm)

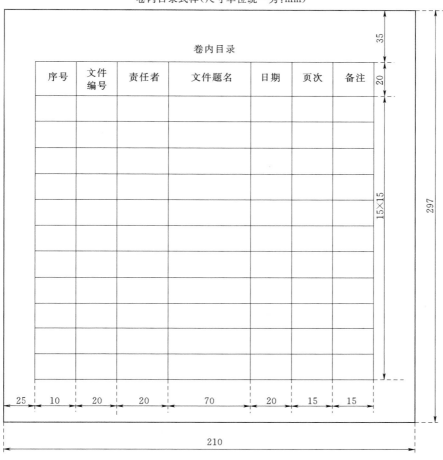

图 5.9　卷内目录

装订时必须剔除金属物。

　　案卷装具一般采用卷盒、卷夹两种形式。卷盒的外表尺寸为 310mm×220mm,厚度分别为 20mm、30mm、40mm、50mm。卷夹的外表尺寸为 310mm×220mm,厚度一般为 20~30mm。卷盒、卷夹应采用无酸纸制作。案卷脊背的内容包括档号、案卷题名。

　　4. 归档

　　建筑工程资料的归档是指建筑工程资料形成单位完成其工作任务后,将形成的资料整理立卷,按规定移交档案管理机构。

　　归档包括两方面含义:一是建设、勘察、设计、施工、监理等单位将本单位在建筑工程建设过程中形成的资料向本单位档案管理机构移交;二是勘察、设计、施工、监理等单位将本单位在工程建设过程中形成的资料向建设单位档案管理机构移交。

　　建设单位办理工程竣工验收备案应当提交下列文件:

　　(1) 工程竣工验收备案表。

（2）工程竣工验收报告。竣工验收报告应当包括工程报建日期，施工许可证号，施工图设计文件审查意见，勘察、设计、施工、工程监理等单位分别签署的质量合格文件及验收人员签署的竣工验收原始文件，市政基础设施的有关质量检测和功能性试验资料以及备案机关认为需要提供的有关资料。

（3）法律、行政法规规定应当由规划、环保等部门出具的认可文件或者准许使用文件。

（4）法律规定应当由公安消防部门出具的对大型的人员密集场所和其他特殊建设工程验收合格的证明文件。

（5）施工单位签署的工程质量保修书。

（6）法规、规章规定必须提供的其他文件。

（7）竣工图。

5. 建筑工程资料移交

5-2
竣工图编制

施工、监理等工程参建单位应将工程资料按合同或协议在约定的时间按规定的套数移交给建设单位，并填写移交目录，双方签字、盖章后按规定办理移交手续。

列入城建档案馆接收范围的工程，建设单位在工程竣工验收后 3 个月内必须向城建档案馆移交一套符合规定的工程档案资料，并按规定办理移交手续。若推迟报送日期，应在规定报送时间内向城建档案馆申请延期报送，并说明延期报送的原因，经同意后方可办理延期报送手续。停建、缓建工程的档案，暂由建设单位保管。改建、扩建和维修工程，建设单位应当组织设计、施工单位根据实际情况修改、补充和完善原工程资料。对改变的部分，应当重新编制工程档案，并在工程验收后 3 个月内向城建档案馆移交。建设单位向城建档案馆移交工程档案时，应办理移交手续，填写移交目录，双方签字、盖章后交接。

第 5 节   资料管理软件的应用

建筑工程资料管理工作量大、涉及面广，对应各种规范标准种类繁多，表格形式多样繁杂。为了适应现代建筑工程的发展，提高工作效率，提升管理质量，目前有许多建筑工程资料管理软件可以应用于资料管理。这些软件以现行的施工验收规范、标准及其强制性条文为基础，参照国家及地方的有关法律、法规和行政规章制度，遵循建筑工程文件材料的自然形成规律，全面地、系统地提供了工程资料管理的内容及有关表格样式，能够形成完整的、规范的工程档案资料。掌握资料软件的应用，是资料员的基本技能。

5.5.1   工程资料管理软件简介

目前我国已开发出许多资料管理软件，比如杭州品茗科技有限公司设计开发的工程资料管理系统、北京铭洋建龙信息技术有限公司开发的工程资料管理系统、广州建软软件技术有限公司旗下超人研发团队开发的工程资料管理软件等。现以品茗科技有限公司设计开发的工程资料管理系统为例，介绍该软件的特点和功能。

5-3
品茗资料
软件简介

　　品茗施工资料制作和管理软件是一套建筑行业施工现场资料管理软件。采用了最新的建筑工程施工质量验收检查用表和建设工程（施工阶段）监理工作基本表式等建筑工程质量监督站规定的规范的建筑施工资料标准样式，包括：检验批资料、质量保证资料、工程管理资料、安全资料、监理资料等。该系统具有以下特点和功能。

　　1. 自定义工程概况信息

　　按照质量表格填写要求，一次性定义工程概况信息，所有表格中的有关信息均自动填写完成，大大减轻了表格的填写工作量。

　　2. 自动显示规范条文及填表指南

　　人性化的资料填写辅助工具，实时查阅表格填写指南及相应的规范条目，根据规范要求实时指导填写符合规范要求的表格。

　　3. 专家评语模板

　　质量验收规范组专家编制表格填写规范结论，降低手工表格填写工作量，保障表格填写符合规范要求。

　　4. 自动判定监测点

　　根据规范要求，监测点自动进行判定是否符合规范要求，并可扩充至 50 个监测点。

　　5. 权限管理

　　根据规范要求可实现表格填写权限的全面分配，做到工程项目中各尽其职。

　　6. 图形及文件插入

　　自由插入各种图像及 CAD 工程矢量图，支持扫描仪输入，配备数码设备输入支持。

　　7. 汇总和组卷

　　自动进行分项、分部（子分部）单位工程汇总统计，自动生成有关各方及城建档案馆所需案卷。

　　8. 数据传递与表格打印

　　数据可实时通过磁盘、电子邮件等途径与参建各方进行数据交换；所见即所得的打印功能，能输出精致美观的标准文件表格。

　　9. 技术资料库

　　收录了强制性条文原文、大量施工规范及施工工艺、通病防治等资料；设置施工技术交底模板；适用于全国的多种地方版本，可根据需要在全国各地进行资料库切换。

5.5.2　建筑工程资料管理软件应用

　　步骤一：软件登录

　　打开桌面上的快捷方式，启动品茗二代施工资料软件，显示软件登录界面，输入用户名、密码，点击确定；默认用户名：admin，密码：admin。如图 5.10 所示。

　　步骤二：专业选择

　　首次打开软件，请选择工程下拉菜单中的新建功能按钮。如图 5.11 所示。

　　在弹出的新建工程向导界面中选择专业及模板名称，右侧显示模板的预览节点。

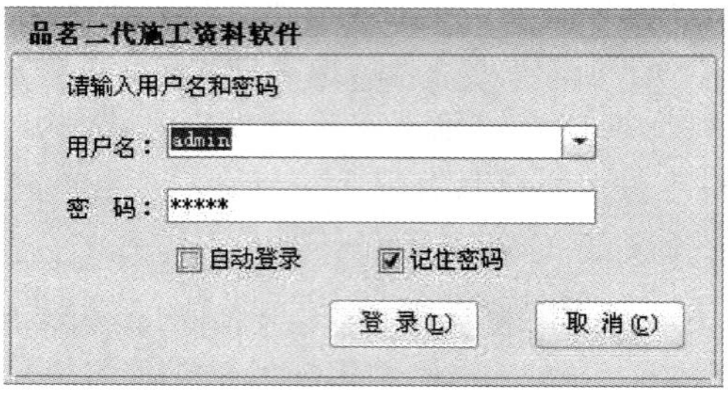

如图 5.12 所示。

点击下一步，进行工程概况的填写。

步骤三：工程概况的输入

在左边工程名称栏中输入工程名称，在右边信息库中输入相应的工程概况，点击确定后，完成工程新建，进入工程的主界面，如图 5.13 所示。

步骤四：表格创建

选择新建表格，在新建表格窗体中，

图 5.10　品茗软件登录界面

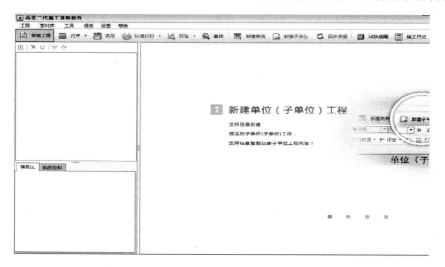

图 5.11　品茗软件登录后界面

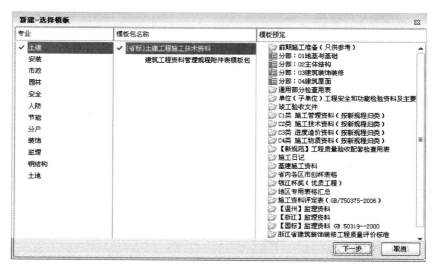

图 5.12　选择专业及模板

图 5.13　工程概况的输入

我们先选择要创建的子分部，例如【无支护土方】，这时该子分部下的检验批以及相关技术配套用表和报审表都已经列出，在右边验收部位框输入相关的验收部位名称，勾选要创建的检验批表格，如需同时创建施工技术配套用表，点击施工技术配套用表插页，输入表格名称，勾选技术用表后，输入后可以切换到其他分部、子分部、分项节点及其他的通用表格节点上，重复新建步骤，完成后点击确定，表格即创建完毕。如图 5.14 所示。

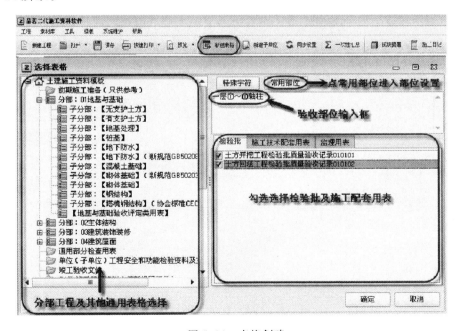

图 5.14　表格创建

上述步骤操作好以后，一个新的工程创建完毕，效果如图 5.15 所示。

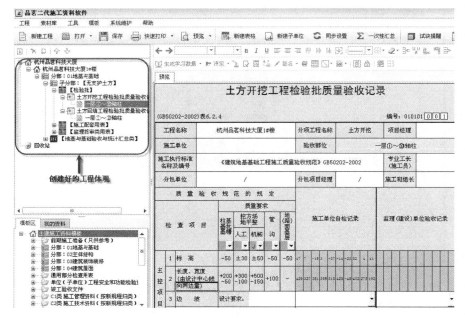

图 5.15　新建工程完毕

［小技巧］用户可以通过右键的全选或者反选来快速选表，如图 5.16 所示。

步骤五：工程展开

工程建好后可以点击右键菜单的展开按钮，展开当前工程下的所有表格，如图 5.17 所示。选择要编辑的表格双击，在右边的编辑区域进行表格的编辑、修改。

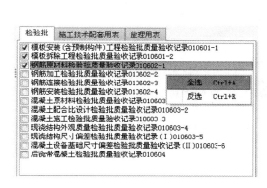

图 5.16　快速选表

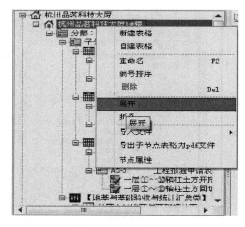

图 5.17　工程展开

步骤六：表格编辑

双击以后，表格出现在右边编辑区域内，对表格进行文字输入、学习数据生成、示例数据导入、检验批评定等，都可以通过表格编辑栏的按钮进行操作。也可以多张表格同时打开，选中要编辑的表格，一张张双击添加到右边的编辑框，如图 5.18 所示。

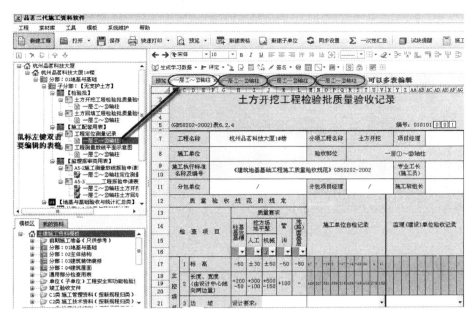

图 5.18　表格编辑

步骤七：保存表格

表格编辑完成后，可以双击表格名称保存退出，也可以点击表格编辑的保存按钮保存。多表一起保存的话，可以右键选择【保存所有页】，也可以选择工程工具栏中的【保存】来快速的多表保存，如图 5.19 所示。

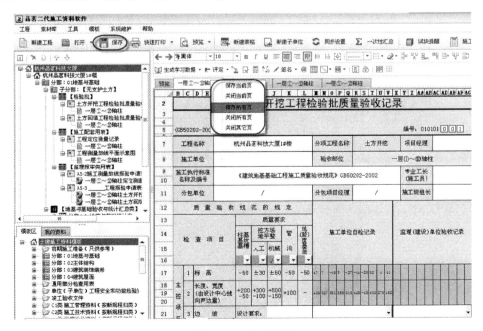

图 5.19　表格保存

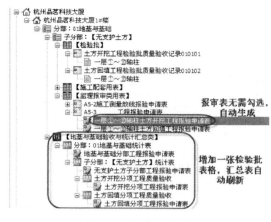

图 5.20 自动汇总刷新

步骤八：自动汇总刷新（见图 5.20）

步骤九：填写检验批

（1）双击某验收部位的检验批表格，进入表格编辑状态，如图 5.21 所示。

（2）自动导入表头信息。表头信息和顺序号已经自动导入，无须手动填写，如图 5.22 所示。

（3）学习数据生成。对于有多选的实测项目，首先选中下图单元格中勾选下拉框，再点击表格编辑条上的数据生成按钮，此时对应单元格中会出现相应的学习数据内容，并自动生成一般项目超偏数据，打上超偏符号△，如图 5.23 所示。

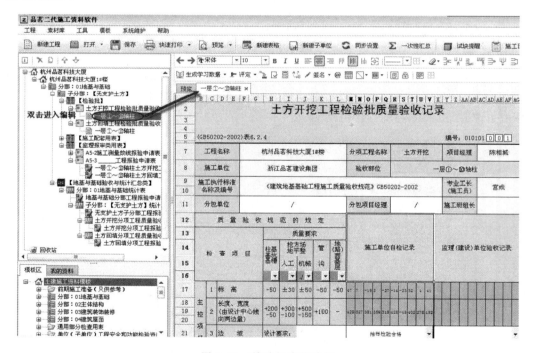

图 5.21 检验批表格编辑

（4）评定。填写好的实测数据需要进行评定，点击下图表格编辑条上的评定按钮，选择施工单位评定，系统给出评定结果；混凝土评定在用户把试块设计强度及试块强度值等相关信息输入完成后点击混凝土评定按钮就可以判定该组强度值是否合格，如图 5.24 所示。

工程名称	杭州品茗科技大厦1#楼	分项工程名称	土方开挖	项目经理	陈相城
施工单位	浙江品茗建设集团	验收部位		一层①～⑩轴柱	
施工执行标准名称及编号	《建筑地基基础工程施工质量验收规范》GB50202-2002			专业工长（施工员）	宫成
分包单位	/	分包项目经理	/	施工班组长	

图 5.22　自动导入表头信息

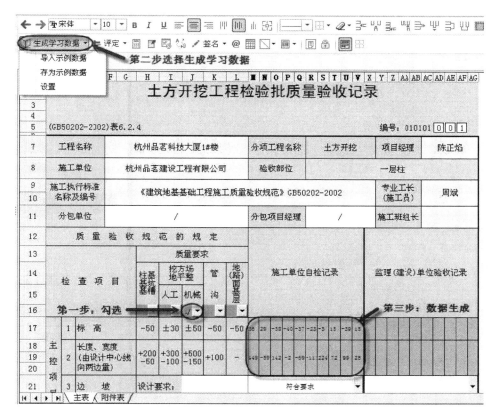

图 5.23　学习数据生成

步骤十：表格打印

当所有表格编辑完以后，要打印输出。现在提供了两种打印方式供大家选择：普通打印和快速打印。

（1）快速打印。如果我们要打印单表，可以直接点快速打印。不需要设置，直接打印输出。是否打印成功可以查看软件的状态栏显示信息，如图 5.25 所示。

（2）批量打印。如果要多表打印，可以选择要打印的节点，例如"子分部：【无支付土方】"，再点击操作工具栏上的"普通打印"，在弹出的"打印管理"中点击"开始"，进行批量打印，如图 5.26 所示。

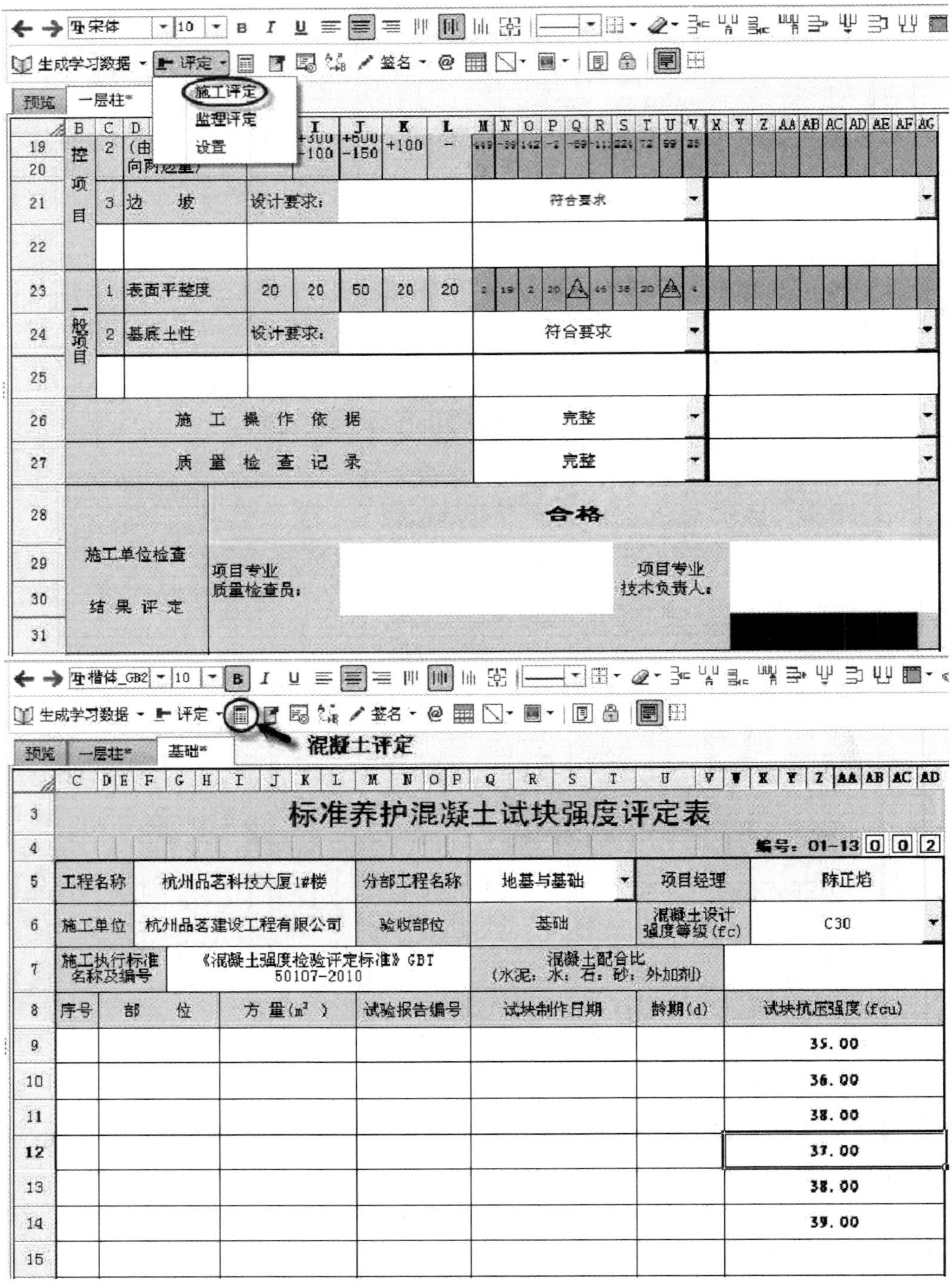
生成学习数据
评定
施工评定
监理评定
设置
预览
一层柱*
控项目
边 坡
设计要求：
符合要求
表面平整度
一般项目
基底土性
施 工 操 作 依 据
完整
质 量 检 查 记 录
合格
施工单位检查
结 果 评 定
项目专业
质量检查员：
项目专业
技术负责人：
混凝土评定
基础*
标准养护混凝土试块强度评定表
编号：01-13 0 0 2
工程名称
杭州品茗科技大厦1#楼
分部工程名称
地基与基础
项目经理
陈正焰
施工单位
杭州品茗建设工程有限公司
验收部位
基础
混凝土设计强度等级(fc)
C30
施工执行标准名称及编号
《混凝土强度检验评定标准》GBT 50107-2010
混凝土配合比（水泥：水：石：砂：外加剂）
序号
部 位
方 量(m²)
试验报告编号
试块制作日期
龄期(d)
试块抗压强度(fcu)
35.00
36.00
38.00
37.00
38.00
39.00

图 5.24 评定

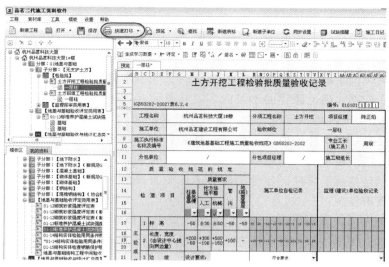

图 5.25　快速打印

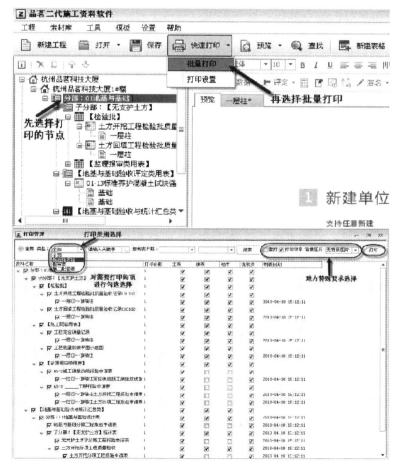

图 5.26　批量打印

第 6 节　资 料 员 岗 位 实 务

在资料员岗位实习，须对资料管理工作的一些基本概念和技术要求非常熟悉，可以复习一下在校期间理论课程的学习内容，并查阅相关书籍和法律法规，如《资料员专业管理实务》。资料是一个相对性、动态性极强的概念，外延极宽。只要对人们研究解决某一问题有信息支持价值，无论其具体是什么，均可视为资料。档案是保存备查的历史文件。档案是由文件（或叫文书）转化而来的。广义的"文件"不仅指常规的机关文书，也包括技术文件、各种手稿等工作中直接使用的材料。文件转化为档案主要有以下三点条件：

（1）办理完毕（或叫处理完毕）的文件才能作为档案。

（2）对日后实际工作和科学研究等活动具有一定查考利用价值的文件，才有必要作为档案保存。

（3）按照一定的规律保存起来的文件，才能最后成为档案。

以下资料员岗位的基本知识，同学们可以参考学习一下。

1. 建设工程文件的概念

（1）建设工程文件。是指在工程建设过程中形成的各种形式的信息记录，包括工程准备阶段文件、监理文件、施工文件、竣工图和竣工验收文件，也可简称为工程文件。

（2）工程准备阶段文件。是指在工程开工以前，在立项、审批、征地、勘察、设计、招投标等工程准备阶段形成的文件。

（3）监理文件。是指监理单位在工程设计、施工等监理过程中形成的文件。

（4）施工文件。是指施工单位在工程施工过程中形成的文件。

（5）竣工图。是指在工程竣工验收后，真实反映建设工程项目施工结果的图样。

（6）竣工验收文件。是指在建设工程项目竣工验收活动中形成的文件。

（7）建设工程档案。是指在工程建设活动中直接形成的具有归档保存价值的文字、图表、声像等各种形式的历史记录，也可简称为工程档案。

（8）建设工程档案资料。是指规划文件资料、建设文件资料、施工技术资料、竣工图与竣工测量资料和竣工验收资料、声像资料等资料。

2. 建设工程档案资料的载体

档案的记载手段是多种多样的，除了纸质材料之外，还存在大量其他形式的载体，包括磁性材料、感光材料和其他合成材料等。建设工程文件和档案资料的特殊载体档案包括声像档案、缩微档案和电子档案。

（1）建设工程声像档案是竣工档案不可缺少的重要组成部分，是反映建设工程现场原地物、地貌和工程施工主要过程及建成后的建（构）筑物的照片和录音、录像档案。

（2）录音、录像档案。是指用专门的器械和材料，采用录音、录像的方法，记录声音和图像的一种特殊载体的档案，分为机械录音档案（唱片档案）磁带录音档案和磁带录像档案等。

（3）照片档案。是指采用感光材料，利用摄影的方法记录形象的历史记录。

（4）电子档案。是指利用计算机技术形成的，以代码形式存储于特定介质上的档案，如磁盘、磁带、光盘等。

3. 建设工程档案资料的特征

（1）真实性和全面性。

（2）分散性和复杂性。

（3）继承性和时效性。

（4）随机性。

（5）多专业性和综合性。

4. 建设工程档案资料管理意义

（1）按照规范的要求积累而成的完整、真实、具体的工程技术资料，是工程竣工验收交付的必备条件，即资料不完整，工程不能进行竣工验收。

（2）工程技术资料为工程的检查、维护、改造、扩建提供可靠的依据。

（3）一个质量合格的工程必须要有一份内容齐全、原始技术资料完整、文字记载真实可靠的技术资料。

（4）对于优良工程的评定，更有赖于技术资料的完整无缺。

（5）做好建设工程文件和档案资料管理工作也是项目管理的重要内容。

（6）建设工程文件和档案资料是建设单位对建设工程管理的依据。

5. 建设工程档案资料管理职责

（1）在工程文件与档案的整理立卷、验收移交工作中，建设单位应履行下列职责：

1）在工程招标及勘察、设计、施工、监理等单位签订协议、合同时，应对工程文件的套数、费用、质量、移交时间等提出明确要求。

2）收集和整理工程准备阶段、实施阶段、竣工验收阶段形成的文件，并应进行立卷归档。

3）负责组织、监督和检查勘察、设计、施工、监理等单位的工程文件的形成、积累和立卷归档工作。

4）收集和汇总勘察、设计、施工、监理等单位立卷归档的工程档案。

5）在组织工程竣工验收前，应提请当地的城建档案管理机构对工程档案进行预验收，未取得工程档案验收认可文件的，不得组织工程竣工验收。

6）对列入城建档案馆（室）接收范围的工程，工程竣工验收后的 3 个月内向当地城建档案馆（室）移交一套符合规定的工程档案。

（2）勘察、设计、施工、监理等单位应将本单位形成的工程文件立卷后向建设单位移交。

（3）建设工程项目实行总承包的，总包单位负责收集、汇总各分包单位形成的工程档案，并应及时向建设单位移交；各分包单位应将本单位形成的工程文件整理、立卷后及时移交总包单位。建设工程项目由几个单位承包的，各承包单位负责收集、整理立卷其承包项目的工程文件，并应及时向建设单位移交。

（4）城建档案管理机构应对工程文件的立卷归档工作进行监督、检查、指导。在工程竣工验收前，应对工程档案进行预验收，验收合格后，须出具工程档案认可文件。

6. 建设工程竣工验收备案需要资料清单（表5.3）

表5.3　　　　　　　　　建设工程竣工验收备案需要资料清单

序号	资料名称（全部原件，复印件需要加盖公章）
1	建筑工程施工许可证
2	建设工程中标通知书
3	开工报告
4	竣工报告
5	建设工程质量安全监督申报书
6	施工图审查合格书，审查报告
7	岩土工程勘查报告
8	地基验槽记录
9	工程质量责任单位地基验槽验收记录
10	竣工验收会议纪要
11	整改回复单（返修记录）
12	竣工移交书
13	基础验收自评报告
14	地基与基础质量评估报告
15	主体结构验收自评报告
16	主体结构质量评估报告
17	竣工验收自评报告
18	竣工质量评估报告
19	单位工程质量竣工验收记录
20	单位工程质量控制资料核查记录
21	单位工程安全和功能检验资料核查和主要功能抽查记录
22	单位工程观感质量检查记录
23	有效证件上岗登记表
24	分部工程质量验收记录（地基与基础、主体结构、屋面工程、建筑装饰装修、建筑给水排水及采暖、建筑电器、通风与空调、电梯、智能建筑工程、建筑节能）
25	分部工程通过验收各方会签表（地基验槽、地基与基础、主体结构、竣工验收）
26	单位工程竣工验收参加各方对工程质量的评价书（施工单位、监理单位、勘察单位、设计单位、建设单位）
27	±0.000以上主体结构检查记录
28	地下室结构工程检查记录
29	基础结构工程检查记录
30	地基检测报告

续表

序号	资料名称（全部原件，复印件需要加盖公章）
31	建设工程规划许可证
32	建设工程消防设计审核意见书、建设工程消防设计备案凭证
33	建设项目环境影响报告书的批复，建设项目竣工环境保护设施验收监测报告表
34	工程质量保修书
35	住宅工程质量保证书
36	住宅工程使用说明书
37	建设工程竣工验收报告
38	项目开工安全生产监督计划及备案登记表
39	电梯监督检验报告，电梯使用标志
40	防雷装置验收意见书
41	五方责任制及楼体永久性标示现场照片盖公章、备案表

第6章 ▶ 施工员顶岗实习指导

在顶岗实习阶段，大多数男同学选择的是施工员岗位，这个岗位需要具备哪些方面的专业知识和专业技能呢？目前还不具备这些能力和知识储备，该如何弥补呢？施工员资格如何获取？希望通过以下内容的学习可以帮助同学们解答上述的疑问，并能尽快适应施工员岗位的工作。

第 1 节　认 识 施 工 员 岗 位

施工员是项目部层级的技术组织管理人员，是施工现场生产一线的组织者和管理者，也是建筑公司和施工队的联络人。施工员的主要工作是在施工现场具体落实施工组织，并及时处理现场问题。包括现场测量放样，编写施工日志，上报施工进度、质量报告等。施工员负责协调施工现场基层专业管理人员、劳务人员等各方面关系，还负责协调预算员、质检员、安全员、材料员等基层专业管理人员的工作。施工员是单位工程施工现场的管理中心，动态管理的体现者，也是工程生产要素合理投入和优化组合的组织者，对项目施工负有直接责任。

6.1.1　施工员应该具备的专业知识和专业技能

1. 施工员应具备的专业知识（表 6.1）

表 6.1　　　　　　　　　　施工员应具备的专业知识

项次	类别	专 业 知 识
1	通用知识	1）熟悉国家工程建设相关法律法规 2）熟悉工程材料的基本知识 3）掌握施工图识读、绘制的基本知识 4）熟悉工程施工工艺和方法 5）熟悉工程项目管理的基本知识
2	基础知识	1）掌握基本的建筑力学知识 2）熟悉土力学与地基基础知识 3）熟悉建筑构造、建筑结构和建筑设备的基本知识 4）熟悉工程预、决算的基本知识 5）掌握计算机和相关资料信息管理软件的应用知识 6）熟悉施工测量的基本知识

续表

项次	类别	专业知识
3	岗位知识	1）熟悉与本岗位相关的技术标准和管理规定 2）熟悉施工组织设计及专项施工方案的内容和编制方法 3）掌握施工进度计划的编制方法 4）熟悉环境与职业健康安全管理的基本知识 5）掌握工程质量管理的基本知识 6）熟悉工程成本管理的基本知识 7）了解常用施工机械机具的性能

2. 施工员应掌握的专业技能（表6.2）

表 6.2　　　　　　　施工员应掌握的专业技能

项次	类别	专业技能
1	施工组织策划	能够参与编制施工组织设计和专项施工方案
2	施工技术管理	1）能够识读施工图和其他工程设计、施工等文件 2）能够编写技术交底文件，并实施技术交底 3）能够正确使用测量仪器，进行施工测量放样
3	施工进度与成本管理	1）能够正确划分施工区段，合理确定施工顺序 2）能够进行资源平衡计算，参与编制施工进度计划及资源需求计划，控制调整计划 3）能够进行工程量计算及初步的工程计价
4	质量安全环境管理	1）能够确定施工质量控制点，参与编制质量控制文件、实施质量交底 2）能够确定施工安全防范重点，参与编制职业健康安全与环境技术文件、实施安全和环境交底管理 3）能够识别、分析、处理施工质量和危险源 4）能够参与施工质量、职业健康安全与环境问题的调查分析
5	施工信息资料管理	1）能够清楚记录施工日志和编写项目协调文件 2）能够记录施工情况，协助资料员编制相关工程技术资料 3）能够利用专业软件对工程信息资料进行处理

6.1.2　施工员的岗位职责

在施工阶段，施工员代表施工单位与业主、分包单位联系，协调施工现场的施工、设计、材料供应、工程预算等各方面的工作。施工员对项目经理负责，负责对工程现场进行全面管理，保证工程的日常作业顺利开展。顶岗实习必须了解施工员的职责，然后有针对性地开展工作和学习。

施工员的主要职责如下：

（1）在项目经理领导下开展工作，对主管的施工区域或分项工程的技术组织、质量、进度、成本等现场管理全面负责。

（2）配合安全员贯彻安全第一、预防为主的方针，按规定做好安全防范措施，把安全工作落到实处，做到管生产必须管安全，抓生产首先必须抓安全。

（3）认真熟悉施工图纸、参与编制并熟悉施工组织设计和各项施工安全、质量、技术方案，根据总控计划编制各自负责内容的进度计划及人力、物力计划和机具、用具、设备计划（一般按照月、周、天安排），并对施工班组进行全面的技术与安全交底。

（4）在工程开工前以及施工过程中认真学习施工图纸、技术规范、工艺标准，进行图纸审查，对设计图存在的问题提出改进性意见和建议。对设计要求、质量要求、具体做法要清楚，并在现场落实。

（5）认真贯彻项目施工组织设计所规定的各项施工要求和组织实现施工平面布置规划。负责施工项目的现场规划、测量、组织，对施工现场出现的问题及时解决或向上报告，保证施工进度。抓好抓细施工准备工作，为班组创造良好的施工条件，做好分包单位的协调工作，避免出现等工、窝工现象。

（6）根据施工部位的进度开展情况，组织并参与施工过程中的预检、隐检、分部分项工程检查。督促抓好班组的自检、交接检等工作。及时解决施工中出现的问题，把质量问题消灭在施工过程中。参加各分部分项工程的验收、竣工交验，安排好成品保护。

（7）提出各部位混凝土浇筑申请，提出各项施工试验委托申请。对于顶板等重要部位拆模必须做好申请手续，经项目总工批准后方可安排拆模。对于悬挑结构的拆模，建议施工员要旁站指导、监督。

（8）坚持上班前、下班后对施工现场进行巡视检查。对危险部位做到跟踪检查，参加班组每日班前安全交底与交接检查，制止违章操作，并做到不违章指挥，发现问题及时解决。

（9）认真做好场容管理，要经常检查、监督各生产班组，做好文明生产，做到"活完脚下清，工完场地清"。

6-1 ⓣ
施工日志
撰写

（10）坚持填写施工日志，将施工的进展情况，发生的技术、质量、安全等问题的处理结果逐一记录下来，做到一日一记、一事一记、不得间断。

（11）认真收集和汇总有关技术资料，包括技术和经济洽商资料，隐蔽工程及预检工程资料，各项交底资料以及其他经济技术资料，配合资料员做好资料管理。

（12）督促施工材料、设备按时进场；对原材料、设备、成品或半成品、安全防护用品等质量低劣或不符合施工规范规定和设计要求的，有权禁止使用。

（13）配合项目相关人员搞好分项工程的成本核算，以便及时改进施工方案，争创更高效益。

（14）协助资料员认真做好隐蔽工程，验收签证工作，收集、整理、保存现场技术与管理原始资料，办理工程变更手续；协助项目经理做好工程竣工后的决算上报。

6.1.3　施工员应具备的职业道德

施工员的工作直接关系现场的安全和建筑产品最终的质量，承担着较大的社会责任，所以应该本着以人为本的理念开展工作，力促施工生产做到安全、文明、环保。对施工项目的各个环节都要根据设计图纸、施工验收规范要求、技术标准、施工项目管理规范等做出周密、细致的安排；合理组织好劳动力，精心实施作业程序，使施工生产有条不紊地进行。

施工员作为建筑施工现场管理人员，应具备的职业道德可归纳为以下几点：

（1）遵纪守法、爱岗敬业，有强烈的事业心。坚决反对行贿受贿等影响行业声誉的行为，对党和国家负责。

（2）热爱生命，以人为本。以对人民生命安全高度负责的态度，时刻不忘安全和质量，严格检查和监督，把好安全每一道关口。

（3）遵章守纪，高度为企业负责。不违章指挥，不玩忽职守，力促项目做到安全、优质、低耗。

（4）刻苦钻研业务，提高自身素质，勇于科技创新，奉献精品工程，维护企业的信誉。

（5）严格按图施工，规范作业。不使用无合格证的材料和未经抽样检验的材料与设备，不偷工减料。

（6）实行精细化管理，帮助企业降低能源和原材料的消耗，合理调度材料和劳动力，准确申报建筑材料的使用时间、型号、规格、数量，既保证供料及时，又不浪费材料。

（7）施工员应以实事求是、认真负责的态度准确签证，不多签或少签工程量和材料数量，不虚报冒领。

（8）具备良好的环保意识，严格控制扬尘、施工垃圾和噪声对环境的污染，积极推进文明施工。

（9）实事求是，认真负责地审核劳务费用及协作队伍的结算费用，不徇私舞弊，不谋取私利，不内外勾结谋取非法利益。

6.1.4　施工员资格的获取

按照建设行政管理部门的规定，施工员应该通过岗位资格考试，获取施工员岗位证书方能上岗，施工员报考条件如下：

（1）年满 18 周岁。

（2）具备中专以上文化程度（含职业高中学历）。

（3）从事建筑、市政施工管理工作两年以上实践者。

凡遵守国家法律、法规，恪守职业道德，并具备以上条件者，均可申请参加施工员培训和考试，获取施工员证书。

第 2 节　新手施工员的注意事项

6.2.1　要从哪里入手？

6-2
标准层施工

首先了解"施工工序"和相关的图纸和质量验收标准。如果把我们的各个专业知识点比作珍珠，"施工工序"就是那条串线，它把各知识点贯穿起来，把它们变作了一条珍珠项链。而图纸和质量验收标准是检验这根项链是否合格的基本依据，抓住了这根线和验收标准，你就能确保工序道道过关。

例如"安排工人挖土前，你要告诉他们挖多深，所以要测量水平、打桩、挂线"

"木工要给梁支模板了，你就得告诉他们梁具体在哪里，所以要弹墨线""你要告诉他们模板应该支多高，所以要在钢管上做标记，告诉他们向上量多少米"，这些都是需要按施工程序来安排每一步工作的。

6.2.2　理解工作的目的

学习的切入点在于从宏观把握全局，从细节奠定基础。从身边的一点一滴入手，从自身的一举一动入手。记住：你做的每一件工作，不管多小，都是有目的的，要彻底弄懂。一件小事，就可以让你学到很多东西。不要说不知道学什么，那不过是因为你没去发现问题。

举例子：师傅让你扶塔尺，他去看水准仪，抄平。你应该弄懂什么？

（1）你为什么要扶塔尺。——为了给师傅看（他看什么？）。

（2）你的塔尺立在什么地方、为什么要立在这里？——因为师傅交待的（你应该思考为什么？）

（3）师傅看水准仪是为了干什么？——我们假设是为了弹水平线控制标高。

（4）师傅弹水平线干什么、给谁用？——我们假设给木工用。

（5）木工为什么用、怎么用？不用行不行？

这样学习，你还说学不到东西吗？

学习一定要主动，自己不思考，就别怪别人不教你。记住：

工作的目的——采用的方法——不干行不行，为什么？

6.2.3　学会提问题、学会分析问题

总有同学说："师傅不愿意教我，师傅对我的问题敷衍、不认真回答。"这有很大程度上是因为"你不会提问题"。尤其是五十岁以上的施工员，大部分是从实践做起来的，他们的施工经验非常丰富，但是知识不够系统。很多人"会干不会教"。师徒之间需要良好的沟通，你学习的过程，实际上也是你们相互配合的过程。

【提示 1】少提"大而宽泛的问题"

例如"怎么放线？""如何看图？"……这些东西就算你在学校，老师也要开一门课讲半年。你师傅怎么可能三言两语说清楚，这样他当然不耐烦。提"我们打这根桩干什么？""这个符号是什么意思？""这条线是不是墙边？"这样细微、具体的问题，然后逐个求解。

【提示 2】尽量少提"概念化的问题"

对师傅来讲，最烦的问题就是概念。因为对师傅来讲，这不是个问题。你问农民"什么叫大米？"，他给你抓一把告诉你"这就叫大米"。至于植物学上的定义，不是农民关注的。概念性的东西，尽量到网上查找、求教，或者问学校老师。一旦问住了你师傅，他会很没面子的。而且这种问题，越是年纪大的施工员，越容易栽跟头。

要善于利用网络进行学习，譬如查找施工规范。要结合实践学规范，不和实际结合，你学不会规范。干到哪里，提前找规范认真看一下，然后到现场核对一下，有看不明白的地方再问师傅，是非常好的学习方式。

第 3 节 施 工 员 的 工 作 要 求

6.3.1 施工组织管理

（1）按照施工进度计划组织各专业施工人员在各自作业面内展开工作。

（2）合理调配施工过程中的物资材料、施工机具，确保施工流水有序进行。

（3）正确处理好空间布置上和时间安排上的各种矛盾，尽量避免不必要的交叉作业。

（4）组织、协调安全、技术交底活动及作业面跟踪检查。

6.3.2 施工技术管理

工程项目具有单件性、露天性、复杂性等特征，这就导致现场管理工作难度加大，而建筑产品的质量又很大程度上依赖于施工员的管理水平。

（1）熟悉施工组织设计内容，掌握工程施工顺序、施工方法及其工艺特点等。

（2）做好施工组织设计交底，组织施工作业班组的安全、技术交底。

（3）做好施工现场准备工作。如房屋的定位放线，四通一平，各种临时设施搭设等。

（4）督促班组按照施工组织设计确定的施工方案、技术措施和施工进度组织施工，并经常进行检查，及时解决问题。

（5）对新技术、新工艺进行技术培训。

（6）及时编写施工日志、填写施工记录。

6.3.3 施工进度管理

（1）依据施工合同的要求确定施工进度目标，明确计划开工日期、竣工日期、总工期，确定项目分期分批的开竣工日期。拟定月计划、周计划、日计划。

（2）依据施工进度计划，具体安排实现计划目标的组织关系、工序衔接关系、人、材、机计划及其他保证性计划。

（3）对下属班组进行计划交底，落实责任。

（4）通过施工部署、组织协调、生产调度和指挥、改善施工程序与方法的管理手段，实现有效的进度管理。

（5）若发现实际进度与计划进度有偏差，应及时对原计划做出调整，提出纠偏方案。

（6）全部任务完成之后，进行进度管理总结并且编写进度管理报告。

6.3.4 施工质量管理

1. 组织施工图纸审核及技术交底

复核设计资料是否满足组织施工的要求，设计采用的有关数据及资料是否与施工条件相适应，能否保证施工质量和施工安全。

2. 现场准备工作的质量控制

（1）检查场地平整度和压实程度是否满足施工质量要求。

（2）检查施工道路的布置及路况质量是否满足运输要求。

（3）检查水、电、热及通信等的供应质量是否满足施工要求。

3．材料设备供应工作的质量控制

（1）检查材料设备供应程序与供应方式是否能保证施工顺利进行。

（2）检查材料、设备的质量是否符合有关标准及合同规定，能否满足施工要求。

4．全面控制施工过程，重点控制工序质量

施工过程中应做到工序交接有检查、质量预控有对策、施工项目有方案、技术措施有交底、配制材料有试验和隐蔽工程有验收。

5．按合同规定内容完成施工，达到国家质量标准，能满足生产和使用的要求

交工验收的建筑物要窗明、地净、水通、灯亮、气来、采暖通风设备运转正常。

6.3.5　施工安全管理

施工员要协助安全员开展安全管理，使不安全的行为和状态减少或消除，不引发人为事故，尤其是不引发使人受到伤害的事故。

"管生产必须管安全"原则是施工员必须坚持的第一基本原则。

（1）贯彻落实上级有关规定，监督执行安全技术措施及安全操作规程，针对生产任务特点，向班组进行书面安全技术交底，并对交底要求的执行情况经常检查，随时纠正违章作业。

（2）经常检查所管辖区域的作业环境、设备和安全防护设施的安全状况，发现问题及时纠正解决。对重点特殊部位施工，组织专业人员检查其安全防护设施状况是否符合安全标准要求。落实安全技术措施，并监督其执行，做到不违章指挥。

（3）对工程项目中应用的新材料、新工艺、新技术严格执行申报、审批制度，发现不安全问题，及时停止施工，并上报领导或有关部门。

（4）发生因工伤亡及未遂事故必须停止施工，保护现场，立即上报。

6-4　绿色施工方案

6.3.6　施工环境管理

建筑工地施工机械多、车辆往来频繁、人员较多、施工时间长、材料种类多等，若不注重环境保护，对周围环境将造成很大的影响，因此必须引起高度重视，努力推行绿色施工措施。具体措施有如下几个方面。

1．防止大气污染的措施

（1）施工现场垃圾渣土要及时清理。清理施工垃圾时，采用容器吊运，严禁随意抛洒。

（2）施工现场道路采用沥青混凝土或水泥混凝土等，并指定专人定期洒水清扫，防止道路扬尘。

（3）袋装水泥、白灰、粉煤灰等易飞扬的细颗散体材料，应库内存放。室外临时露天存放时，必须下垫上盖，严密遮盖防止扬尘。

（4）禁止在施工现场焚烧油毡、橡胶、塑料、皮革、树叶、枯草以及其他会产生有毒、有害烟尘和恶臭气体的物质。

（5）采用现代化先进设备是解决工地粉尘污染的有效途径，现场修建集中搅拌站，

材料封闭存放。

2. 防止水污染的措施

（1）禁止将有毒有害废弃物作土方回填。

（2）施工现场废水、污水须经沉淀池沉淀后再排入城市污水管道或河流。最好将沉淀后的水用于工地洒水降尘或采取措施回收利用。

（3）现场存放油料，必须对库房地面进行防渗处理。防止油料跑、冒、滴、漏，污染水体。

（4）施工现场的临时食堂可设置简易有效的隔油池，定期掏油和杂物，防止污染。

（5）工地临时厕所、化粪池应采取防渗漏措施。

3. 防止噪声污染措施

（1）严格控制人为噪声，人员进入施工现场不得高声喊叫、无故甩打模板、乱吹哨，限制高声喇叭的使用，最大限度地减少噪声扰民。

（2）严格控制作业时间，晚 10 点至次日早晨 6 点之间停止强噪声作业。确系特殊情况必须昼夜施工时，必须采取降低噪声措施。

（3）从声源上降低噪声，尽量选用低噪声设备和工艺代替高噪声设备与加工工艺。如低噪声振捣、风机、电动空压机、电锯等。

6.3.7　施工资料管理

施工员每天要做好施工记录、编写施工日志等相关施工资料。施工资料是工程施工过程的原始记录，也是工程施工质量可追溯的依据。因此，施工资料应随工程进度及时收集、整理，并应认真书写，字迹清楚，项目齐全、准确、真实，无未了事项。

施工日记内容如下：

（1）当天施工任务安排及完成情况，天气状况。

（2）安全技术交底人员及大概内容。

（3）施工部位及情况说明。

（4）机械、材料进场情况。

（5）设计变更、技术联系事宜及图纸执行情况。

（6）施工现场会议人员及主要内容。

（7）上级部门、有关领导检查情况及建设监理、单位对工程的要求等。

（8）隐蔽工程的施工过程及验收意见。

（9）安全、质量、文明施工情况。

（10）当天的工作总结，明天的计划安排，是否有遗留项目，是否符合施工总进度计划等。

第 4 节　如何做好一名施工员

施工员是施工一线基层的集技术、组织管理职责于一身的管理者。施工员是一线管理者，所以思考问题的出发点应该站在管理者的角度。那么，要做一名合格的施工员，我们就可以从以下几方面着手：

6.4.1　对待岗位工作的态度

前国足教练米卢有一句名言就是："态度决定一切。"没有什么事情做不好，关键取决于你的态度，事情还没有开始做的时候，你就认为它不可能成功，那它当然也很难成功；或者你在做事情的时候不认真，那么事情也不会有好的结果。没错，一切归结为态度，你对事情付出了多少，你对事情采取什么样的态度，就会有什么样的结果。

试问如果你作为企业领导，对于态度积极向上的人和得过且过的人，你会更器重哪一个？

所以，在工作中我们应该这样做。

1. 对待工作认真

认真熟悉图纸、了解设计意图，掌握各项施工规范，参与编制各项施工方案，参与编制人、机、材的计划工作。不要因为师傅没让你做，你就不做。你应该问问自己，他没让我做，我是否能做？这个过程就是一个学习提高的过程。

2. 强烈的责任感

"百年大计，质量第一"。施工员的放线、质量检查都是非常重要的基础工作。就大多数的工作而言，绝大部分是平凡、具体、琐碎的，看似简单和容易的事，如果能年复一年地都做好，就是不简单；把认为容易的事一件一件地落实好，就是不容易。

3. 敢于说不的原则

能够分清楚哪些是正确的，哪些是错误。正确的要坚持，错误要敢于说不。举个案例：钢筋分包的包工头和项目经理关系很好，在一次验收时，梁钢筋应该用 $\phi20$ 的，他们用 $\phi18$ 的，发现后就要求整改。如果包工头拒绝，这种情况，就要坚决说不。

6.4.2　施工员的职业素养

1. 能吃苦的精神

建筑行业是公认的艰苦行业，作为一线的管理者，深入施工现场、风里来雨里去都是工作中的常态，所以先给自己一个吃苦的暗示，能让自己快速的适应施工现场的生活。

2. 灵活的头脑

施工员是一个复合型的管理人员，学历高并不等同于头脑灵活、会管理和与人相处。书呆子型施工员是做不好事情的，遇事要具体问题具体分析，在讲原则的基础上灵活应对。

3. 扎实的专业知识

（1）识图能力与基本施工工序的掌握。图纸是工程师的语言，识图能力一定要掌握。基本施工工序的掌握其实是对工程建设周期的认识过程。建筑产品施工周期长、工序多，没有两、三年的工地实践，很难说已经掌握了施工工序。

（2）工程结构知识与应用。需要掌握的工程结构知识有：房屋荷载的传递顺序和方向；弯矩、剪力、轴力在构件受力时其最大值在何处；悬挑构件的基本受力形式和破坏形式；基础、主体、装饰装修等方面的基本知识等。要善于运用规范、图集、标

6-5
钢筋混凝土
结构简介

准及理论知识来指导施工。

（3）掌握测量技术。一般的测量放线要求会运用测量仪器，测量仪器运用是熟能生巧的过程，只要多看多用，要不了多久也就运用自如了。

（4）掌握施工安全防护技术。在建筑施工过程中，由于危险源较多，不同的阶段必须采取不同的安全防护技术。在基础工程施工阶段，深基坑支护技术、降低地下水技术都是非常关键的技术；在主体结构施工阶段，脚手架、支模架搭设技术是非常重要的措施项目，一定要认真学习，同时要做好技术交底；在装饰装修工程施工阶段，如有幕墙工程，采用吊篮施工，也要对施工安全给予充分关注，做好防护措施。

6.4.3　具备良好的沟通能力

（1）对内做好上传下达的工作，把上级责任人的真实意图完整、清晰的传达给下级实施者。

（2）多沟通，了解下级实施者的真正诉求，所谓"知己知彼百战不殆"。

（3）向上学习，多和经验丰富的施工员交流、学习，有些案例是可以借鉴的。比如面对应急突发事件，如果你知道之前的处理流程，那么你在第一时间就知道该怎么做。

（4）扩大自己的交际圈。项目参与单位很多，非常需要沟通与协调，人员关系融洽了，很多事情就容易解决。

第7章 材料员顶岗实习指导

建筑材料管理是建筑工程项目管理的重要组成部分，在工程建设过程中建筑材料的采购、质量控制、节能环保、现场管理、成本控制都与材料管理有关，是建筑工程管理的重要环节。材料质量是工程质量的基础，不同工程项目、不同工艺阶段，对材料的要求各不相同，材料本身质量的优劣，直接影响着工程质量。材料费是工程中的重要开支，在工程造价中，一般要占建筑工程总成本的60％以上，因此加强材料管理，对提高工程质量、节约材料费用、减少材料消耗、降低工程成本、提高企业效益有着重要作用。

第1节 材料员岗位顶岗实习的目的与任务

7.1 材料员顶岗实习的目的

（1）通过材料员岗位的顶岗实习，了解建筑工程的单位工程、分部分项工程的施工技术，施工组织与管理过程，以及这些过程中所涉及的建筑材料、构配件等物资管理。

（2）了解建筑企业的组织结构和企业经营管理方式，以及项目合同对材料的要求及供应模式。

（3）熟悉项目经理部的组成和建筑企业项目部主要岗位的工作内容，熟悉单位工程的工艺流程，建筑各部位涉及的建筑材料，及对材料的技术要求。

（4）通过现场资料收集，加深对建筑材料的构成及性质特点的理解。

（5）熟悉材料员岗位从材料的计划、采购、验收、使用、存储到材料的统计、核算等流程的工作基本技能。

（6）通过项目调查，收集各种建筑材料的供应模式及价格，物资供应渠道。

（7）通过企业实践，培养分析问题和解决问题的独立工作能力，为将来参加工作打下好的基础。

7.2 材料员顶岗实习的任务

（1）熟悉常用建筑材料、半成品的质量检验标准。

（2）了解对材料供应商服务能力的评审方法。

（3）熟悉材料采购计划的编制。

（4）熟悉材料进场、入库的验证验收程序，掌握材料抽样检验规则及检验试验方法。

（5）熟悉建筑材料贮存、保管、搬运等环节的技术要求；掌握材料的保管、发放制度，如限额领料制度。

（6）理解材料储备与现场需求的关系，确定主要材料的库存储备量。熟悉材料半成品合格、不合格、待检、待定的标识方法。

第 2 节　材料员岗位的职责及任职资格

材料员主要负责对项目的材料进场数量的验收，出场数量、品种的记录，要对数量负责，对该项目所进场的各种材料的产品合格证、质检报告的收集，以及对材料的保管工作，并要对各分项工程剩余材料按规格、品种进行清点记录，及时向技术负责人汇报数字，以便做下一步材料计划。

材料员工作职责见表 7.1。

表 7.1　　　　　　　　　　　　材料员工作职责

项次	职责	具体任务
1	材料管理计划	1）参与编制材料、设备配置计划 2）参与建立项目物资（材料、设备、构配件）管理制度
2	材料采购验收	1）收集材料、设备价格信息，参与供应单位的评价、选择 2）负责物资采购，参与采购合同管理 3）负责进场物资的验收和抽样复检
3	材料存储使用	1）负责施工物资进场后的接收、存储、发放管理 2）负责监督、检查材料、设备的合理使用 3）参与回收和处置剩余及不合格物资
4	材料统计核算	1）负责管理物资台账 2）负责材料设备的日常盘点、统计 3）参与材料设备的成本核算
5	材料资料管理	1）负责材料、设备资料编制 2）负责汇总、整理、移交材料和设备资料 3）协同资料员完善工程竣工验收资料

采购、收料、材料验收、现场材料管理、仓库管理是材料员的基本职能，随着时代的发展，新时期的材料员要求能够根据材料总计划、预算控制量价对所进的材料进行综合控制，由单纯的采购职能转变为先期成本控制为主，随着建筑行业竞争激烈，利润越来越低，成本控制由后期的计算成本转变为前期预控。材料员的地位与意义也得到了空前提高，材料管理岗位也由什么人都可以干转变成需具备一定的技术层次与管理水平的综合性管理岗位。

材料的价格、质量对项目成败的影响非常关键，一般项目经理都会非常重视此项工作。材料、设备配置计划是指为了实现建筑工程项目施工的目标，根据工程施工任务、进度，对材料、设备的使用做出具体安排和搭配方案途径。材料管理计划的制订一般由项目经理组织，项目技术负责人负责，材料员等参与编制。

材料采购验收工作一般包括材料采购与验收两大部分。材料采购工作中对供应单位的评价、选择及材料采购合同的签订、管理一般由项目经理负责，材料员与其他相关人员参与。剩余材料、设备回收和处置，以及不合格材料、设备处置由工程项目部负责，材料员参与。材料成本核算由工程项目部主管经济负责人组织，材料员参与。

材料员是建筑施工企业的关键岗位，材料员需参加材料员职业考试才能上岗执业。高职学生在校期间即可参加材料员资格考试，获得职业资格证书。

材料员应具备的专业知识见表7.2。

表 7.2   材料员应具备的专业知识

项次	分类	专 业 知 识
1	通用知识	1）熟悉工程项目管理的基本知识 2）熟悉国家工程建设相关法律法规 3）掌握工程材料的基本知识 4）了解施工图识读的基本知识 5）了解工程施工工艺和方法
2	基础知识	1）了解建筑材料的基本知识 2）熟悉工程预算的基本知识 3）掌握物资管理的基本知识 4）熟悉抽样统计分析的基本知识
3	岗位知识	1）熟悉与本岗位相关的标准和管理规定 2）熟悉建筑材料市场调查分析方法 3）熟悉工程招投标和合同管理的基本知识 4）掌握建筑材料验收、存储、供应的基本知识 5）掌握建筑材料成本核算的内容和方法

第 3 节　材料员实习任务及流程

材料员实习根据材料管理工作要求，学习任务包括材料采购、进场验收、仓储管理、涉及材料的资料收集等。

材料员实习流程：材料计划、材料采购、材料进场验收、材料仓储、材料发放、材料使用管理、材料统计核算，材料资料收集整理。

7.3.1　材料管理计划

1. 物资管理制度

（1）学习公司材料管理制度，贯彻落实国家有关材料管理的法律、法规、政策及公司有关管理规定。

（2）制定本工程的材料管理制度，根据公司相关的材料规章制度，结合工程特点、施工组织设计等，编制针对性强、可操作的材料管理规章制度。

2. 材料计划

材料计划管理就是运用计划手段组织、指导、监督、调节材料的采购、供应、储备、使用等一系列工作的总称。编制材料、设备配置管理计划是保证施工生产所需各种材料适时、有序、保质、保量进入施工现场的重要依据，也是平衡资金，保证相应资金使用效率的重要依据。施工企业常用的材料计划，是按照计划的用途和执行时间编制的年、季、月的材料需用量计划、供应计划、加工订货计划和采购计划。

编制计划的流程：搜集编制材料计划的依据—整理和汇总—编制材料计划—材料计划会审（由部门领导参加）—材料计划修改—材料计划批准—实施。

（1）材料计划编制依据。

1）材料需用计划应根据施工图纸、施工组织设计、施工预算、工料分析进行编制。

2）月度材料供料计划应根据材料需用计划、施工图纸、施工进度和施工方案进行编制，确保不影响工程进度、质量，并努力降低成本。

3）加工订货计划应根据技术资料、施工图纸及加工周期进行编制。如装配式构件，需及早进行深化设计，向预制工厂订立供货合同。

4）采购计划应根据项目月度材料供料计划进行编制，做到未雨绸缪。材料计划在实施中常受到内部外部的各种因素制约，如工程设计变更、施工进度计划提前或推迟，应及时做出材料调整，尤其是预制构件，设计变更往往会造成构件尺寸变化，容易造成损失。

（2）计算需用量。在开始施工前，需要谋划材料供应。确定材料需用量是编制材料计划的重要环节，是搞好材料平衡、解决供求矛盾的关键。材料需用量常采用直接计算法和间接计算法：

1）直接计算法，就是用直接资料计算材料需用量的方法，常用定额计算法，其计算公式如下：

$$计划需用量＝计划任务量×材料消耗定额$$

2）间接计算法，就是参照以往工程案例，运用一定的比例、系数和经验来估算材料需用量的方法。此方法的计算结果往往不够准确，在执行中要加强检查分析，及时进行调整。

（3）确定实际用量，编制材料需用量计划。根据各工程项目计算的需用量，进一步核算实际需用量。

（4）编制材料申请计划。需要业主或公司供应材料，应编制申请计划，材料申请量的计算公式如下：

$$材料申请量＝实际需用量＋计划储备量－期初库存量$$

（5）编制材料供应计划。供应计划是材料计划的实施计划，材料供应部门根据用量单位提交的申请计划及供货情况、储备情况，进行总需用量与总供应量的平衡，并在此基础上编制供应计划，并明确供应措施，如利用库存、市场采购、加工订货等。

（6）编制材料采购计划。材料采购计划是在各工程项目材料需用量计划的基础上制订的，必须符合项目施工进度的需要，一般是按材料分类，确定各种材料采购的数量计划。具体内容见表 7.3。

项目预算人员应根据下月施工进度计划，在每月 28 日前提出供料计划，并尽早报材料部门。根据供料计划，材料部门结合库存情况、存放条件、供应周期、使用时间、市场供需状况，按供应方式分别处理：

表 7.3 采 购 申 请 计 划 表

项目名称：

序号	物资名称	型号规格	采购数量	单位	单价	备注

主管审批： 时间： 年 月 日

1）合同中明确由甲方供应的材料，编制材料要料计划，列明材料名称、品种、规格、数量、交货期限、质量要求，经领导批准后及时告知甲方。

2）由本单位采购供应的材料，编制材料采购计划，列明材料名称、品种、规格、数量、交货期限、质量要求，经领导批准后及时交采购人员办理。

（7）材料计划审批。材料计划经与施工员、项目经理会审、修改完成后，经主管领导签字审批通过后方可进入采购流程。

3. 材料采购

（1）收集材料、设备的价格信息，参与供应单位的评价与选择。材料员根据材料计划，收集材料的质量要求、性能等各项指标，然后根据掌握材料指标进行价格的询价。有条件者可选定样品，根据样品去询价。根据项目长期业务联系，选定潜在供应商，需收集供应商的基本资料具体内容如下：

1）单位名称、地址、电话、负责人、联系人。

2）企业概况，如企业规模、成立日期、企业信誉等。

3）营业执照、营业范围。

4）人力资源状况。

5）主要产品及原材料。

6）其他必要事项。

实施采购前，应优先对《潜在供应商名册》上的合格供应商进行考察，通过市场调查，了解供方产品质量、企业信息、售后服务等详细情况，初步确定质量可靠、价格合理的供应商作为候选方，并做好《调查记录表》；会同技术管理人员组成调查小组，对供应商实施调查评价，并填写《供应商调查表》。

供应商的评价主要从以下几个方面进行：

1）质量是否符合工程需要。

2）价格（付款、运输方式）优势。

3）交货是否及时。

4）服务是否满足工程要求。

5）技术审核：各种技术资料是否齐全，标准执行的情况。

（2）材料、设备的选购。材料员根据审批的材料计划，对比所选购材料价格、质量等信息，参考供应单位的评价，最终确定材料供应商。选购的方针：计划合理，三比一算、优选厂家、高质价廉、供货及时。三比一算：比质量、比价格、比运距、算成本，综合考虑价格、交货期、质保，在潜在供货商名单中选定最合适的供货商。对主要材料可预先共同选定样品，并进行封样，采购时严格实行看样订货制，确保货、样一致。

（3）参与采购合同管理。项目部根据材料采购计划与供货商签订合同。材料采购合同须按"合同法"的要求，采用国家规范合同文本。采购建筑材料和通用设备的购销合同，合同主要写明采购方和供货方单位名称、合同编号和签订地点；双方当事人就条款内容达成一致后，最终签字盖章使合同生效的有关内容，包括签字的法定代表人或委托代理人姓名、开户银行和账号、合同的有效起止日期等。双方在合同中的权利和义务，均由条款部分来约定，国内物资购销合同的示范文本规定，条款部分包括以下几方面内容：

1）合同标的：包括产品的名称、品种、商标、型号、规格、等级、花色、生产厂家订购数量、合同金额、供货时间及每次供应数量等。

2）质量要求的技术标准、供货方对质量负责的条件和期限。

3）交（提）货地点、方式。

4）运输方式及到站、港和费用的负担责任。

5）合理损耗及计算方法。

6）包装标准、包装物的供应与回收。

7）验收标准、方法及提出异议的期限。

8）随机备品、配件工具数量及供应办法。

9）结算方式及期限。

10）如需提供担保，另立合同担保书作为合同附件。

此外，还包括违约责任、解决合同争议的方法及其他约定事项等内容。

（4）材料验收。工地所需的材料经采购员采购进场后，应进行材料的验收。材料进场应逐车逐件验收，保障进场材料的数量、质量，夜间收料不得由其他管理人员、护场人员、分包队伍代收。各单位应明确材料验收的程序、方法，根据材料属性和相关规定采取称重、校量方、点数、换算等方法进行材料验收并做好验收原始记录。施工现场应根据需要配备各种计量器具，并按照计量部门的要求进行检验、保养，使计量器具处于合格状态。质量验收一般包括外观验收和技术验收，通过验收确认材料的表观质量、外部尺寸、物理性能、化学成分。内部组织结构性能符合图纸和相关规范要求，并按照规范求取样复试，复试合格后方可投入使用。进场的主要材料，供方必须提供生产许可证、产品合格证、质量保证书或质量检验报告单，质量证明文件资料必须盖有生产单位或供方的公章，并标明出厂日期、生产标号、规格型号，进场材料与提交资料在规格、型号、编号必须一致。相关资料必须及时交给资料员归档。

验收结果的处理如下：

1）质量合格，资料齐全，可及时录入材料台账，发料使用。

2）已进场的材料，发现质量问题或资料不全，应不发料、不使用，会同材料采购人员、技术质量人员一同复验确认，及时与供方协商，按合同约定处理。

3）质量不合格，拒收，并要求及时退场。

材料经数量、质量核验后，按实开具收料单，并及时办理采购验收单，及时入账。

材料进场验收记录见表 7.4。

表 7.4　　　　　　　　　　　材 料 进 场 验 收 记 录

项目名称：

序号	物资名称	规格/型号	数量	单位	检验结果	检验员

项目经理（签字）：　　　　　　　　　　　　　　　　时间：　　年　月　日

4.入库管理

材料经进场验收合格后，及时办理入库。验收时应以收到的《材料清单》所列材料名称、数量进行验收入库，对入库材料的质量进行检查，数量必须复核清楚。验收入库应当在材料进场时当场进行，并开具《入库单》，应详细地填写入库材料的名称、数量、规格、型号、品牌、入库时间、经手人等信息。且应在《入库单》上注明采购单号码，以便复核。如因数量、品质、规格有不对之处，应采用暂时入库的形式，开具材料暂时入库白条，待完全符合或补齐时再行开具材料《入库单》，同时收回入库白条，不得先开具材料《入库单》后补货。

所有材料入库，必须严格验收，在保证其质量合格的基础上实测数量，根据不同物资的特性，采取点数、丈量、过磅、量方等方法进行数量的验收，禁止毛估。对大宗材料、高档材料、特殊材料等要及时索要"三证"（产品合格证、质量保证书、出厂检测报告），检验报告须加盖红章。对不合格材料的退货也应在入库单中用红笔进行标注，并详细填写退货的数目、日期及原因。

入库单一式三联：一联交于财务，以便于核查材料入库时数量和购买时数量有无差异；一联交于采购人员，并和材料的发票一起作为材料款的报销凭证；最后一联应由仓库保管人员留档备查。

因材料数量较大或因包装关系，一时无法进行材料验收的，可以先根据包装的个数、重量或数量、包装情形等做预备验收，等认真清理后再行正式验收。材料入库后，各级主管领导或部门认为有必要时，可对入库材料进行复验，如发现与入库情况不符的，将追究相关人员责任，造成损失的，由责任人员赔偿。

不宜入库物资材料的进场验收，必须由仓库保管员和使用该材料的施工班组指定人员双方共同参与点验并在送货单上签字，每批供货完成后，根据送货单一次性开出限额领料单拨料给施工班组。

5.材料的储存

材料员要参与设计施工现场平面布置图，合理建议施工现场材料的堆放场地、仓库，严格按照存放平面布置图存放材料。

（1）存放场地的布置应遵循的原则。

1）堆料场所尽可能靠近使用地点及施工垂直运输机械能起吊的位置，以减少二次搬运。

2）堆料场所及仓库的选择要避免影响正式工程施工作业。

3）尽量选择运输便利、装卸方便、地势较高、结构牢固、远离高压线的场地。场地平整坚实，设有排水措施。材料仓库要做到牢固、严密，有防雨、防潮、防火、防盗措施，特殊材料还要有防污染、防火、防爆措施，并且做到方便材料出入库。

7 - 1

现场钢筋
管理

（2）施工现场材料存放要求。

1）钢材堆放。钢材堆放要减少钢材的变形和锈蚀。钢筋和成型钢筋堆放场地必须要干燥，一般要用枕垫搁起堆放在离地 20cm 的架空设施上。要节约用地，也要使钢材提取方便。

露天堆放时，堆放场地要平整，并高于周围地面，四周有排水沟，雪后易于清扫。堆放时尽量使钢材截面的背面向上或向外，以免积雪、积水。堆放在有顶棚的仓库内时，可直接堆放在地坪上（下垫 20cm 高的楞木），轻小钢材亦可堆放在架子上，堆与堆之间应留出走道。堆放时每隔 5～6 层放置楞木，其间距以不引起钢材明显的弯曲变形为宜。楞木要上下对齐，在同一垂直平面内。为增加堆放钢材的稳定性，可使钢材互相勾连，或采取其他措施。这样，钢材的堆放高度可达到所堆宽度的两倍；否则，钢材堆放的高度不应大于其宽度。

一堆内上、下相邻的钢材须前后错开。以便在其端部固定标牌和编号。标牌应表明钢材的规格、钢号、数量和材质验收证明书号，并在钢材端部根据其钢号涂以不同颜色的油漆。钢材的标牌应定期检查。选用钢材时，要顺序寻找，不准乱翻。考虑材料堆放时便于搬运，要在料堆之间留有一定宽度的通道以便运输。

条形捆扎钢筋原材料堆场要求场地硬化地面及不积水，不同型号的钢筋用槽钢分隔，每种型号钢筋分别挂醒目标识牌，堆放限高不高于 1.2m。条形捆扎钢筋原材料堆放标识牌要求：标注清楚生产厂家、型号、规格、炉（批）号、生产日期、进货日期、检验日期、检验编号、检验状态、责任人；堆放限高不高于 1.2m。

钢管堆放要求硬化地面及不积水，堆放限高不高于 2m，对生锈的钢管必须刷防锈漆进行保护。螺丝拉杆堆放要求场地硬化地面及不积水，上盖下垫，堆放限高不高于 1.2m，采用搭钢管架子堆放限高不高于 2m，对生锈的螺丝拉杆必须刷防锈润滑油进行保护。

2）水泥存放。散装水泥，一般存储在专用的水泥筒仓内，但不同品种水泥不能混装（图 7.1）。袋装水泥应按水泥的品种、标号、出厂日期（三者缺一不可）及生产厂家分别堆放。各种水泥若混乱堆放，施工中极易因用错水泥造成重大工程质量事故。袋装水泥的堆放高度，不能超过 10 袋。水泥仓库应防雨、防潮、保持干燥。

水泥需按出厂日期的先后，先入库的先使用，后入库的后用。当水泥的出厂日期到出库

图 7.1 水泥筒仓

7-2 ⊙

模板管理

将要使用时已超过 3 个月，或出厂日期到出库将要使用时，已超过 1 个月的快硬硅酸盐水泥，都要先进行复验，如果强度达不到要求，则不能使用。

图 7.2　现场木料堆放

3）木材堆放。应在干燥、平坦、坚实的场地上堆放，垛基不低于 40cm，垛高不高于 3m。应按材质、规格、等级、长短、新旧分类，按照一头齐堆放（图 7.2），板材堆垛应有斜坡，木方应密排留坡封顶。含水量较大的应留空隙，以便通风，避免暴晒导致开裂、翘曲。木材应远离危险品仓库、有明火的地方，并有严禁烟火的标志和消防设备，防止起火。拆除的木模板、木方、竹胶板、木胶板应随时整理，分别码放。

模板半成品堆放要求场地硬化地面及不积水，在集中加工厂旁设置模板半成品堆场，不同尺寸的模板用钢管分隔开，每种尺寸模板分别挂醒目标识牌，堆放限高不高于 2m。模板半成品堆放标识牌：分别标注清楚堆放长度、堆放宽度、堆放限高不高于 2m、材料编号、材料尺寸、使用部位。夹板木枋周转材堆放要求场地硬化地面及不积水，周转材料要分类堆放、堆放限高不高于 2m。

4）砂石料堆放。砂石料的料仓料棚要采用钢构件塑钢料棚，净空高度不低于 7.5m；堆放场地须全部硬化，坚实、平整、干净，定期清扫，避免二次污染不同品种、规格的要分已检区、待检区，用隔墙分开，分别堆放；未经检验的砂石料应存放在待检区料仓内待检，已检合格的砂石料应设立"已检合格"的标识牌，砂石料料棚标识牌上需明确注明砂石料的"使用范围"和来源地。砂石料堆放高度均不得过高，保证顶部平整，减少级配离析。

砂子堆放要求场地硬化地面及不积水，三边设置不少于 20cm 厚，高 0.8m 的砖墙挡隔，防止砂子跟其他材料交叉污染，堆放高度不能超过砖墙高度。建议采用混凝土预制块代替砖砌矮墙。

5）砖、砌块的堆放。砖的堆放位置一般要靠近起重机械，便于垂直运输。基础墙、底层墙的砖可沿墙周围堆放。不同规格的砖或砌块应分开堆放，码放高度不超过 2m。砖砌块堆放要求场地硬化地面及不积水，上盖下垫，堆放高度不高于 2m。

砖砌块半成品堆放要求场地硬化地面及不积水，上垫下盖，不同尺寸砌块分类堆放，堆放高度不高于 2m。

6）易燃易爆危险品。氧气、乙炔、油品、化学原料、油漆等物品要及时入库，专库专管，桶装及瓶装易燃、易爆、危险品物品应减少不必要的倒置，油料仓库必须有防止泄漏和防止污染措施，有明显的警示标志（图 7.3）。危险品仓库需设专人保管，严格执行仓库区域

图 7.3　危险品标识

动火管理。

7）五金、玻璃、塑料、水暖、装饰材料。应设专门小型仓库存放，地面平整，干燥通风，货架成排、成行，按照"轻物上架、重物进门、取用方便"的原则，按材料类别、品种、规格、型号分别存放，并挂牌标示。

8）周转工具。周转工具应随拆、出场，避免长期闲置。钢架管按长短分类，一头齐码放。钢支撑、钢架板码放成方，堆垛高度不超过 1.8m。各种扣件、小配件应集中堆放，并设置围挡。

（3）废料处置。材料员要加强现场管理，杜绝材料的损失、浪费。工程结束后，各施工队对余料、废旧材边角料进行收集，交由仓库保管员，由仓库保管员对余料、废旧材料、边角料编写"物资处理审批表"，经项目经理或公司部门领导认可签字后方可处理。不得将材料成品丢弃或直接作价处理，仓库保管员及材料员要经常组织有关人员把可二次利用的边角余料清理出来，不准作为废钢铁出售，力求达到物尽其用。

6. 现场材料出库管理制度

（1）乙方申请的领料清单必须经甲方现场施工负责人或甲方材料保管员根据合同数量、清单审核数量、规格、型号，核对后才可以正式发放材料出库。

（2）乙方申请材料正式出库时，准备出库的材料设备的数量、规格、型号与申请领料单的数量、规格、型号是否一致，甲方材料保管员、甲方施工现场负责人、乙方现场负责人三方同时在场核对、审查。

（3）材料正式出库时，甲方材料保管员填写统一印刷的领料出库单。核对数量后，甲方现场施工负责人和乙方施工负责人双方同时签字确认，出库单一式三联：甲方材料保管员、甲方施工现场管理负责人、乙方施工负责人各一联。

（4）甲方材料保管员或甲方施工现场管理负责人随时监督出库材料、设备现场的使用情况。所有领出材料由乙方自行负责保管，如乙方原因造成设备、材料丢失、损坏等经济损失，乙方以实价金额赔偿，其造成相关经济损失一概由乙方自行负责。

（5）限额领料制度。又称"定额领料制度""限额发料制度"，是按照材料消耗定额或规定限额领发生产经营所需材料的一种管理制度，也是材料消耗的重要控制形式。主要内容有：对有消耗定额的主要消耗材料，按消耗定额和一定时期的计划产量或工程量领发料；对没有消耗定额的某些辅助材料，按下达的限额指标领发料。

7. 材料的（核算）管理

施工企业材料的核算，主要包括以下几个方面：

（1）正确及时地反映材料采购情况，考核材料供应计划和用款计划的执行，促使企业不断改善材料采购工作，既保证施工生产需要，又节约使用采购资金，降低材料采购成本。

（2）正确及时地反映材料的收发和结存情况，考核材料储备定额的执行，防止材料超储、积压或储备不足等现象，加速材料储备资金周转。

（3）反映和考核材料消耗定额的执行情况，促使企业节约使用材料，降低工程的材料成本。

（4）计算耗用材料的实际成本，分别按照用途计入施工成本。

（5）对材料的结存数量和质量进行清查盘点，查明盈亏原因，并按照规定做出处理，防止丢失盗窃，确保材料的完整无缺，做到账、物、卡相符。

第 4 节　材料资料表格

材料资料表格包括收料单、材料进场验收记录台账、验收单、调拨单、加工单、材料正式台账等。

7.4.1　收料单

收料单是记录材料验收入库的一种原始凭证。一般包括收到材料的类别、编号、品名、规格、计量单位、应收数量、实收数量以及单价金额等。收料单可由仓库保管员在材料验收时填制一式数联。其中，一联留存，作为登记材料明细账的根据；一联送采购部门，通知材料已验收入库；一联送财会部门，并注明单价金额以进行核算。收料单也可以由采购部门在收到铁路、航运等运输单位的到货通知时，预先填列一式数联。其中，一联留存，一联送运输部门通知提货；其余各联送仓库通知收货，当验收入库时由仓库填列实收数量并加盖戳记，以一联留存仓库登记材料明细分类账，一联通知采购部门材料已验收入库，一联交财会部门并注明单价金额进行核算。材料单有一单一料制和一单多料制两种。一单一料便于分类和汇总，一单多料可减少收料单份数。当材料入库验收时，要按照有关合同、凭证等认真核对，进行实地清点，检验质量、品种、规格，如有不符应立即通知采购部门进行处理。

收料单样本见表 7.5。

表 7.5　　　　　　　　　　　收　料　单

××公司项目管理表格							
收料单					表格编号		
					CSCEC8B – PS – B30402		
项目名称及编码				日期			
供应单位				编号			
物资名称	规格型号	计量单位	数量	单价	金额	厂家/品牌	备注
供应商送料人		值班人员		收料人		分包商收料人	

说明：本收料单为 3 联单，包括"存根""材料""供货方"3 联，纸面印刷时，右侧竖向加"第 * 联：* *"。

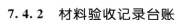

7.4.2　材料验收记录台账

根据收料单按品种、规格及时登记材料验收记录台账，验收期末反映累计实收数量。发票账单等结算凭证已到、结算完毕的，根据返回的收料单，在"备注"栏做标识说明，月末发票账单等结算凭证未到的，暂估入账。

材料验收记录台账的作用如下：

（1）反映材料验收的过程，需填写工程名称、材料名称、规格、单位、收料日期、收料单单号、收入数量、合计数量、供方、车号、验收情况、随货证件、检验报告。

（2）作为月末材料暂估依据。

7.4.3　其他材料相关单据

1. 验收单

验收单是一种连续编号的结算凭证，由专职采购员负责开具，填写时注明收料单收料地点、供应单位、发票或提单号码及份数、材料名称、规格、包装情况、单位数量、采购价格、预算价格，备注栏可注明对应的收料单号。

收料人核对收料单、发票无误后，在验收单"验收"处签字认可。要求同一张验收单只登记一类材料，严禁混用，便于材料人员记账、财务人员审核。经财务人员稽核、负责人把关后，第二联由收料人负责登记材料正式台账，第三联、第四联随发票转入财务部门。收料人将返回的收料单在"材料验收记录台账"做标识，表明该收料单已结算完毕。

2. 发料单

发料单是一种连续编号的领料凭证，材料员根据施工用料计划，添置发料单，仓库保管员和领料人共同核查材料信息，核对无误后，双方在发料单上签字，证明手续完成。领料单一般为两联，一联存根，二联材料员记账。

3. 调拨单

调拨单是一种连续编号的调拨结算凭证，用于公司范围内各项目部之间、项目部与二级单位之间、各二级单位之间、项目部各单位工程之间的材料调拨，也用于与分包队伍之间的材料转账。填写时应注明拨出单位、拨入单位、时间、材料名称、规格、单位、数量、单价、金额等，经稽核、收料、运输、负责人、发料、制单等双方人员签章后完成。调拨单一式五联，一连存根，二联发料单位记账，三联收入单位记账，四联投入单位财务记账，五联拨出单位记账，材料员必须每月及时与分包队伍办理转账手续，采用预算价格，双方签章认可后转财务，付款时扣除材料款。

4. 加工改制单

用两种或两种以上库存材料加工（或改制）成一种库存材料、低值易耗品、周转工具时，应使用加工改制单，减少加工使用的材料的库存数量，同时增加加工（或改制）完成的材料的库存数量或低值易耗品、周转工具的账面数量。

5. 材料联系单

包括材料进场验收单、甲供材料/设备送货清单、甲供材料/设备请款报告等。主要用于工程参与单位之间联系证明使用，日后可作为项目结算、审计依据（表 7.6～表 7.10）。

表 7. 6   材 料 进 场 验 收 单

表格编号：   填写日期：   年　月　日

工程名称		施工单位	
材料名称		安装部位	
生产厂家		供货单位	
检查项目	检 查 结 果		
材料外包装、材料外观有无破损			
材料是否与样板相符			
材料质量标准是否符合约定的质量标准			
随机文件和相关资料是否齐全			
验收结论			
	供货单位	施工单位	监理单位	建设单位
参加验收单位	负责人：日期：	负责人：日期：	监理工程师：日期：	工程部负责人：日期：

表 7.7 甲供材料/设备送货清单

表格编号：

合同名称：

供应单位（公章）：　　　　　　　　　　　　　　　填写日期：　　年　月　日

品名	品牌	型号	规格	单位	单价	本期供应数量	本期累计金额	备注

供应单位	签字：　　（盖章） 日期：	施工单位	签字：　　（盖章） 日期：
监理单位	签字：　　（盖章） 日期：	工程管理部	签字：　　（盖章） 日期：

表 7.8　　　　　　　　　　　　　　　**甲供材料/设备请款报告**

表格编号：　　　　　　　　　　　　　　　　　　填写日期：　　年　月　日

合同名称		请款累计次数	本次为第　次请款
合同金额			
供货期限			
公司账户			
支付约定			
申请理由	供货完成百分比（％）		
	本期完成供货金额		（单位：元）
	累计完成供货金额		（单位：元）
	累计应申请货款	"累计应申请货款"＝"已申请货款"＋"本次申请货款"	
	已申请货款		（单位：元）
	本次申请货款		（单位：元）

供货单位（公章）

联系人/电话：
申请日期：　　年　月　日

审核意见：

材料设备部区域分部经办人签名：　　年　月　日

表 7.9　　　　　　　　　　甲供材料/设备安装完成证明书

合同名称：	
质保期限：	自　　年　月　日起计　　年（按合同约定条款）
申请日期：	年　　　月　　　日
卖方：	
联系方式：	联系人：　　　　　　　　　电话：

1. 我司按合同约定已完成现场安装，请相关部门审核（供应带安装合同）
2. 我司供应的（货物名称）已经施工单位安装完成，经验收合格请审核。（供应不带安装合同）

供应单位：（盖章）　　　　　　　　　　日期：

（施工单位）意见：
如果有移交施工单位保管的需签证证明。

盖章签名：　　　　　　　　　　　　　　日期：

工程管理部门（或精装修管理部意见）：

部门负责人：　　　　　　　　　　　　　日期：

表 7.10　　　　　　　　　　甲供材料/设备保修完成证明书

合同名称：	
合同编号：	
质保期限：	自　　年　　月　　日起计　　年（按合同约定条款）
申请日期：	
供货单位	
联系方式：	联系人：　　　　　　　　　　　电话：

材料设备部区域分部意见：
本合同项下的工程材料和设备现质保期已满，请相关部门就保修完成情况及应扣返修费用出具确切意见。

　　　　部门负责人：　　　　　　　　　　　日期：

工程项目部门意见：（工程项目部门）

　　　　部门负责人：　　　　　　　　　　　日期：

成本管理部意见：（是否存在应扣工程返修费用）

　　　　盖章签名：　　　　　　　　　　　日期：

物业公司意见：（含物业公司工程维修部门意见）：

　　　　部门负责人：　　　　　　　　　　　日期：

第 5 节　材料见证取样

以下建筑材料检验，依据的规范实施日期截止到 2018 年 3 月。

7-4
水泥见证
取样

7.5.1　水泥见证取样

依据标准：《通用硅酸盐水泥》（国家标准第 1 号修改单）（GB 175—2007/XG1—2009）（2009 年 9 月 1 日实施，现行有效），《水泥的命名原则和术语》（GB/T 4131—2014）（2015 年 2 月 1 日实施，现行有效），《水泥取样方法》（GB 12573—2008）（2008 年 8 月 1 日实施，现行有效）。

1. 水泥取样送样规则

（1）掌握所购买的水泥的生产厂是否具有产品生产许可证。

（2）水泥委托检验样品必须以每一个出厂水泥编号为一个取样单位，不得有两个以上的出厂编号混合取样。

（3）水泥试样必须在同一编号不同部位处等量采集，取样点至少在 20 个以上，经混合均匀后用防潮容器包装，重量不少于 12kg。

（4）委托单位必须逐项填写检验委托单，如水泥生产厂名、商标、水泥品种、强度等级、出厂编号或出厂日期、工程名称、全套物理检验项目等。用于装饰的水泥应进行安定性的检验。

（5）水泥出厂日期超过三个月应在使用前作复验。

（6）进口水泥一律按上述要求进行。

2. 水泥取样规定

（1）水泥出厂前按同品种、同强度等级编号和取样。袋装水泥和散装水泥应分别进行编号和取样。每一编号为一取样单位。水泥出厂编号按年生产能力规定如下：

1）200 万 t 以上，不超过 4000t 为一编号。

2）120 万～200 万 t，不超过 2400t 为一编号。

3）60 万～120 万 t，不超过 1000t 为一编号。

4）30 万～60 万 t，不超过 600t 为一编号。

5）10 万～30 万 t，不超过 400t 为一编号。

6）10 万 t 以下，不超过 200t 为一编号。

当散装水泥运输工具的容量超过该厂规定出厂编号吨数时，允许该编号的数量超过取样规定吨数。

（2）当在使用中对水泥质量有怀疑或水泥出厂超过三个月（快硬硅酸盐水泥超过一个月）时，应进行复验，并按复验结果使用。

注：水泥取样时需附上相应的水泥出厂合格证。

7-5
砂石见证
取样

7.5.2 砂、石的取样规定

依据标准：《建筑用卵石、碎石》（GB/T 14685—2011）（2012 年 2 月 1 日实施，现行有效），《建筑用砂》（GB/T 14684—2011）（2012 年 2 月 1 日实施，现行有效）。

（1）砂、石用大型工具运输的，以 400m³ 或 600t 为一验收批。用小型工具运输的，以 200m³ 或 300t 为一验收批。不足上述数量的以一批论。当砂石质量比较稳定、进料量较大时，可以 1000t 为一验收批。

（2）在料堆取样时，取样部位应均匀分布。取样前先将取样部位表层铲除。然后对于砂子由各部位抽取大致相等的 8 份，组成一组样品。对于石子由各部位抽取大致相等的 15 份（在料堆的顶部、中部和底部各由均匀分布的五个不同部位取得）组成一组样品。（石子 100kg，砂子 50kg）

（3）若检验不合格时，应重新取样。对不合格项，进行加倍复验。若仍有一个试样不能满足标准要求，应按不合格品处理。

7-6
土见证取样

7.5.3 基础回填取样规定

依据标准：《土工试验方法标准》（GB/T 50123—1999）（1999 年 10 月 1 日实施，现行有效），《公路工程质量检验评定标准 第一册 土建工程》（JTG F80/1—2004）（2005 年 1 月 1 日实施，现行有效）。

备注：《公路工程质量检验评定标准 第一册 土建工程》（JTG F80/1—2017），将于 2018 年 5 月 1 日实施。

（1）在回填前应在现场取回填材料做击实试验，采取的土样应具有一定的代表性。（黏土 30kg，砂砾土及级配砂石 50kg）

（2）密实度取样量应符合下列要求：

1）场地平整：每层 100～400m² 取 1 组。

2）单独基坑：20～50m² 取 1 组，且不得少于 1 组。

3）室内回填：沟道及基础，每层 20～50m² 取 1 组。

4）其他：50～200m² 取 1 组。

7-7
钢筋取样

7.5.4 钢筋原材取样规定

依据标准：《碳素结构钢》（GB/T 700—2006）（2007 年 2 月 1 日实施，现行有效），《低碳钢热轧圆盘条》（GB/T 701—2008）（2009 年 4 月 1 日实施，现行有效），《钢筋混凝土用钢 第 1 部分：热轧光圆钢筋》（GB 1499.1—2008），《钢筋混凝土用钢 第 2 部分：热轧带肋钢筋》（GB/T 1499.2—2018）。

1. 原材料取样规则

（1）热轧光圆钢、余热处理钢筋每批由重量不大于 60t 的同一牌号、同一炉罐号、同一规格、同一交货状态的钢筋组成。

（2）热轧带肋钢筋、低碳钢热轧圆盘条每批由重量不大于 60t 的同一牌号、同一炉罐号、同一规格的钢筋组成。

（3）碳素结构钢每批由重量不大于 60t 的同一牌号、同一炉罐号、同一等级、同一品种、同一尺寸、同一交货状态的钢筋组成。

（4）冷轧带肋钢筋每批由同一牌号、同一外形、同一规格、同一生产工艺和同一交货状态的钢筋组成，每批不大于 60t。

（5）型钢应按批进行检查与验收，每批重量不得大于 60t。每批应由同一牌号、同一炉罐号、同一等级、同一品种、同一尺寸、同一交货状态组成。

2．原材料取样数量（钢筋的试样数量根据其供应形式的不同而不同）

（1）直条钢筋。每批直条钢筋应做 2 个拉伸试验、2 个弯曲试验。用《碳素结构钢》（GB/T 700—2006）验收的直条钢筋每批应做 1 个拉伸试验、1 个弯曲试验。

（2）冷轧带肋钢筋。逐盘或逐捆做 1 个拉伸试验，牌号 CRB550 每批做 2 个弯曲试验，牌号 CRB650 及其以上每批做 2 个反复弯曲试验。

（4）型钢。每批型钢应做 1 个拉伸试验、1 个弯曲试验。

3．取样方法

拉伸和弯曲试验的试样可在每批材料中任选两根钢筋切取。钢筋试样不需做任何加工。

钢筋取样数量及长度详见表 7.11。

表 7.11　　　　　　　　　　　　　钢筋取样数量及长度

种类	试验项目	公称直径 d /mm	取样长度 /mm	数量	备　　注
原材	拉伸、冷弯	$d \leqslant 25$	$350+2d$	各 2 个	不大于 60t 的同一牌号、炉罐号、规格的钢筋为一验收批
		$25 < d \leqslant 32$	$400+2d$	各 2 个	
		$32 < d \leqslant 50$	$500+2d$	各 2 个	
焊接接头	拉伸、冷弯	$d \leqslant 25$	400	各 3 个	每 300 个接头为一验收批不足 300 个亦为一验收批
		$25 < d \leqslant 32$	500	各 3 个	
		$32 < d \leqslant 50$	600	各 3 个	
机械连接	拉伸	$d \leqslant 25$	400	3 个	每 500 个接头为一验收批不足 500 个亦为一验收批
		$25 < d \leqslant 32$	500	3 个	
		$32 < d \leqslant 50$	600	3 个	
备注	钢筋原材委托时，需附上相应的钢筋出厂合证				

此外，原材重量偏差取样要求从不同钢筋上取，数量不少于 5 支，每支试样长度不小于 500mm，长度应逐支测量，精确到 1mm。测量试样总重量时，应精确到不大于总重量的 1%。

7.5.5 钢筋焊接件取样规定

7-8 钢筋焊接取样

7-9 钢筋焊接技术

依据标准：《电弧螺柱焊用圆柱头焊钉》（GB/T 10433—2002）（2003 年 6 月 1 日实施，现行有效），《钢筋焊接及验收规程》（JGJ 18—2012）（2012 年 8 月 1 日实施，现行有效），《钢筋焊接接头试验方法标准》（JGJ/T 27—2014）（2014 年 12 月 1 日实施，现行有效）。

1. 闪光对焊

（1）力学性能检验时，应从每批接头中随机切取 6 个接头，其中 3 个做拉伸试验、3 个做弯曲试验。

（2）在同一台班内，由同一焊工完成的 300 个同级别、同直径钢筋焊接接头应作为一批。当同一台班内焊接的接头数量较少时，可在一周之内累计计算；累计仍不足 300 个接头时，应按一批计算。

（3）封闭环式箍筋闪光对焊接头，以 600 个同牌号、同规格的接头作为一批，只做拉伸试验。

2. 电弧焊

（1）在现浇混凝土结构中，应以 300 个同牌号钢筋、同型式接头作为一批；在房屋结构中，应在不超过二楼层中 300 个同牌号钢筋、同型式接头作为一批。每批随机切取 3 个接头，做拉伸试验。

（2）在装配式结构中，可按生产条件制作模拟试件，每批 3 个，做拉伸试验。

3. 电渣压力焊

在现浇钢筋混凝土结构中，应以 300 个同牌号钢筋接头作为一批；在房屋结构中，应在不超过二楼层中 300 个同牌号钢筋接头作为一批；当不足 300 个接头时，仍应作为一批。每批随机切取 3 个接头做拉伸试验。

4. 预埋件钢筋 T 型接头

（1）当进行力学性能试验时，应以 300 件同类型预埋件作为一批。一周内连续焊接时，可累计计算。当不足 300 件时，亦按一批计算。

（2）应从每批预埋件中随机切取 3 个接头做拉伸试验，试件的钢筋长度应大于或等于 200mm（单边 200mm，双边即 400mm），钢板的长度和宽度均应大于或等于 60mm。

具体钢筋取样长度详见表 7.12。

7.5.6 机械连接接头取样规定

依据标准：《钢筋机械连接技术规程》（JGJ 107—2016）（2016 年 8 月 1 日实施，现行有效），《钢筋机械连接用套筒》（JG/T 163—2013）（2013 年 10 月 1 日实施，现行有效）。

表 7.12 钢 筋 焊 接 件 取 样

种类	试验项目	公称直径 d /mm	取样长度 /mm	数量	备 注
原材	拉伸、冷弯	$d \leqslant 25$	$350+2d$	各 2 个	不大于 60t 的同一牌号、炉罐号、规格的钢筋为一验收批
		$25 < d \leqslant 32$	$400+2d$	各 2 个	
		$32 < d \leqslant 50$	$500+2d$	各 2 个	
焊接接头	拉伸、冷弯	$d \leqslant 25$	400	各 3 个	每 300 个接头为一验收批不足 300 个亦为一验收批
		$25 < d \leqslant 32$	500	各 3 个	
		$32 < d \leqslant 50$	600	各 3 个	
机械连接接头	拉伸	$d \leqslant 25$	400	3 个	每 500 个接头为一验收批不足 500 个亦为一验收批
		$25 < d \leqslant 32$	500	3 个	
		$32 < d \leqslant 50$	600	3 个	
备注	钢筋原材委托时，需附上相应的钢筋出厂合证 机械连接委托时，需提供型式检测报告				

（1）接头现场抽检项目应包括极限抗拉强度试验、加工和安装质量检验。抽检应按检验批进行，同钢筋生产厂、同强度等级、同规格、同类型和同型式接头应以 500 个为一个验收批进行检验与验收，不足 500 个也应作为一个检验批。

同一施工条件下采用同一材料的同等级、同型式、同规格接头，以连续生产的 500 个为一检验批进行检验和验收，不足 500 个的也按一个检验批计算。取 3 根做拉伸试验。

（2）在现场连续检验 10 个检验批，当其全部单向拉伸试件均一次抽样合格时，检验批接头数量可扩大为 1000 个。

7.5.7 普通混凝土试件的取样规定

7-10
混凝土取样

依据标准：《预拌混凝土》（GB/T 14902—2012）（2013 年 9 月 1 日实施，现行有效），《普通混凝土拌合物性能试验方法标准》（GB/T 50080—2016）（2017 年 4 月 1 日实施，现行有效），《混凝土结构工程施工质量验收规范》（GB 50204—2015）（2015 年 9 月 1 日实施，现行有效），《普通混凝土长期性能和耐久性能试验方法标准》（GB/T 50082—2009）（2010 年 7 月 1 日实施，现行有效），《普通混凝土力学性能试验方法标准》（GB/T 50081—2002）（2003 年 6 月 1 日实施，现行有效）。

粉煤灰混凝土：粉煤灰混凝土的质量，应以坍落度、抗压强度进行检验。现场施工粉煤灰混凝土坍落度的检验，每班至少应测定两次，其测定值允许偏差为 ±20mm。对于非大体积粉煤灰混凝土每拌制 100m³，至少成型一组试块；大体积粉煤灰混凝土每拌制 500m³，至少成型一组试块。不足上列规定数量时，每班至少成型一组试块。

7.5.8 砌体材料取样规定

7-11
砌体材料
取样

依据标准：《轻集料混凝土小型空心砌块》（GB/T 15229—2011）（2012 年 8 月 1 日实施，现行有效），《蒸压灰砂砖》（GB 11945—1999）（2000 年 2 月 1 日实施，现行有效)、《普通混凝土小型空心砌块》(GB/T 8239—2014)(2014年12月1日实施,现行有效)、《烧结多孔砖和多孔砌块》(GB 13544—2011)(2012年4月1日实施,现行有效)、《烧结普通砖》(GB 5101—2003)(2004年4月1日实施,现行有效)、《砌墙砖试验方法》(GB/T 2542—2012)(2013年9月1日实施,现行有效)、《混凝土小型空心砌块试验方法》(GB/T 4111—2013)(2014年9月1日实施,现行有效)、《蒸压加气混凝土砌块》(GB 11968—2006)(2006年12月1日实施,现行有效)、《烧结空心砖和空心砌块》(GB 13545—2014)(2015年2月1日实施,现行有效)。

(1)烧结空心砖和空心砌块:3.5万~15万块为一批,不足3.5万块按一批计。

取样数量:强度10块,密度5块。

(2)蒸压灰砂砖:同类型的灰砂砖每10万块为一批,不足10万块亦为一批。

取样数量:强度10块。

(3)轻集料混凝土小型空心砌块:砌块按密度等级和强度等级分批验收。以同一品种轻集料配制成的相同密度等级、相同强度等级、质量等级和同一生产工艺制成的1万块砌块为一批;每月生产的砌块数不足1万块者亦为一批。

取样数量:强度5块,密度、含水率、吸水率和相对含水率各3块,干缩率3块,抗冻性10块。

(4)普通混凝土小型空心砌块:按外观质量和强度等级分批验收。以同一种原材料配制成的相同外观质量等级、强度等级和同一工艺生产的1万块砌块为一批,每月生产的块数不足1万块者亦为一批。

取样数量:强度等级5块,相对含水率、抗渗性、空心率各3块,抗冻性10块。

(5)粉煤灰砖:每10万块为一批,不足10万块按一批计。

取样数量:色差36块,强度等级10块,抗冻性10块,干燥收缩3块,碳化性能15块。

(6)混凝土多孔砖:按外观质量等级和强度等级分批验收。以用同一种原材料配制成,同一工艺生产的相同外观质量等级、强度等级的3.5万~15万块混凝土多孔砖为一批,不足35000块的按一批计。

取样数量:强度等级10块,干燥收缩率、相对含水率、抗渗性、放射性各3块,抗冻性10块。

(7)烧结多孔砖:3.5万~15万块为一批,不足3.5万块按一批计。

取样数量:强度等级10块,泛霜、石灰爆裂、吸水率和饱和系数、冻融各5块。

(8)烧结普通砖:3.5万~15万块为一批,不足3.5万块按一批计。

取样数量:强度等级10块,泛霜、石灰爆裂、吸水率和饱和系数、冻融各5块,放射性4块。

7.5.9　砂浆试块取样规定

依据标准:《建筑砂浆基本性能试验方法标准》(JGJ 70—2009)(2009年6月1日实施,现行有效)、《水泥基灌浆材料》(JC/T 986—2005)(2005年8月1日实施,现行有效)。

7 - 12

砂浆取样

（1）每一检验批且不超过 250m³ 的各种类型及强度等级的砌筑砂浆，每台搅拌机至少取样一次，每组 6 块。

（2）建筑地面工程按每一层不应少于 1 组，当每层建筑地面工程面积超过 1000m² 增做 1 组，不足 1000m²，按 1000m² 计，当配合比不同时应相应制不同试件。

备注：砂浆取样应具有代表性和随机性，养护方式均为标准养护，一个验收批的试件组数原则上不少于 3 组。

7.5.10 外加剂取样规定

依据标准：《高强高性能混凝土用矿物外加剂》（GB/T 18736—2017）（2018 年 2 月 1 日实施，现行有效），《混凝土外加剂》（GB 8076—2008）（2009 年 12 月 30 日实施，现行有效），《混凝土外加剂均质性试验方法》（GB/T 8077—2012）（2013 年 8 月 1 日实施，现行有效），《混凝土外加剂应用技术规范》（GB 50119—2013）（2014 年 3 月 1 日实施，现行有效），《混凝土外加剂定义、分类、命名与术语》（GB/T 8075—2005）（2005 年 8 月 1 日实施，现行有效），《混凝土膨胀剂》（GB 23439—2009）（2010 年 3 月 1 日实施，现行有效）。

备注：《混凝土外加剂术语》（GB/T 8075—2017），于 2018 年 11 月 1 日实施。

《混凝土膨胀剂》（GB 23439—2017），于 2018 年 11 月 1 日实施。

《砂浆、混凝土防水剂》（JC 474—2008）（2008 年 12 月 1 日实施，现行有效）。

（1）膨胀剂：同一厂家、同一品种一次供应 50t 为一批，不足 50t 按一批计，取不少于 0.2t 水泥所需用的外加剂量，同批号的产品必须混合均匀。

（2）防水剂、泵送剂：同一厂家、同一品种一次供应 10t 为一批，不足 10t 按一批计，取不少于 0.2t 水泥所需用的外加剂量，同批号的产品必须混合均匀。

（3）减水剂、早强剂、缓凝剂、引气剂：同一厂家、同一品种一次供应 10t 为一批，不足 10t 按一批计，不少于 0.2t 水泥所需用的外加剂量，同批号的产品必须混合均匀。

备注：委托外加剂时，需附上出厂合格证。

7.5.11 粉煤灰取样规定

依据标准：《用于水泥和混凝土中的粉煤灰》（GB/T 1596—2005）（2005 年 8 月 1 日实施，现行有效）。

粉煤灰：以相同等级连续供应的 200t 作为一批，每次取样 8kg。需附出厂合格证。

备注：《用于水泥和混凝土中的粉煤灰》（GB/T 1596—2017），于 2018 年 6 月 1 日实施。

7.5.12 防水材料取样规定

依据标准：《沥青防水卷材试验方法》（GB/T 328—2007）（2007 年 10 月 1 日实施，现行有效）。

防水卷材：同一品种、牌号和规格等级的产品的卷材，抽验数量为大于 1000 卷抽

7－13
防水材料
取样

取 5 卷，500～1000 卷抽取 4 卷，100～499 卷抽取 3 卷，小于 100 卷抽取 2 卷 每批抽样卷数各取 1m 长为样本。

防水涂料：同一规格、同一品种、同一厂家的每 10t 为一批，不足 10t 也按一批取 2kg。

内外墙水溶液涂料：同一厂家、同一品种、同一批次取 2kg。

备注：凡进入施工现场的防水卷材应附有厂家检验报告单及出厂合格证并注明生产日期、批号品种名称。

第8章 ▶ 测量员顶岗实习指导

测量岗位工作是建筑工程施工过程中重要的环节和基础性工作，是实现设计意图、保证建筑产品质量的关键所在。工程测量按任务和作用分为设计测量（测定或测绘）和施工测量（测设或放线）两大部分。在建筑行业中，测量岗位人员主要从事的是施工测量，即研究利用各种测量仪器和工具对建筑场地上地面的位置进行度量和测定，其基本任务有：对建筑施工场地的表面形状和尺寸按一定比例测绘成地形图；将图纸上已设计好的建筑物按设计要求测设到地面上，并用各种标志表示在现场；按设计的楼面标高、逐层引测。

第 1 节　测量员岗位顶岗实习的目的与任务

8.1.1　测量员顶岗实习的目的

（1）通过测量员岗位的顶岗实习，巩固和加深课堂所学理论知识，熟悉建筑工程施工测量的相关工作，培养理论联系实际的能力、动手能力、实事求是的科学态度、刻苦耐劳的工作作风和互相协作的团队精神。

（2）进一步熟练掌握常规测量仪器的使用方法，培养一丝不苟、严谨认真的工作态度。

（3）通过施工项目测量档案、台账的建立，了解测量资料的保管、整理及验交工作。

（4）通过企业顶岗实践，培养分析问题和解决问题的独立工作能力，为将来参加工作打下良好的基础。

8.1.2　测量员顶岗实习的任务

（1）服从项目部工作安排，配合测量人员按时完成各项施工测量、放线任务。

（2）熟悉施工图纸，根据有关规范、标准的要求学习编制测量方案，学习准备测量所需的工具表格。

（3）测量时仔细认真安设、调整仪器，读数准确，记录规范整洁，并使用法定计量单位。

（4）熟悉所使用测量仪器的性能，管好测量仪器，按时进行仪器周检。

（5）协助施工员做好测量方面的技术复核工作。

（6）熟悉测量水准仪、经纬仪、全站仪等各类测量仪器的操作技巧。

（7）熟悉工程测量规范、标准、规程及相关规定。

8 - 1
常规测量
仪器使用

（8）熟悉与测量作业相关的软件。

（9）熟悉进行现场测量控制点、控制线数据的计算及放样。

第 2 节　测量员职业技能岗位标准（四级/中级工）

本测量员职业技能岗位标准以《中华人民共和国职业分类大典（2015 版）》为依据，按照《国家职业技能标准编制技术规程（2018 年版）》有关要求，以"职业活动为导向、职业技能为核心"为指导思想，对工程测量员从业人员四级/中级工的职业活动内容进行描述，主要从四级/中级工的技能水平和理论知识水平两方面进行阐述。

8.2.1　测量员职业道德基本守则

（1）遵守法律、法规和有关规定。

（2）爱岗敬业，忠于职守，忠诚奉献，弘扬劳模精神和工匠精神。

（3）认真负责，精益求精，严于律己，吃苦耐劳。

（4）刻苦学习，勤奋钻研，努力提高思想和科学文化素质。

（5）谦虚谨慎，团结协作，主动配合。

（6）严格执行规范，保证成果质量，爱护仪器设备。

（7）重视安全环保，坚持文明生产。

8.2.2　测量员工作要求（四级/中级工）

测量员工作要求见表 8.1。

8-2 ▶
全站仪参数
设置

表 8.1　　　　　　　　　　　　　测 量 员 工 作 要 求

项次	职业功能	工作内容	技 能 要 求	相关知识要求
1	准备	资料准备	（1）能根据工程需要，列出各种测图控制网所需资料的清单 （2）能分析所收集资料的正确性及准确性	（1）测量坐标系统、高程基准 （2）平面、高程控制网的布网原则、测量方法及精度指标 （3）大比例尺地形图的成图方法及成图精度指标
		仪器准备	（1）能对全站仪主机进行测前检视 （2）能对水准仪进行测前检视（含 i 角检验） （3）能对 GNSS 接收机及天线进行测前检视	（1）常用测量仪器的基本结构、主要性能和精度指标 （2）常用测量仪器的检视内容与步骤
2	测量	控制测量	（1）能进行一、二、三级导线测量的选点、埋石、观测、记录 （2）能进行 GNSS 静态测量外业观测、记录 （3）能进行 GNSS—RTK 测量 （4）能进行三、四等水准测量的选点、埋石、观测、记录	（1）测量误差的概念 （2）导线、水准和光电测距测量的主要误差来源 （3）GNSS 静态测量和 GNSS—RTK 测量知识 （4）相应等级导线、水准测量记录要求与各项限差规定

项次	职业功能	工作内容	技　能　要　求	相关知识要求
2	测量	地形测量	（1）能进行大比例尺地形图数据采集 （2）能进行地形地物的综合取舍	（1）大比例尺地形图测图的知识 （2）地形测量原理及工作 （3）地形图图式符号运用 （4）外业数据采集内容综合取舍的一般原则
		工程测量	（1）能进行各类平面点位的放样 （2）能进行不同高程位置的放样 （3）能进行纵横断面图测量	（1）平面点位测设方法 （2）高程放样方法 （3）纵横断面图测量方法
3	数据处理	数据处理	（1）能进行一、二、三级导线观测数据的检查与资料整理 （2）能进行三、四等水准观测数据的检查与资料整理 （3）能进行一般地区大比例尺地形图数据的整理 （4）能进行平面点位放样和高程位置放样的数据整理	（1）等级导线测量成果计算和精度评定知识 （2）等级水准路线测量成果计算和精度评定知识 （3）大比例尺地形图的完整性与合理性 （4）平面点位放样和高程位置放样的计算和限差检查知识
		计算	（1）能进行单一导线、单一水准路线的平差计算与成果整理 （2）能进行平面位置放样（主要是极坐标法放样）数据和高程放样数据计算	（1）单一导线平差计算 （2）单一水准线路平差计算
4	仪器设备维护	仪器设备检校	（1）能进行全站仪、GNSS 接收机、水准仪等仪器设备的检校 （2）能进行温度计、气压计的检校 （3）能进行袖珍计算机的硬件连接	（1）全站仪、CNSS 接收机、水准仪等仪器设备的安全操作规程 （2）温度计、气压计的读数方法 （3）袖珍计算机的安全操作
		仪器设备保养	（1）能进行全站仪、GNSS 接收机、水准仪等仪器设备的日常保养 （2）能进行温度计、气压计的日常保养 （3）能进行袖珍计算机的日常保养	（1）全站仪、GNSS 接收机、水准仪等仪器设备的保养知识 （2）温度计、气压计的维护知识 （3）袖珍计算机的保养知识

8-3
全站仪数据管理与数据传输

第 3 节　测量员工作流程与内容

8.3.1　建筑工程施工测量工作流程

建筑工程施工测量工作流程见图 8.1。

8.3.2　施工测量的主要内容

1. 施工准备阶段

严格审核设计图纸与建设单位移交的测量点位、数据，根据设计与施工要求编制施工测量方案；测定并标出原有地下建（构）筑物、管线的位置、走向；进行方格网测

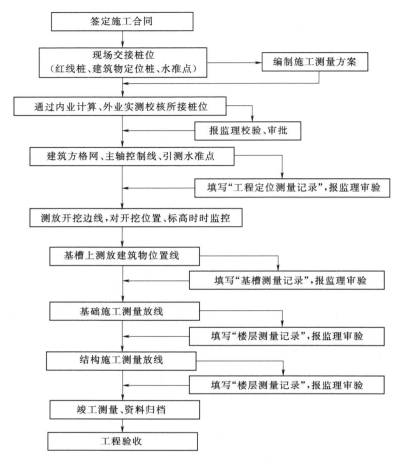

图 8.1　建筑工程施工测量工作流程

设、现场布置测量。

2. 施工阶段

根据工程进度对建筑物进行定位放线、轴线投测、高程控制等，作为按图施工的依据。在施工不同阶段，做好工序之间的交接检查工作与隐蔽工程验收工作，为解决施工过程中出现的有关工程平面位置、高程位置和竖直方向等问题提供实测标志与数据。

3. 工程竣工阶段

检测工程各主要部位的实际平面位置、高程、竖向与相关尺寸，为编绘竣工图提供依据。

4. 变形观测

对设计、建设单位指定的工程部位，按拟订的周期进行沉降、水平位移与倾斜等变形观测（参见中华人民共和国行业标准《建筑变形测量规程》）。

8.3.3 施工测量前的资料准备

施工测量前，应根据工程任务的要求，收集分析规划、勘察、设计及施工等有关资料。应包括建设用地钉桩通知单（城市规划部门测绘成果）、工程勘察报告、施工设计图纸及有关变更洽商文件、施工组织设计或施工方案、施工场区地下管线、建（构）筑物等测绘成果。

8.3.4 交接桩工作

（1）交接规划红线桩工作，由建设单位主持，在现场由勘测单位向施工单位进行交接桩。施工单位由技术部门派人参加。

8-4
建筑物主
轴线测设

（2）交接桩测量资料必须齐全，并应附合标桩示意图，表明各种标桩平面位置和高程，必要时应附文字说明，依照资料现场进行移交。

（3）交接桩时，各主要标桩应完整稳固。交桩后，接桩单位应立即组织测量人员进行复测，复测过程中，如发现问题，应及时与交桩单位研究解决。

（4）交接桩办理完毕后，必须履行交接桩手续，签署交接桩通知单，并妥善保管相关资料和现场标桩。

8.3.5 设计图纸的审核与定位依据点的检测

1. 图纸审核

全面了解设计意图，认真熟悉、审核图纸。对各专业图纸中的轴线关系、几何尺寸、高程等严格进行审核，及时了解与掌握有关工程设计变更，确保测量放样数据准确可靠。

2. 测量定位依据点的确定

定位依据点是确定建筑物平面位置的基本依据，一般包括以下三类：

（1）城市规划部门给定的城市测量平面控制点。

（2）城市规划部门给定的建筑红线桩或建筑物平面位置桩。

（3）永久性建（构）筑物或道路中心线。

3. 定位依据点的校测

为保证建（构）筑物定位依据点的准确可靠，平面控制点或建筑红线桩使用前应进行内业校核与外业校测，定位依据点数量应不少于 3 个。校测红线桩精度符合要求。

城市规划部门提供的水准点是确定建筑物高程的基本依据，水准点数量应不少于 2 个。使用前，应采用附合水准路线进行校测，其闭合差应满足限差要求。

8.3.6 施工测量方案的编制与审批

1. 施工测量方案的编制内容

根据工程情况，施工测量方案的编制应含概以下内容：

（1）编制依据。

1）相关规范、规程见表 8.2。

表 8.2   相 关 规 范 、 规 程

序号	类别	规范、规程名称	编　　号
1	国家	工程测量规范	GB 50026—2007
2	国家	工程测量基本术语标准	GB/T 50228—2011
3	行业	城市测量规范	CJJ 8—2011
4	行业	建筑变形测量规程	JGJ/T 8—2016
5	行业	建筑施工测量标准	JGJ/T 408—2017

　　2）施工图纸、钉桩通知单见表 8.3。

表 8.3   施工图纸、钉桩通知单

序号	图纸名称	图纸编号	出图日期
1	建筑图	建施—□□□	□□□
2	结构图	结施—□□□	□□□
3	钉桩通知单		□□□

　　（2）工程概况。场地位置、面积与地形情况，工程总体布局、建筑面积、层数与高度、地下与地上、平面与立面，结构类型与室内外装饰，施工工期与施工方案要点（施工主要工艺与流水段划分），本工程的测量难点、特点与施工的特殊要求。

　　（3）施工测量的基本要求。场地、建筑物与建筑红线的关系，定位条件及工程设计、施工对测量精度与进度的要求，注明是否需做沉降观测。

　　（4）场地测量准备。根据设计总平面图与施工现场总平面布置图，确认拆迁顺序与范围，测定需要保留的原有地下管线、地下建（构）筑物与名贵树木的树冠范围，场地平整（高程方格网测设）与临设工程定位放线工作内容。

　　（5）起始依据校测。对起始依据点（包括建筑红线桩点、水准点）或原有地上、地下建（构）筑物与新建建筑物的几何对应关系，均应进行校测。

　　（6）场区控制网测设。根据场区情况、设计与施工的要求，按照便于施工、控制全面又能长期保留的原则，测设场区平面控制网与高程控制网。控制网的施测要求详见《建筑工程施工测量规程》，水准点的布设应采用附和水准测法或结点平差法。

　　（7）建筑物定位与基础施工测量。建筑物定位与主要轴线控制桩、护坡桩、基础桩的定位与监测，基础开挖与±0.000以下各层施工测量。建筑物总体布局呈矩形时，应将主轴控制线布设成"井"字形网状控制（切忌中心十字线型）；建筑物总体布局呈封闭曲线或不规则图形时，宜增设导线网作为一级控制网，主轴控制线作为二级控制网。

　　（8）±0.000以上施工测量。首层、非标准层与标准层的结构测量放线、竖向控制与标高传递。当采用内控法（激光铅直仪法）时应说明预留洞的尺寸、数量、提供平面布置图；施工出±0.000后，应将标高"建筑＋50线"引测至结构外墙并以墨线连接形成闭合图形，作为标高向上传递的基准线，同时应将主轴控制线投测至结构外墙并用墨线弹出，作为竖向轴线传递、结构大角监测、结构外装修用线。

（9）特殊工程施工测量。高层钢结构、高耸建（构）筑物（如电视发射塔、水塔、烟囱等）、大型工业厂房与体育场馆等的测量。在特殊工程测量中，应注意设计、监理在精度方面提出的特殊要求；同时应注重提高地脚螺栓埋设精度；现浇或预制安装独立柱的垂直度控制；钢结构高程竖向传递时，钢尺的温度改正不予考虑。

（10）室内外装饰与安装测量。主要指外饰面、玻璃幕墙等室内外装饰测量；各种管线、电梯、旋转餐厅、机械设备等安装测量。此类测量应注重测量基线的铅直度和水平度以及基线的贯通性和控制性，并根据施工工艺合理分布测量基线间距。

（11）竣工测量与变形观测。竣工现状总图的编绘与各单项工程竣工测量，根据设计与施工要求的变形观测的内容、方法及相应规定。

（12）验线工作。明确各分项工程测量放线后的验线程序与验线的内容。

（13）施工测量工作的组织与管理。测量人员与组织机构，测量员持证上岗情况（职业资格证书），各种测量规章制度等（列出制度名称即可）。根据工程情况，确定所使用仪器的型号、数量，确定附属工具、记录表格等用量计划，要求各类计量器具必须具有在其检定周期内的有效的检定证书。

（14）测量资料整理。收集本工程的各项原始测量资料，记录施工测量日志，填写"测量技术交底单"向施工班组现场交底，填写"施工测量报验单"同时附"施工测量记录"报监理验线。上述测量资料除测量班组留存外，还须按施工资料管理规定的需要量交送技术资料员存档。

2. 测量方案的审批

（1）一般工程测量方案由项目测量负责人编制，项目总工程师审批。

（2）大型、重点或特殊复杂工程测量方案由项目测量负责人编制，项目总工程师审核后，上报公司技术部门审核，由总工程师审批。

（3）沉降观测方案独立成册，应由建设单位委托的具有相应资质的测绘部门编制，报该工程监理单位或设计单位审批。同时应报公司技术部门备案。

3. 测量方案交底

一般工程由项目总工程师组织，项目测量负责人向项目生产、技术、质量人员进行交底。

大型、重点或特殊复杂工程由公司技术部门组织，项目测量负责人向项目生产、技术、质量人员进行交底。

8.3.7　施工场地测量

施工场地测量主要是配合"四通一平"结合红线桩标定的施工用地范围进行的现场测量工作，一般包括场地平整（测设高程方格网）、临时水电管线敷设、施工道路、临设建（构）筑物以及物料、机具场地的划分等施工准备阶段的测量。

8.3.8　平面控制测量

平面控制网是建筑场区内地上、地下建（构）筑物与市政工程施工定位的基本依据。平面控制网分为建筑物场区平面控制网与建筑物平面控制网。

平面控制网的坐标系统应与工程设计所采用的坐标系统一致。平面控制网应根据设计总平面图与施工现场总平面布置图综合考虑确定。

场区控制网可根据场区地形条件与建筑物总体布置情况，布设成方格网、导线网、三角网、三边网、边角网或 GPS 网。

建筑物平面控制网一般应布设成矩形，特殊时也可布设成平行于建筑物外廓的多边形。

8.3.9　高程控制测量

高程控制网是建筑场区内地上、地下建（构）筑物与市政工程高程测设的基本依据。可采用水准测法或光电测距三角高程测法建立。高程引测应采用附合水准测法。

高程控制点宜在每一栋号附近设置 2 个，主要建筑物附近不少于 3 个。一般距新建筑物不小于 25m，距回填土边线不小于 15m，施工期间应定期复测。

8.3.10　建筑物定位与验线

1. 选择建筑物定位条件的基本原则

建筑物定位的条件，应当是能唯一确定建筑物位置的几何条件。最常用的定位条件是确定建筑物的一个点的点位与一条边的方向。

（1）当以城市测量控制点或场区控制网定位时，应选择精度较高的点位和方向为依据。

（2）当以建筑红线定位时，应选择沿主要街道的建筑红线为依据，并以较长的已知边测设较短边。

（3）当以原有建（构）筑物或道路中心线定位时，应选择外廓（或中心线）规整的永久性建（构）筑物为依据，并以较大建（构）筑物或较长的道路中心线，测设较小的建（构）筑物。

2. 建筑物定位验线要点

定位验线时，应特别注意验定位依据与定位条件，而不能只验建筑物自身几何尺寸。

（1）验定位依据桩位置是否正确，有无碰动。

（2）验定位条件的几何尺寸。

（3）验建筑物控制网与桩点的正确性。

（4）验建筑物外廓轴线间距及主要轴线间距。

（5）定位验线合格后，填写"施工测量放线报验单"时附"工程定位测量记录"，报请监理验线。

3. 验线工作程序

（1）目前有些地区实行由市测绘设计研究院定位和施工单位自行定位两种。新建、改建、扩建的永久性建筑物、构筑物，由规划行政主管部门在核发建设规划许可证时，发出建设工程钉桩放线通知单的工程应由市测绘院进行定位放线，施工单位按定位桩及资料施工，施工到±0.000时，须及时通知市测绘设计研究院进行复核，市测绘设计研究院将复核结果报告市规划行政主管部门。凡不发钉桩放线通知单的，由施工单位按规划要求自行定位放线，由公司技术部门复核后，提请监理验线。

（2）凡工程现场定位完成后，项目部应及时报公司技术部门提请验线。

8.3.11　基槽放线与验线

（1）项目部测量员根据工程技术人员的书面技术交底，由工程测量定位桩测放出基槽上口开挖线或护坡桩位置线。

（2）开挖过程中，测量员根据书面技术交底必须对轴线、断面尺寸、高程、坡度、基槽下口线、人工清底厚度、槽底工作面宽度等进行时时监控。

（3）基槽擦底后，测量员根据定位桩向基底投测轴线控制桩，即将建筑物平面位置测放至基槽；同时，采用附和水准路线，将地面水准高程引测至基槽内。

（4）经项目部技术、质量、测量三方自检合格，填写"施工测量放线报验单"，同时附"基槽验线记录"，经相关人员签字后，报请监理验线。

（5）基槽验线的主要内容：基槽内建筑物位置桩与建筑物平面控制网的相对关系，基槽内建筑物位置桩本身的几何尺寸，工作面预留宽度尺寸，基槽边坡坡度或护坡桩垂直度，集水坑、电梯井坑等几何尺寸、相对位置，基槽内各部位平面高程。

8.3.12　基础放线与验线

（1）校核轴线控制桩位置是否正确，有无碰动。

（2）在控制桩上用经纬仪投点法向垫层上投测建筑物主轴线或主轴控制线。

（3）落在垫层上的主轴线或主轴控制线经闭合校测合格后，测设细部轴线。

（4）根据基础施工图以各轴线为准，测设出施工用各种位置线（梁、柱、门窗洞口、电梯井、集水坑、设备基础等）。

（5）经自检、互检合格后，填写"施工测量放线报验单"同时附"楼层平面放线记录"和"楼层标高抄测记录"，相关人员签字后，提请监理部门验线。

8.3.13　结构施工高程传递与轴线的竖向投测

1. 高程传递要点

（1）传递位置应满足上下贯通，竖直量尺的条件。一般高层结构至少要由三处向上传递，以便施工层校核、使用。

（2）校核传递到施工层的标高点，其误差应符合限差要求。

（3）传递高程所用钢卷尺应经过检定，尺身铅直，拉力标准，并应进行尺长及温度改正。

2. 轴线竖向投测的主要方法

（1）延长轴线法。适用于四周宽阔的场地，可将建筑物外廓主轴线延长到大于建筑的总高度，或附近的多层建筑顶面上。

（2）侧向借线法。适用于四周窄小的场地，建筑物外廓主轴线无法延长时，可将轴线向建筑物外侧平移。

（3）正倒镜调直法。适用于场地内地面上无法安置经纬仪向上投测时，可将经纬仪安置在施工层上，用正倒镜调直线方法，在施工层上投测轴线。

（4）铅直线法。适用于窄小的施工场地，无法在建筑物以外安置经纬仪时，可用铅直线原理将轴线铅直投测到施工层上。包括吊线坠法、激光铅直仪法、经纬仪天顶法、经纬仪天底法等。

8-5

垂准仪的使用

8.3.14　变形观测与竣工测量

1. 沉降观测资质及资料归档

沉降观测必须由具有测量资质乙级以上且经营项目包含沉降观测的测绘单位或部门进行观测并记录。沉降观测应由建设单位委托并完成费用结算。施工中进行的沉降观测，应归入施工档案；竣工后再进行的沉降观测，其记录纳入基建文件，建设单位自行留存。

2. 沉降观测次数

沉降观测的时间和次数，应根据工程性质、工程进度、地基土性质及基础荷载增加情况等确定。

在施工期间，较大荷载增加前后（如基础浇灌、回填土、安装柱子、房架、砖墙每砌筑一层楼、设备安装、设备运转、工业炉砌筑期间、烟囱每增加 15m 左右等）均应进行观测；如施工期间中途停工时间较长，应在停工时和复工前进行观测；当基础附近地面荷载突然增加，周围大量积水及暴雨后，或周围大量挖方等均应观测。

高层建筑施工期间的沉降观测周期，应每增加 1～2 层观测 1 次；建筑物封顶后，应每 3 个月观测 1 次，观测 1 年。如果最后两个观测周期的平均沉降速率均小于 0.02mm/d，可以认为整体趋于稳定，如果各点的沉降速率均小于 0.02mm/d，即可终止观测。否则，应继续每 3 个月观测 1 次，直至建筑物沉降趋于稳定。

工业厂房或多层民用建筑的沉降观测总次数，应不少于 5 次。竣工后的观测周期，可根据建（构）筑物的沉降稳定情况确定。

3. 沉降观测点的布设要求

沉降观测点的布设位置主要由设计单位或测量单位确定，施工单位埋设，应符合下列要求：

（1）布置在变形明显而又有代表性的部位。

（2）稳固可靠、便于保存、不影响施工及建筑物的使用与美观。

（3）避开暖气管、落水管、窗台、配电盘及临时构筑物。

（4）承重墙可沿墙的长度每隔 8～12m 设置一个观测点，在转角处，纵横墙连接处、沉降缝两侧也应设置观测点。

（5）框架结构的建筑物应在柱基上设置观测点。

（6）高耸构筑物，如电视塔、烟囱、水塔、大型储藏罐等的沉降观测点应布置在基础轴线对称部位，每个构筑物应不少于四个观测点。

8.3.15　施工测量技术资料的收集整理内容

（1）规划管理部门下达的钉桩通知单（红线桩坐标、水准点等）。

（2）交接桩记录表。

（3）工程定位图（建筑总平面图、建筑场地原始地形图）。

（4）设计变更文件及图纸。

（5）现场平面控制网与水准点成果表及报验单。

（6）施工测量记录。

（7）必要的测量原始记录（含测量技术交底）。

（8）竣工验收测量资料、竣工测量图。

（9）沉降变形观测资料。

第 4 节　施 工 测 量 记 录

8.4.1　工程定位测量记录

8-6

经纬仪法
测设点的
平面位置

工程定位测量记录包括建筑物位置线、现场标准水准点、坐标点（包括标准轴线桩、平面示意图）等。工程定位测量应填写《工程定位测量记录表》（表 8.4）。工程定位测量工作流程如下：

（1）由建设单位组织测绘院或建设单位直接向施工单位现场交接测量桩位。

（2）双方履行交接桩签字手续。

（3）公司测量室组织项目部测量人员对所接桩位进行内业计算校核及现场实测复核。

（4）项目部测量班组结合图纸、现场情况制定定位方案，并现场定位（含建筑物主轴控制桩和向现场引测施工用水准点位），完成后报公司技术部验线。

（5）公司测量室对项目部定位成果实地校核，合格后由项目部测量班组填写《工程定位测量记录表》，经相关人员签字后，报请监理验线。

（6）公司测量室、项目部技术负责人、项目部测量班组、质检员等会同监理部门现场验线，合格认可后监理签字，《工程定位测量记录表》归档。

8.4.2　基槽验线记录

8-7

曲线测设

工程定位测量记录包括轴线、四廓线、断面尺寸、高程、坡度等。基槽验线应填写《基槽验线记录表》（表 8.5）。基槽放线、验线工作流程如下：

（1）项目部测量员根据工程技术人员的书面技术交底，由工程测量定位桩测放出基槽上口开挖线或护坡桩位置线。

（2）开挖过程中，测量员根据书面技术交底必须对轴线、断面尺寸、高程、坡度、基槽下口线、人工清底厚度、槽底工作面宽度等进行实时监控。

（3）基槽擦底后，测量员根据定位桩向基底投测轴线控制桩，即将建筑物平面位置测放至基槽；同时，采用附和水准路线，将地面水准高程引测至基槽内。

（4）经项目部技术、质量、测量三方自检合格，填写"施工测量放线报验单"同时附《基槽验线记录表》，经相关人员签字后，报请监理验线。

表 8.4   **工程定位测量记录表**

工程定位测量记录		编号	T□
工程名称	□□□□工程	测量单位	□□□□工程项目经理部
图纸编号	建施-04	施测日期	20□□年□□月□□日
坐标依据	1.2.6.F₁.F₃（测绘院提供）	复测日期	20□□年□□月□□日
高程依据	BM₁.BM₂（测绘院提供）	使用仪器	□□□□
闭合差	测角中误差±12″；边长相对中误差 1/15000	仪器校验日期	20□□年□□月□□日

定位抄测示意图：
1 点坐标（498406.547，307822.721）；2 点坐标（498617.293，307834.925）
6 点坐标（498411.431，307738.380）

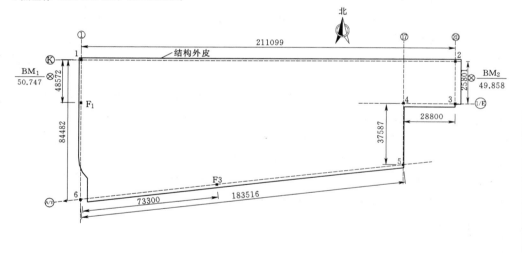

抄测结果：
3 点坐标：（498618.785，307809.167）　　5 点坐标：（498592.206，307769.978）
4 点坐标：（498590.033，307807.502）

参加人员签字	建设（监理）单位	施工单位	□□□□工程项目经理部		
		技术负责人	测量负责人	复测人	施测人
	（手签）	（手签）	（手签）	（手签）	（手签）

本表由测量单位提供，城建档案馆、建设单位、监理单位、施工单位各保存一份。

表 8.5　　　　　　　　　　　　　　基 槽 验 线 记 录 表

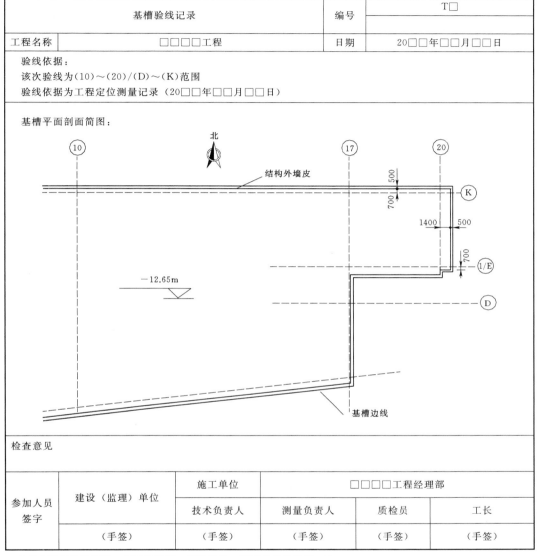

基槽验线记录		编号	T□	
工程名称	□□□□工程	日期	20□□年□□月□□日	

验线依据：
该次验线为(10)～(20)/(D)～(K)范围
验线依据为工程定位测量记录（20□□年□□月□□日）

基槽平面剖面简图：

北

结构外墙皮

-12.65m

基槽边线

检查意见

参加人员签字	建设（监理）单位	施工单位	□□□□工程经理部		
		技术负责人	测量负责人	质检员	工长
	（手签）	（手签）	（手签）	（手签）	（手签）

本表由测量单位提供，城建档案馆、建设单位、施工单位各保存一份。

（5）基槽验线的主要内容：基槽内建筑物位置桩与建筑物平面控制网的相对关系，基槽内建筑物位置桩本身的几何尺寸，工作面预留宽度尺寸，基槽边坡坡度或护坡桩垂直度，集水坑、电梯井坑等几何尺寸、相对位置，基槽内各部位平面高程。

8.4.3　楼层放线记录

楼层放线记录包括各层墙柱轴线、边线、门窗洞口位置线、皮数杆和楼层0.5m（或1m）水平控制线、轴线竖向投测控制线等。楼层放线应填写《楼层放线记录表》（表8.6）。楼层放线、验线工作流程如下：

8-8 ▶
经纬仪投测各层轴线

（1）基础放线与验线。

1）校核轴线控制桩位置是否正确，有无碰动。

2）在控制桩上用经纬仪投点法向垫层上投测建筑物主轴线或主轴控制线。

3）落在垫层上的主轴线或主轴控制线经闭合校测合格后，测设细部轴线。

4）根据基础施工图以各轴线为准，测设出施工用各种位置线（梁、柱、门窗洞口、电梯井、集水坑、设备基础等）。

5）经自检、互检合格后，填写《施工测量放线报验单》（表 8.7）同时附《楼层放线记录表》等记录表，经相关人员签字后，提请监理部门验线。

表 8.6　　　　　　　　　　　楼 层 放 线 记 录 表

楼层放线记录		编号	T□
工程名称	□□□□工程	日期	20□□年□□月□日
放线部位	Ⅰ 段（图中阴影部分）		
放线依据：根据首层内控点（经建设单位监理公司检验合格的点位）采用激光铅直仪向上投测出该层、该段的各大控制线，根据该控制线放出该层、该段的墙体边线和控制线以及门窗洞口线			
放线简图：			

B座平面图

检查结论：□同意　　□重新放样			
具体意见：			
参加人员签字	建设（监理）单位	施工单位	□□□□工程经理部
		技术负责人	质检员	工长
	（手签）	（手签）	（手签）	（手签）

本表由测量单位提供，施工单位保存。

表 8.7　　　　　　　　　　　　　**施工测量放线报验单**

编号：

施工测量放线报验单

工程名称	□□□□工程

致＿＿＿＿＿＿＿监理单位

　　根据合同约定我方已完成（部位）＿＿＿＿＿＿＿＿＿＿＿＿＿＿＿＿＿＿＿＿＿＿＿＿

＿＿

的测量放线，经自检合格，请予查验。

　　附件：□放线的依据材料　　　＿＿＿＿页

　　　　　□放线成果表　　　　　＿＿＿＿页

测量员（签字）：　　岗位证书号：　　　承包单位：

验线人（签字）　　　岗位证书号：　　　日期：20　年　月　日

查验结果：

查验结论：　□合格　　□纠错后重报

监理工程师（签字）：　　　　　监理单位：　　　　　日期：

本表由承包单位填报，一式二份，经监理单位审批后，监理单位、承包单位各存一份。

　　（2）±0.000 以下放线与验线。

　　原则同上。每层或每一个流水段放线完毕后填写《楼层放线记录表》提请有关部门验线。

　　（3）±0.000 以上放线与验线。

　　1）原则同上。每层或每一个流水段放线完毕后填写《楼层放线记录表》提请有关部门验线。

　　2）当施工至首层后，应及时在外墙上弹出竖向轴线控制线，作为竖向投测和外装修的控制依据；并应沿外墙弹出闭合的建筑＋50 线，作为竖向高程传递的起始依据，防止因建筑物沉降造成的误差积累。

8.4.4　沉降观测记录

沉降观测记录按规范和设计要求设置沉降观测点，定期进行观测并做好记录、绘制沉降观测点布置图，沉降观测应填写《沉降观测记录表》（表 8.8）。

表 8.8　　　　　　　　　　　　沉 降 观 测 记 录 表

沉降观测记录			编号	□□□□			
工程名称	□□□□		水准点编号	□□	测量仪器	□□□□	
水准点所在位置	□□□□		水准点高程	□□	仪器校验时间	□□□□	
观测日期：　自　　　　年　　月　　日至　　　年　　月　　日							
观测点布置简图							

观测点编号	观测日期	荷载累加情况描述	实测标高/cm	本期沉降量/cm	总沉降量/cm	仪器型号	仪器校验日期

观测单位名称			
技术负责人	复测人	施测人	观测单位印章
（手签）	（手签）	（手签）	

本表由测量单位提供，城建档案馆、建设单位、监理单位、施工单位各保存一份。

沉降观测工作要点如下：

（1）由建设单位委托有资质的测量单位进行。

（2）按国家一级水准规范要求布设水准点位，点位必须造标埋石、牢固可靠。

（3）建筑结构上的观测点由设计单位或测量单位选址、施工单位配合埋制。

（4）观测周期根据建筑物荷载增加情况和有关规范确定。

（5）观测资料成果由被委托的测量单位向建设单位提供。

（6）如建设单位委托施工单位进行沉降观测，其所做资料不具法律效力。

第9章 质量员顶岗实习指导

建设工程项目质量控制贯穿于项目实施的全过程，主要是监督项目的实施结果，将项目实施的结果与事先制定的质量标准进行比较，找出其存在的差距，并分析形成这一差距的原因。质量员负责工程的现场质量控制工作，负责指导和保证质量控制制度的实施，保证工程建设满足图纸、技术规范和合同规定的质量要求。参加质量员顶岗实习，首先要明确岗位职责，熟读施工技术方案、质量验收标准，然后结合现场的查验，进行质量对比，找出偏差，再实施纠偏控制，并在实习总结材料进行记录反思，就能较快地适应岗位。

第1节 质量员顶岗实习的目的与任务

9.1.1 质量员顶岗实习目的

（1）通过顶岗实习，把学校所学的理论知识与现场的施工实践进行对照，理论联系实际，验证自己掌握的技术技能，查漏补缺，积累工作经验，为走向正式工作岗位积累经验。

（2）了解建筑企业的组织结构和企业经营管理方式，以及项目合同对质量的要求，并在实现项目质量目标的过程中发挥作用。

（3）通过顶岗实习，了解建筑工程施工技术，熟悉施工组织与管理过程，以及这些过程中所涉及的建筑材料、构配件等物资管理，理解建筑工程质量的内涵，及其形成过程。

（4）熟悉项目经理部的组成和项目部主要岗位的工作内容与职责分工，熟悉单位工程的工艺流程，建筑各部位涉及的建筑材料，及对材料的质量要求。通过现场资料收集，加深对各分部分项工程质量现状及检验方法的了解。

（5）通过企业实践，培养分析问题和解决问题的能力，能根据现场发现的质量问题，向项目部提出解决措施，并协助实施纠偏，为将来独立开展工作打下良好的基础。

（6）通过伴随项目质量员的日常工作，学习正式工作人员的职业行为习惯，积极向现场相关岗位的人员学习，通过多听、多问，掌握更多的专业技能。

9.1.2 质量员顶岗实习任务

（1）协助项目质量员开展日常工作，认真观察和记录日常工作情况，总结实习心得体会。

（2）熟悉建筑工程项目质量计划制度，参与质量计划的编制，熟悉计划内容。

（3）熟悉常用建筑材料、半成品的质量检验标准。

（4）熟悉工程备案、质量责任制度。

（5）熟悉建筑工程质量检查制度，参与日常质量巡视与检查。

（6）结合现场工作撰写实习日常汇报材料、阶段实习小结和实习总结报告。

第 2 节　质量员岗位职责及任职资格

质量员的工作具有很强的专业性和技术性，必须由专业技术人员来承担，要求对设计、施工、材料、机械、测量、计量、检测、评定等各方面专业知识都应了解。质量员要有很强的工作责任心，对工作认真负责，层层把关，及时发现问题，解决问题，确保工程质量。要求有一定的组织协调能力和管理经验，确保质量控制工作和质量验收工作有条不紊，井然有序工作。

9.2.1　质量员的岗位职责

质量员的岗位职责是在工程施工现场从事施工质量策划、过程控制、检查、监督、验收等工作。

（1）认真执行各类技术规程、规范、工艺标准、质量验评标准和质量管理制度，参与施工项目质量策划及制定质量管理制度。

（2）参与施工组织设计、施工方案会审、施工图会审、设计交底和日常技术交底。

（3）对进场的原材料、半成品进行检查，杜绝不合格原材料、半成品的使用。

（4）加强工程质量业务管理，建立分项、分部、单位工程质量台账。负责实施施工试验，及计量器具符合性审查。

（5）参与施工图会审和施工方案审查，参与制定工序质量控制措施制定。

（6）负责工序质量检查和关键工序、特殊工序旁站检查，参与交接检验、隐蔽验收、技术复核。

（7）负责检验批和分项工程质量验收、评定，参与分部工程和单位工程质量验收、评定。

（8）做好质量预测预检，负责工序过程控制。对现场违反规范和忽视工程质量的有关单位和个人提出批评和处理意见。对施工质量负有监督、检查、把关的职责。参与质量事故调查、分析和处理。

（9）负责质量检查记录编制，负责汇总、整理、移交质量资料。及时上报月、季、年度工程质量统计报表和工程质量小结。

（10）参加上级质量部门对本项目的质量检查和现场会，并负责介绍情况和提供所需的各项质量资料。

9.2.2　质量员岗位的任职资格

（1）中专及以上学历，受过相关专业培训，并取得质量员岗位合格证书。

（2）两年以上相关工作经验，熟悉本专业的工作流程。

（3）爱岗敬业，认真负责，具有全局观念，积极思考，勇于开拓创新，有较强的文字组织能力和沟通协调能力。

（4）掌握质量规范、验评标准、管理体系文件及相关的法律法规。熟悉施工方法、工艺流程及新工艺、新材料的特殊质量要求。

第 3 节 质量员顶岗实习工作指导

顶岗实习主要是配合项目部做一些工作，很多事情不是一个实习生能解决的，但需要我们站在质量员的立场去思考，去做，配合项目经理、施工员等其他岗位人员解决问题，实习一定要主动、勤快，养成良好的工作习惯。

在工程的前期策划中，质量员要认真负责编制《施工组织设计》中的质量控制措施。在"关键工序"的界定时，及时与施工员进行沟通，进行了解，最好是列出清单。在项目实施阶段，对照着清单及时去跟踪、检查、发现问题，并及时记录和反馈给施工员进行解决。

依据施工内容配齐项目适用的国家、行业、地方的法规、标准、规范，特别是地方标准，一定要多了解，并在实践中去落实。要熟悉公司发布的管理文件，如项目招标文件、投标文件、合同和工程所需的全部图纸。质量员需要认真研究合同，理解合同对质量的要求，以便日后施工过程中能够及时掌控，省去一些不必要的麻烦。

在施工过程控制中，质量员要做好对进场材料、半成品的验收，对需要复检的材料进行见证取样并送检，并及时与监理做好工作协调，取得认可。同时要监督施工规范的执行情况，跟踪"关键工序"的工艺控制和产品质量缺陷整改情况。做好班组自检、前后工序交接检。一项工作完成后，要及时向监理、业主申报验收并签署验收结论。在这个过程中要做好过程检验单、合格单以及跟踪单的记录，做到及时发现问题并及时解决。在施工过程中，要做好现场的隐蔽记录、签证资料，确保准确和完整，并及时报送监理核定。要协助做好涉及质量的资料收集、整理工作，及时向项目经理上报现场质量信息，让项目经理全面了解现场质量状况。

在竣工交付阶段，质量员要协助项目部其他岗位人员，及时向业主、监理提交"竣工报告"，做好保留签收证据，以便及时获取"竣工验收记录"。在竣工图绘制过程中，质量员也要参与竣工图的绘制和核对；整理、汇总隐蔽记录、签证等决算需要的记录，及时移交给预算员。要协助项目经理，编写项目总结中有关"质量控制"的经验和教训。

第 4 节 建筑工程项目质量验收

建筑工程按照"检验批→分项工程→分部工程→单位工程"的方式实施逐步验收。建筑工程质量在施工单位自行检查合格的基础上，由工程质量验收责任方组织，工程建设相关单位参加，对检验批、分项、分部、单位工程及其隐蔽工程的质量进行抽样检验，对技术文件进行审核，并根据设计文件和相关标准以书面形式对工程质量是否达到合格做出确认。实习期间我们有可能参与全过程的质量控制工作，所以熟悉建筑工程质量验收的相关知识是非常重要的，需要了解每一阶段的工作要点。

9.4.1　检验批

检验批是工程验收的最小单位，是分项工程、分部工程、单位工程质量验收的基础。检验批可根据施工组织、质量控制和专业验收的需要，按工程量、楼层、施工段、变形缝进行划分。

（1）验收组织。验收前，施工单位应完成自检，对存在的问题自行整改处理，然后申请专业监理工程师组织验收。专业监理工程师组织施工单位项目专业质量检查员、专业工长等进行验收。

（2）验收内容。检验批质量验收合格应符合下列规定：

1）主控项目的质量经抽样检验均应合格。

2）一般项目的质量经抽样检验合格。当采用计数抽样时，合格点率应符合有关专业验收规范的规定，且不得存在严重缺陷。对于计数抽样的一般项目，正常检验一次、二次抽样可按《建筑工程施工质量验收统一标准》判定。

3）具有完整的施工操作依据、质量验收记录。

（3）验收记录。检验批质量验收记录可参考表 9.1（《建筑工程施工质量验收统一标准》附表 E）填写，填写时应具有现场验收检查原始记录。

9.4.2　分项工程

分项工程的验收是以检验批为基础进行的。分项工程可按主要工种、材料、施工工艺、设备类别进行划分。

（1）验收组织。验收时在专业监理工程师的组织下，可由施工单位项目技术负责人对所有检验批验收记录进行汇总，核查无误后报专业监理工程师审查，确认符合要求后，由施工单位项目专业技术负责人在分项工程质量验收记录中签字，然后由专业监理工程师签字通过验收。在分项工程验收中，如果对检验批验收结论有怀疑或异议时，应进行相应的现场检查核实。

（2）验收内容。分项工程质量验收合格应符合下列规定：

1）所含检验批的质量均应验收合格。

2）所含检验批的质量验收记录应完整。

（3）验收记录。分项工程质量验收记录可参考表 9.2（《建筑工程施工质量验收统一标准》附表 F）填写。

9.4.3　分部工程

分部工程的验收是以所含各分项工程验收为基础进行的。分部工程应按下列原则划分：可按专业性质、工程部位确定；当分部工程较大或较复杂时，可按材料种类、施工特点、施工程序、专业系统及类别将分部工程划分为若干子分部工程。

表 9.1 **检验批质量验收记录** 编号：_____

单位（子单位）工程名称		分部（子分部）工程名称		分项工程名称	
施工单位		项目负责人		检验批容量	
分包单位		分包单位项目负责人		检验批部位	
施工依据			验收依据		

		验收项目	设计要求及规范规定	最小/实际抽样数量	检 查 记 录	检查结果
主控项目	1					
	2					
	3					
	4					
	5					
	6					
	7					
	8					
	9					
	10					
一般项目	1					
	2					
	3					
	4					
	5					

施工单位检查结果	专业工长： 项目专业质量检查员： 年　月　日
监理单位验收结论	专业监理工程师： 年　月　日

表 9.2　　　　　　　　　　**分项工程质量验收记录**　　　　　　编号：＿＿＿＿＿＿

单位（子单位）工程名称						
分项工程数量			检验批数量			
施工单位			项目负责人		项目技术负责人	
分包单位			分包单位项目负责人		分包内容	
序号	检验批名称	检验批容量	部位/区段	施工单位检查结果		监理单位验收结论
1						
2						
3						
4						
5						
6						
7						
8						
9						
10						
11						
12						
13						
14						
15						

说明：

施工单位检查结果	项目专业技术负责人： 　　　　　　年　　月　　日
监理单位验收结论	专业监理工程师： 　　　　　　年　　月　　日

（1）验收组织。分部工程应由总监理工程师组织施工单位项目负责人和项目技术负责人等进行验收。在建筑工程所包含的十个分部工程中，参加验收的人员可有以下三种情况：

1）除地基基础、主体结构和建筑节能三个分部工程外，其他七个分部工程的验收组织相同，即由总监理工程师组织，施工单位项目负责人和项目技术负责人等参加。

2）由于地基与基础分部工程情况复杂，专业性强，且关系到整个工程的安全，为保证质量，严格把关，规定勘察、设计单位项目负责人应参加验收，并要求施工单位技术、质量部门负责人也应参加验收。

3）由于主体结构直接影响使用安全，建筑节能是基本国策，直接关系到国家资源战略、可持续发展等，故这两个分部工程，规定设计单位项目负责人应参加验收，并要求施工单位技术、质量部门负责人也应参加验收。

（2）验收内容。分部工程质量验收合格应符合下列规定：

1）所含分项工程的质量均应验收合格。

2）质量控制资料应完整。

3）有关安全、节能、环境保护和主要使用功能的抽样检验结果应符合相应规定。

4）观感质量应符合要求。

（3）验收记录。分部工程质量验收记录可参考表9.3（《建筑工程施工质量验收统一标准》附表G）填写。

9.4.4 单位工程

单位工程质量验收也称质量竣工验收，是建筑工程投入使用前的最后一次验收，也是最重要的一次验收。单位工程应按下列原则划分：具备独立施工条件并能形成独立使用功能的建筑物或构筑物为一个单位工程；对于规模较大的单位工程，可将其能形成独立使用功能的部分划分为一个子单位工程。

（1）验收组织。单位工程中的分包工程完工后，分包单位应对所承包的工程项目进行自检，并应按本标准规定的程序进行验收。验收时，总包单位应派人参加。分包单位应将所分包工程的质量控制资料整理完整，并移交给总包单位。

单位工程完工后，施工单位应组织有关人员进行自检。总监理工程师应组织各专业监理工程师对工程质量进行竣工预验收。存在施工质量问题时，应由施工单位整改。整改完毕后，由施工单位向建设单位提交工程竣工报告，申请工程竣工验收。

建设单位收到工程竣工报告后，应由建设单位项目负责人组织监理、施工、设计、勘察等单位项目负责人进行单位工程验收。

（2）验收内容。单位工程质量验收合格应符合下列规定：

1）所含分部工程的质量均应验收合格。

2）质量控制资料应完整。

3）所含分部工程中有关安全、节能、环境保护和主要使用功能的检验资料应完整。

4）主要使用功能的抽查结果应符合相关专业验收规范的规定。

表 9.3 分部工程质量验收记录 编号：_____

单位（子单位）工程名称			子分部工程数量			分项工程数量	
施工单位			项目负责人			技术（质量）负责人	
分包单位			分包单位负责人			分包内容	
序号	子分部工程名称	分项工程名称	检验批数量	施工单位检查结果		监理单位验收结论	
1							
2							
3							
4							
5							
6							
质量控制资料							
安全和功能检验结果							
观感质量检验结果							
综合验收结论							
施工单位 项目负责人： 年 月 日		勘察单位 项目负责人： 年 月 日		设计单位 项目负责人： 年 月 日		监理单位 总监理工程师： 年 月 日	

注 1. 地基与基础分部工程的验收应由施工、勘察、设计单位项目负责人和总监理工程师参加并签字。

　　2. 主体结构和节能分部工程的验收应由施工、设计单位项目负责人和总监理工程师参加并签字。

　　5）观感质量应符合要求。

　　（3）验收记录。单位工程质量竣工验收记录、质量控制资料核查记录、安全和功能检验资料核查及主要功能抽查记录、观感质量检查记录可参考表 9.4～表 9.7（《建筑工程施工质量验收统一标准》附表 H）填写。

表 9.4　　　　　　　　　　　　　　单位工程质量竣工验收记录

工程名称		结构类型		层数/ 建筑面积	
施工单位		技术负责人		开工日期	
项目负责人		项目技术 负责人		完工日期	

序号	项　目	验 收 记 录	验 收 结 论
1	分部工程验收	共　　分部，经查符合设计及标准规定　　分部	
2	质量控制资料核查	共　　项，经核查符合规定　　项	
3	安全和使用功能核查及抽查结果	共核查　　项，符合规定　　项，共抽查　　项，符合规定　　项，经返工处理符合规定　　项	
4	观感质量验收	共抽查　　项，达到"好"和"一般"的　　项，经返修处理符合要求的　　项	
	综合验收结论		

参加验收单位	建设单位	监理单位	施工单位	设计单位	勘察单位
	（公章） 项目负责人： 年　月　日	（公章） 总监理工程师： 年　月　日	（公章） 项目负责人： 年　月　日	（公章） 项目负责人： 年　月　日	（公章） 项目负责人： 年　月　日

注　单位工程验收时，验收签字人员应由相应单位的法人代表书面授权。

表 9.5　　　　　　　　　　　　　　单位工程质量控制资料核查记录

序号	项目	资 料 名 称	份数	施工单位		监理单位	
				核查意见	核查人	核查意见	核查人
1	建筑与结构	图纸会审记录、设计变更通知单、工程洽商记录					
2		工程定位测量、放线记录					
3		原材料出厂合格证书及进场检验、试验报告					
4		施工试验报告及见证检测报告					
5		隐蔽工程验收记录					
6		施工记录					
7		地基、基础、主体结构检验及抽样检测资料					
8		分项、分部工程质量验收记录					
9		工程质量事故调查处理资料					
10		新技术论证、备案及施工记录					
11							

工程名称　　　　　　　　　　施工单位

续表

工程名称				施工单位				
序号	项目	资料名称	份数	施工单位		监理单位		
				核查意见	核查人	核查意见	核查人	
1	给水排水与供暖	图纸会审记录、设计变更通知单、工程洽商记录						
2		原材料出厂合格证书及进场检验、试验报告						
3		管道、设备强度试验、严密性试验记录						
4		隐蔽工程验收记录						
5		系统清洗、灌水、通水、通球试验记录						
6		施工记录						
7		分项、分部工程质量验收记录						
8		新技术论证、备案及施工记录						
9								
1	通风与空调	图纸会审记录、设计变更通知单、工程洽商记录						
2		原材料出厂合格证书及进场检验、试验报告						
3		制冷、空调、水管道强度试验、严密性试验记录						
4		隐蔽工程验收记录						
5		制冷设备运行调试记录						
6		通风、空调系统调试记录						
7		施工记录						
8		分项、分部工程质量验收记录						
9		新技术论证、备案及施工记录						
10								
1	建筑电气	图纸会审记录、设计变更通知单、工程洽商记录						
2		原材料出厂合格证书及进场检验、试验报告						
3		设备调试记录						
4		接地、绝缘电阻测试记录						
5		隐蔽工程验收记录						
6		施工记录						
7		分项、分部工程质量验收记录						
8		新技术论证、备案及施工记录						
9								

续表

序号	项目	资 料 名 称	份数	施工单位		监理单位	
				核查意见	核查人	核查意见	核查人
1	建筑智能化	图纸会审记录、设计变更通知单、工程洽商记录					
2		原材料出厂合格证书及进场检验、试验报告					
3		隐蔽工程验收记录					
4		施工记录					
5		系统功能测定及设备调试记录					
6		系统技术、操作和维护手册					
7		系统管理、操作人员培训记录					
8		系统检测报告					
9		分项、分部工程质量验收记录					
10		新技术论证、备案及施工记录					
11							
1	建筑节能	图纸会审记录、设计变更通知单、工程洽商记录					
2		原材料出厂合格证书及进场检验、试验报告					
3		隐蔽工程验收记录					
4		施工记录					
5		外墙、外窗节能检验报告					
6		设备系统节能检测报告					
7		分项、分部工程质量验收记录					
8		新技术论证、备案及施工记录					
9							
1	电梯	图纸会审记录、设计变更通知单、工程洽商记录					
2		设备出厂合格证书及开箱检验记录					
3		隐蔽工程验收记录					
4		施工记录					
5		接地、绝缘电阻试验记录					
6		负荷试验、安全装置检查记录					
7		分项、分部工程质量验收记录					
8		新技术论证、备案及施工记录					
9							

结论：

施工单位项目负责人：   总监理工程师：

　　　　　　　　年　月　日　　　　　　　　　　　　　　　　　　年　月　日

（工程名称 / 施工单位 表头）

表 9.6　　　　　单位工程安全和功能检验资料核查及主要功能抽查记录

工程名称				施工单位			
序号	项目	安全和功能检查项目	份数	核查意见	抽查结果	核查（抽查）人	
1	建筑与结构	地基承载力检验报告					
2		桩基承载力检验报告					
3		混凝土强度试验报告					
4		砂浆强度试验报告					
5		主体结构尺寸、位置抽查记录					
6		建筑物垂直度、标高、全高测量记录					
7		屋面淋水或蓄水试验记录					
8		地下室渗漏水检测记录					
9		有防水要求的地面蓄水试验记录					
10		抽气（风）道检查记录					
11		外窗气密性、水密性、耐风压检测报告					
12		幕墙气密性、水密性、耐风压检测报告					
13		建筑物沉降观测测量记录					
14		节能、保温测试记录					
15		室内环境检测报告					
16		土壤氡气浓度检测报告					
17							
1	给排水与供暖	给水管道通水试验记录					
2		暖气管道、散热器压力试验记录					
3		卫生器具满水试验记录					
4		消防管道、燃气管道压力试验记录					
5		排水干管通球试验记录					
6							
1	通风与空调	通风、空调系统试运行记录					
2		风量、温度测试记录					
3		空气能量回收装置测试记录					
4		洁净室洁净度测试记录					
5		制冷机组试运行调试记录					
6							
1	电气	照明全负荷试验记录					
2		大型灯具牢固性试验记录					
3		避雷接地电阻测试记录					
4		线路、插座、开关接地检验记录					
5							

续表

工程名称				施工单位			
序号	项目	安全和功能检查项目		份数	核查意见	抽查结果	核查（抽查）人
1	智能建筑	系统试运行记录					
2		系统电源及接地检测报告					
3							
1	建筑节能	外墙节能构造检查记录或热工性能检验报告					
2		设备系统节能性能检查记录					
3							
1	电梯	运行记录					
2		安全装置检测报告					
3							

结论：

施工单位项目负责人：   总监理工程师：
　　　　　　　　　年　月　日   　　　　　　　年　月　日

注 抽查项目由验收组协商确定。

表 9.7   单位工程观感质量检查记录

工程名称			施工单位	
序号		项　　目	抽查质量状况	质量评价
1	建筑与结构	主体结构外观	共检查　点，好　点，一般　点，差　点	
2		室外墙面	共检查　点，好　点，一般　点，差　点	
3		变形缝、雨水管	共检查　点，好　点，一般　点，差　点	
4		屋面	共检查　点，好　点，一般　点，差　点	
5		室内墙面	共检查　点，好　点，一般　点，差　点	
6		室内顶棚	共检查　点，好　点，一般　点，差　点	
7		室内地面	共检查　点，好　点，一般　点，差　点	
8		楼梯、踏步、护栏	共检查　点，好　点，一般　点，差　点	
9		门窗	共检查　点，好　点，一般　点，差　点	
10		雨罩、台阶、坡道、散水	共检查　点，好　点，一般　点，差　点	

续表

工程名称			施工单位		
序号		项　目	抽　查　质　量　状　况		质量评价
1	给排水与供暖	管道接口、坡度、支架	共检查　点，好　点，一般　点，差　点		
2		卫生器具、支架、阀门	共检查　点，好　点，一般　点，差　点		
3		检查口、扫除口、地漏	共检查　点，好　点，一般　点，差　点		
4		散热器、支架	共检查　点，好　点，一般　点，差　点		
1	通风与空调	风管、支架	共检查　点，好　点，一般　点，差　点		
2		风口、风阀	共检查　点，好　点，一般　点，差　点		
3		风机、空调设备	共检查　点，好　点，一般　点，差　点		
4		阀门、支架	共检查　点，好　点，一般　点，差　点		
5		水泵、冷却塔	共检查　点，好　点，一般　点，差　点		
6		绝热	共检查　点，好　点，一般　点，差　点		
1	建筑电气	配电箱、盘、板、接线盒	共检查　点，好　点，一般　点，差　点		
2		设备器具、开关、插座	共检查　点，好　点，一般　点，差　点		
3		防雷、接地、防火	共检查　点，好　点，一般　点，差　点		
1	智能建筑	机房设备安装及布局	共检查　点，好　点，一般　点，差　点		
2		现场设备安装	共检查　点，好　点，一般　点，差　点		
1	电梯	运行、平层、开关门	共检查　点，好　点，一般　点，差　点		
2		层门、信号系统	共检查　点，好　点，一般　点，差　点		
3		机房	共检查　点，好　点，一般　点，差　点		
		观感质量综合评价			
结论：					
施工单位项目负责人：　　　　　年　月　日			总监理工程师：　　　　　年　月　日		

注　1. 对质量评价为差的项目应进行返修；
　　2. 观感质量现场检查原始记录应作为本表附件。

第 5 节　工程施工质量策划书编制

　　工程施工质量策划书编制的目的是为了保证工程的施工质量。按照合同及招标文件的要求，项目施工之前需要制定符合工程切实可行的质量目标，以及创文明工地、创优质工程目标。运用的新技术、新工艺、新材料、新产品方面都要进行详细的阐述，并编制相应的专项施工方案，严格按照规范、规程操作施工，严格按照质量检验标准检查验收。同时要针对质量通病，施工中的薄弱环节、关键工序，如何开展 QC 小组活动等制定措施。

9.5.1　工程施工质量策划书包含的主要内容

（1）工程概况。
（2）工程特点和难点。
（3）编制依据。
（4）质量目标和可行性分析。
（5）质量管理体系和各项基本制度。
（6）主要分部分项工程控制要点和措施。
（7）专项施工方案清单。
（8）试验和检测计划、检验批划分及验收计划。
（9）计量器具配置计划。
（10）样板引路和实测实量工作开展。
（11）质量通病防治措施。
（12）质量奖罚规定。
（13）质量成本投入计划。
（14）亮点打造措施。
（15）工程资料收集与整理。

9.5.2　编制施工质量策划书应注意的几个问题

（1）策划书不等同于施组、方案、规范和质量管理体系，应针对工程的特点、难点，根据规范和标准要求，结合经验做法，描述质量管理方法、手段和措施，如针对模板工程，可作为一项技术难点进行策划。
（2）策划书需与施组、方案、规范和标准相互协调，施工具体做法按后者进行，策划书强调的是如何对施工进行管理。
（3）策划书应涵盖土建、钢构、安装和装饰装修等所有专业。
（4）策划书不是越厚越好，不能泛泛而谈，关键是要突出重点，针对性强、操作性强。

9.5.3　施工质量策划书主要内容编制要点

（1）工程概况。分结构、建筑和安装，按 10 个分部工程逐个简要介绍，不需太详细，但不能漏项。
（2）工程特点和难点。
1）设计方面：理念、特点和难点（如环保节能、绿色建筑）。
2）施工方面：针对复杂地质条件、大体积混凝土、转换层、特殊结构、复杂造型、大面积或超高支模、大面积和异形钢结构、大面积地坪、管道综合布线等进行描述。
3）管理方面：如实行总包管理，分包单位多，交叉作业多。
（3）编制依据。

1）合同、设计图纸。

2）国家施工及验收规范标准、地方标准、企业标准。

3）创优评选办法和相关要求（如无，则省略）。

4）企业质量管理手册和程序文件、项目管理手册、企业相关规定等。

（4）质量目标和可行性分析。

1）按合同质量目标，需对目标进行分解，落实时间和责任人。

2）创优工程，对基础和主体结构报优、设计报优，申报科技奖项等应落实时间和责任人。

3）创优工程，应对影响目标实现的有利和不利条件进行分析，制定针对性的对策。

（5）质量管理体系和各项基本制度。

1）建立质量管理体系，成立组织机构，创优工程的组织机构应涵盖公司和分公司、业主和监理。

2）建立质量管理的各项基本制度，如质量责任制、质量技术交底、检查、验收、教育、培训、样板引路、实测实量、奖罚等。

（6）主要分部分项工程控制要点和措施。

1）按分部工程逐个介绍，突出重点，不在于介绍各分部分项工程具体施工方法，在于介绍质量控制要点和措施。

2）基础方面：桩的完整性和强度检测，一类桩的数量；土方回填的密实度试验。

3）主体方面：混凝土结构强度和外观，异形构件的尺寸和观感；超高层建筑的垂直度；钢结构安装精度、焊缝质量；沉降观测的时间、次数、结论及点位布置。

4）安装方面：设备机房、楼层管井的设备管线布局；设备减震减噪；防雷接地；车库和楼层走道、房间内管线综合布置；支吊架安装；电箱内接线、分色；管道桥架穿墙穿板和穿变形缝处理、标识；末端设备与装饰面层的协调性。

5）创优工程应制定检验批的内控指标和合格率。

（7）专项施工方案清单。

1）拟定专项施工方案清单，制定完成时间，落实责任人，方案要涵盖到现场所有的做法。

2）方案对于图纸和规范提及的内容都要找到相应的施工方法。

（8）试验和检测计划、检验批划分及验收计划。

1）制订检测和试验、检验计划，做到质量预控。

2）检测和试验计划要根据施工部位、工程量，确定具体的取样数量。

3）检验批验收计划要根据施工流水，如后浇带、变形缝、施工缝、各栋塔楼划分，与施工安排一致。

4）要求质监、工长、试验和资料员等联合把关。

（9）计量器具配置计划。

1）计量器具是保证工程质量的重要工具，对工程要用到的计量器具制定配置计划，计划可随进度补充。

2）配置计划涵盖测量、试验、质检、材料、水电（如压力表）等专业所使用的工具设备，包含各专业分包配备的部分。

3）计量器具应实行统一管理，确保有效可靠。

（10）样板引路和实测实量工作开展。

1）制定样板引路和实测实量方案，明确工程要做的样板（纸质和实物），系统复杂工程必要时选用整层做样板层。

2）对样板进行检查验收，对做法和验收标准实行挂牌。

3）对实测实量数据应进行汇总统计分析，找出存在的问题，制定对策加以改进。

（11）质量通病防治措施。针对工程情况，对可能出现的质量通病进行列项，制定有针对性的防治措施。

（12）质量奖罚措施。为实现创优目标，激发相关人员的创优积极性，制定创优奖罚措施，通过运用经济杠杆促进管理。

（13）质量成本投入计划。

1）创优质量成本投入计划是在常规施工、管理之外，为达到创优目标在材料、设备、人力、新工艺、措施等方面的额外投入。

2）质量成本投入计划分类应科学，不能笼统分为直接费、间接费和公关费等。

（14）亮点打造。

1）创优工程应根据工程实际情况，分基础、主体、装饰和安装进行亮点设计。

2）亮点打造要附照片，以显示要达到的效果。

（15）工程资料收集与整理。

1）按照当地档案馆要求，根据工程进度及时对工程资料进行收集与整理。

2）创优工程应编制工程资料（包括工程照片如桩和桩检测、基础、钢构件安装、防水等，视频资料）清单和收集整理计划，落实责任人与完成时间。

9-1
框架安装
工艺要点

9-2
钢筋安装质量现场分析

9-3
承插式支模架及其安装

第 10 章 ▶ 安全员顶岗实习指导

专职安全员是指经建设主管部门或者其他有关部门安全生产考核合格，并取得安全生产考核合格证书，在企业从事安全生产管理工作的专职人员，包括企业安全生产管理机构的负责人及其工作人员和施工现场专职安全生产管理人员。施工现场是危险源较多的场所，安全员肩负现场安全管理的重要职责。顶岗实习如果选择安全员岗位，主要协助项目安全员的工作，通过实践锻炼，提升自己的建筑工程施工生产安全技术与管理能力。

第 1 节　安全员顶岗实习的目的与任务

1. **实习目的**

通过实习，从安全生产责任制、安全技术交底、安全检查、安全教育、分包管理、文明施工等方面全面了解现场管理过程中需要注意的问题，遇到不懂的地方可以查阅相关规范及标准，弄清楚隐患的本质及整改方式方法，举一反三，在资料整理中积累安全管理知识和经验，并在后期安全检查中比较对照，不断学习，总结经验，充实和扩大自己的知识面，培养安全生产管理方面的技术技能，为以后走上工作岗位打下基础。

10 - 1　①

建筑施工
安全一百问

2. **实习任务**

顶岗实习期间要遵守项目的劳动纪律，保证按时上班，在注意自身安全的前提下，协助项目部专职安全员开展日常工作，包括到现场进行巡视、检查、记录、整改等。安全员除了在日常的现场管理工作外接触最多的就是内业资料整理，这也是我们要学习和掌握的安全知识的重要来源。安全资料整理得如何是评价一个安全员的重要标准，在各种检查评分标准中安全资料整理占比 30％～40％。因此在安全员顶岗实习的过程中需要做好、做细安全资料，并在整理资料的过程中学习与安全生产有关的操作规程、规章制度及标准等。此外实习期间也要做好学校要求的日志（周志）、阶段小结、总结报告等资料。

第 2 节　安全员岗位职责与职业能力养成

10.2.1　安全员的岗位职责

（1）在项目经理领导下，负责施工现场的安全管理工作。

（2）做好项目部的安全教育工作，组织好安全生产、文明施工达标活动。主持或参加各种定期安全检查，做好记录，定期上报。

10-2
安全技术
交底

（3）掌握施工进度及生产情况，研究解决施工中的危险源，并有针对性的提出安全措施，编入施工组织设计。

（4）按照施工组织设计方案中的安全技术措施进行安全交底，督促检查有关人员贯彻执行。

（5）协助有关部门做好新工人、特种作业人员、变换工种人员的安全技术、安全法规及安全知识的培训、考核、发证工作。

（6）开展现场的日常巡查工作，纠正一切违章指挥、违章作业的行为和不安全状态。对违反劳动纪律、违反安全条例、违章指挥、冒险作业行为，或遇到严重险情，有权暂停生产。

（7）组织或参与进入施工现场的劳保用品防护设施、器具、机械设备的检验检测及验收工作。

（8）做好安全生产中规定资料的记录、收集、整理和保管；参加安全事故调查分析会议，并做好相关记录，及时向有关领导报告。

10.2.2　安全员职业能力培养

10-3
危险预知
训练图例集

1. 掌握安全生产知识

安全员工作岗位离不开施工现场，只有不断学习，掌握丰富的安全知识和规章制度、规范标准等，才能在工作中履行职责和发挥作用，及时发现问题和解决问题。安全工作以人为本，只有在工作中做到心中有数、有理有据才能赢得对方的尊重和信服。如果一名安全员没有过硬的安全知识，在日常检查中不能以理服人，安全管理工作开展将寸步难行。安全员应该具备的安全知识如下：

（1）国家有关安全生产的法律、法规、政策。

（2）国家及省市监管部门，施工企业所颁布的各类安全生产规章、规范和技术标准。

（3）安全生产管理知识、安全生产技术知识。

（4）现场应急处理措施及事故调查处理方法。

（5）重大危险源管理与应急救援预案编制方法。

10-4
危险预知
训练图例集

（6）与安全生产有关的方案编写（如安全体系、外架搭设、模板支撑等）。

（7）治安防火、环境保护、职业健康等知识。

（8）心理学、人际关系学、行为科学等知识。

监管部门要求安全管理需要留下过程资料，内业资料可以大致地反映出现场管理的状况。年轻的安全员可以在任职前期在师傅的带领下先学习安全资料整理，从安全生产责任制、安全技术交底、安全检查、安全教育、分包管理、文明施工等方面全面了解现场管理过程中需要注意的问题。遇到不懂的地方可以查阅相关规范及标准，弄清楚隐患的本质及整改方式方法，举一反三，在资料整理中积累安全管理知识和经验，并在后期安全检查中比较对照，不断学习，总结经验。除了内业资料整理外，顶岗安全员还可通过以下途径积累安全生产知识：如参加施工单位、监管部门等组织的安全培训；学习施工单位、监管部门制定的施工现场安全标准化文件；观摩样板工地，多参观、多学习、多总结，结合自身现场实际，活学活用；参与安全有关的施工方案的编写等。

2. 结合现场工作积累经验

安全管理没有终点，为了保证现场安全生产需要反复检查、整改的过程性管理手段要贯穿整个施工过程。作为安全员，我们更多的是工作在施工一线运用学习到的安全管理知识，深入到所有的生产现场去巡检，去发现问题，然后协调、整改。在施工一线的安全员应该做到如下几点：

（1）勤检查。坚持每天上、下午第一时间对施工现场进行巡查，深入施工现场，多看、多跑、多动手，对现场临时用电、消防安全、施工机具、临边防护、高处作业等各方面的隐患情况做到心中有数，然后"对症下药"，定整改责任人、整改措施、整改期限对安全隐患进行整改。

（2）勤动嘴。安全员必须要敢说、敢管，对违规作业人员敢于大胆管理和处罚。按照先口头教育整改，后下发隐患整改单，最后罚款的流程依次加大力度管理，直至安全隐患得以整改。口头教育为主，整改处罚为辅，不要怕得罪人。同时，还要从思想教育着手，班前教育讲安全，各种会议讲安全，带动全体施工作业人员一起抓安全。

（3）勤动脑。由于文化、思想、角色的不同，每个人对安全的认识也不尽相同，因此安全员经常会碰到安全生产与施工进度发生冲突、分包拒不执行安全管理规定等情况。要及时解决这些矛盾，安全员必须多动脑筋，找机会主动和对方交谈。不管是对同事还是对工友，多沟通，通过把握谈话的技巧来创造融洽的氛围；换位思考，想方设法提高全员的安全意识。

（4）勤动笔。一名合格的安全员应该多动笔，写安全日志和工作总结；做施工现场安全策划，收集、整理安全教育交底资料；参与模板支撑、外架、现场安全体系等方案的编写；处罚违规作业人员，表扬安全生产的典型事迹；记录好每天检查的安全隐患、会议纪要等，推动安全工作。

3. 有意识地提高个人职业素养

（1）责任感的养成。有什么样的思想就会有什么样的认知，有什么样的认知就会养成什么样的行为习惯，安全员必须要有较强的责任感。安全员要充分认识到自身在建筑安全工作中所承担的重要职责，在思想意识深处激发安全员对安全工作的警惕性和自觉性，真正领会"安全责任重于泰山"。在现场施工过程中如果出现安全问题、作业风险、安全隐患等，所有人第一个想到的就是安全员。当问题出现时，需要安全员及时进行协调，确保消除安全隐患，这就要求安全员必须有责任心。如果粗心大意、敷衍了事，就很难确保生产安全。

（2）爱岗敬业的精神。安全工作是一项非常具有挑战性的工作，具有责任大、影响大、担子重、范围广、内容多、任务硬等特点。从事安全管理工作需要与不同性格、不同知识水平、不同素质的人交往，会产生众多不可避免的矛盾，管理过程中可能还受到施工进度、工期等因素的影响，会加大安全工作的困难。一个人如果不喜欢自己的工作，无论他的能力有多强都不可能把工作做好。因此，作为一名安全员应该"做一行爱一行"，热爱安全管理工作，这样才能认识到安全管理工作的责任，才会体会到自身工作的价值，才能全身心地投入到安全管理工作中去。

（3）吃苦耐劳的品质。安全员要有吃苦耐劳的品质。为了保证现场安全生产，安全员日常巡查必须不留死角，不论是下基坑还是爬高楼，施工现场每一个角落都必须检查到位。也正是广大安全员具备吃苦耐劳、无私奉献的精神，才杜绝了大量事故的发生。

没有吃苦耐劳的品质要想做好安全管理工作是不现实的，即使你有再多的安全知识储备和管理工作经验也终将一事无成。因为安全管理工作具有特殊性，安全员一年四季都要工作在生产一线，不论天气好坏，需要每天反复地进行安全检查，即时记录和反馈问题并持续关注直至隐患消除。安全员只有多到现场检查，深入施工一线，长时间在现场了解情况，才能及时发现存在的安全隐患，进而制定整改措施及时消除隐患，保证现场安全生产。

第 3 节　安全员实习工作要点

10.3.1　开工前的安全管理准备工作

1. 熟悉图纸，分析危险源

主要通过阅读施工图，了解施工作业范围，结合施工员、材料员意见，从安全管理角度初步规划施工平面布局思路。查看设计说明及建设单位提供的相关资料，了解设计及建设方有关安全文明施工方面的特殊管控要求（降噪处理、粉尘处理等）。根据国家及地方建设行政主管部门主发的规范资料，结合建设单位要求，初步拟定安全文明施工管理目标。

记录在查看图纸资料过程中发现的问题（安全风险大、难以掌控的问题、施工后有安全风险的问题等），上报项目部在图纸会审时提出。根据安全规划，对安全文明施工管理投入较大，或有特殊安全防护等需要增加安全成本的措施，及时反馈至预算部门。

2. 现场踏勘，确认危险源

根据初步规划的平面布局对照现场，结合现场实际情况对施工平面布局做进一步的调整和细致深化。结合现场的施工环境，识别本项目的危险源，对现场的安全文明防护管理进行初步规划，为安全文明施工组织设计做好资料准备。

查看现场是否有其他重大的安全隐患问题（结构安全、施工区域内燃气管道破损泄漏、火灾隐患、有毒物质泄漏等），及时形成书面记录，反馈至项目部。结合建设方安全管理部门，及现场安全文明管理制度要求，准备编制安全文明施工组织设计。

3. 图纸会审，提出解决方案

根据图纸熟悉阶段及现场记录的安全施工问题，交由项目总工报送建设单位；配合预算人员对现场安全文明施工费进行调整。根据图纸熟悉阶段及现场勘测后，将记录的有利于提高施工安全性的方案提交给项目总工，由项目总工在图纸会审时提出，建议建设方及设计单位进行优化。然后对调整后的施工图纸进行熟悉，及时调整施工平面布局。根据图纸会审后优化的方案资料，开展安全文明施工组织设计的编排工作。

4. 安排临时设施，编制安全文明施工方案

结合施工员、材料员、后勤保管员平面布置建议要求，在平面图上绘制施工平面布局图、临水临电设施布局图、消防设施摆放布局图等，安排好临时设施。编制安全文明施工方案，明确安全文明施工管理目标、安全文明施工管理制度、现场安全文明防护措施、安全文明专项方案、安全文明施工保证措施、环境保护措施、安全应急预案。然后将平面布局图、安全文明施工方案报项目总工进行审批，根据审批意见进行修改调整。

10.3.2 进场准备阶段的安全管理

查看现场勘测阶段提交的安全问题解决情况，如现场仍存在较大安全隐患，及时提交项目部报给建设方解决。根据施工平面布置图及制度要求，结合施工及材料部门制定临建材料（临电材料、临水材料、防护设施、消防设施、办公设施等）使用计划，交由项目部审批。

联合施工员，依照《安全文明施工管理措施》指导现场临建布置工作，如临水临电布置、现场四口五临边等安全文明防护设施布置、消防设施布置、安全文明标语标志布置、主要提升设备和大型机械的布置等。临建设施搭设完成后检查搭建情况，检查无误后上报项目经理或总工组织整体检查验收，验收通过后才能使用。

协助项目部落实施工班组的人身保险购买及办理，落实施工合同中安全文明施工管理的约定。制定现场安全文明检查制度，确定检查时间、检查内容及整改落实措施。

10.3.3 施工全面展开后的安全管理

1. 做好安全技术交底

联合建设方对项目人员及施工班组人员进行安全文明培训和学习（明确现场安全文明施工管理制度和要求，安全注意事项，安全防护设施的使用方法，应急逃生预案）。组织施工班组进行安全文明施工交底，落实交底到每个工人，协同后勤人员采集施工人员信息，办理安全文明三级教育卡，对于特殊工种（高空作业、电工、电焊工等）收集操作证件，会同交底记录一并交予资料员保管。

10-5
高处作业
安全交底

重点安全管控项目的操作人员要进行专项安全技术交底（钢管脚手架搭拆、临电架设使用、高空作业、大型切割机械的使用、提升设备的搭建等）。

2. 严格执行安全管理规章制度

制定安全文明施工检查制度，落实检查时间及检查内容，制定安全文明检查记录表，落实整改措施。依照现场保卫制度，配合后勤严格施工现场的进出入员管理。将现场安全文明施工管理制度及要求书面提交建设方，由建设方协调其他专业单位配合进行安全文明施工管理。

依照制定的《安全文明施工管理措施》、项目安全文明施工管理制度，定期检查施

工现场的现场作业环境状况、临电使用情况、安全防护设施情况、消防设施情况。

3. 做好现场巡查与整改

组织施工班组进行自检及互检工作，不符合质量要求的进行整改，整改完成后提交报验申请单，根据施工报验申请单查看基层制作质量是否符合要求，并拍照将照片交由资料员归档。

在基础工程施工阶段主要做好基坑支护、地下水抽排的安全巡查；主体施工阶段要根据现场情况，重点检查临时用电、脚手架、支模架等的安全状况，发现隐患及时处理。

配合质检员检查涉及安全的施工部位的质量是否符合要求，如预埋件设置是否符合要求，填写自检记录（施工检查记录），如不符合要求下达整改通知单，规定整改时间及标准，整改完成，质检员复核合格后进行隐蔽报验。分部分项验收做好成品安装调试工作，做好记录安全和功能核查性资料存档备案。

第 4 节 安全岗位管理实务

10.4.1 安全检查制度

1. 安全检查的内容

安全检查的内容以《建筑施工安全检查标准》为指导，主要是查思想、制度、机械设备、安全设施、安全教育培训、操作行为、劳保用品使用、伤亡事故处理等，做到"十查""十看"。

（1）"十查"。查持证上岗情况，查安全帽的佩戴，查安全带的使用，查安全网的张设，查漏电保护器的灵敏，查电力线的架设，查施工现场文明，查临边洞口防护，查机具安全装置，查灭火器材设备。

（2）"十看"。看安全管理制度，看内业资料整理，看安全措施方案，看安全操作技能，看安全交底要求，看安全达标规划，看安全思想动态，看安全台账记录，看安全生产奖惩，看伤亡事故处理。

2. 安全检查形式

（1）定期检查。质量安全部每月对项目进行安全检查，由项目经理带队，组织工程、安全、技术、材料、机械和消防部门进行。每周对施工现场进行安全专项检查，由项目领导带队，技术、安全等专职管理人员共同参加，按照《建筑施工安全检查标准》做全面认真检查，做好检查记录。

（2）专业性安全检查。专业性安全检查应对某特定对象如脚手架、物料提升机、电梯、塔吊、机械、压力容器、防尘防毒等的安全问题，或在施工中存在的普遍性安全问题进行单项检查，参加检查的人员主要有专职安全员、班组长和有实际操作、维修能力的工人。

（3）经常性安全检查。主要为班组进行班前、班后岗位安全检查；安全管理人员日常进行安全检查；生产管理人员在检查生产的同时检查安全。

（4）季节性及节假日安全检查。季节性安全检查是针对气候特点，可能对施工造成的不良影响情况检查。主要有：以夏季防暑降温为重点的安全检查；汛期施工准备工作安全检查；防火、防中毒工作安全检查；台风前防范检查，台风、大雨过后安全检查等。

节假日检查是针对节假日前后防止职工纪律松懈、思想麻痹等进行的安全检查，特别是春节、元旦、劳动节、国庆节前后的检查，检查应由项目领导组织有关部门人员进行，节日加班，更要重视认真检查安全防范措施的落实。

（5）自检、互检和交接检查。

1）自检。班组作业前、后对自身所处的环境和工作程序要进行安全检查，可随时消灭安全隐患。

2）互检。班组之间开展的安全检查，可以起到互相监督、共同遵章守纪。

3）交接检查。上一道工序完毕，交给下一道工序施工使用前，应由工长、安全员、班组长及其他有关人员参加，进行安全检查或验收，确认无误或合格办理文明施工工序交接卡后，方能交给下一道工序使用。如脚手架、物料提升机、塔吊、安全网支设、孔洞临边的防护等。在搭设和使用前，都要经过交接检查。

3. 安全检查的方法和要求

各种检查都应该根据检查要求配备力量、要明确检查负责人，抽调专业人员参加检查，并进行分工，明确检查内容、标准及要求。

重点、关键部位要重点检查。检查时尽量采用检查工具，用数据说话。对现场管理人员和操作工人不仅要检查是否有违章指挥和违章作业行为，还应进行应知应会知识的抽查，以便了解管理人员及操作工人的安全素质。

检查记录是安全评价的依据，特别是对隐患的记录必须具体，采用安全检查评分表，记录每项扣分的原因。

4. 隐患的整改

检查中发现的安全隐患应进行登记，为整改提供依据，同时为安全活动分析提供信息。各级检查中发现的安全隐患必须进行整理，并对单位工程、施工作业队、班组等下达隐患整改通知单，按照定人、定期限、定措施进行整改。对存在发生事故的隐患，检查人员应责令停工，立即整改。被检查单位对不能够立即整改的项目应制定临时措施或整改方案报质量安全部。隐患整改完毕要及时通知有关部门复查，经复查确认隐患整改合格的要进行消项。

10.4.2　安全生产教育制度

建筑企业一般要开展以下安全教育工作：

（1）领导干部安全技术培训，安全管理人员年度培训。

（2）职工进场三级安全教育。

（3）新工人进场三级安全教育。

（4）转换工种工人安全教育。

（5）特种作业人员的安全技术培训。

（6）外联队伍操作工人进场安全教育。

（7）经常性（节假日前后，季节性及采取新工艺、新材料、新设备）安全教育。

安全教育内容：安全生产思想教育，安全生产技术知识教育，安全生产技能教育，场规、场纪、劳动纪律教育，法制教育。

10.4.3　安全技术管理制度

施工项目应根据工程项目的规模和特点，在施工组织设计或施工方案中制定针对性强、权责清晰、实施有效的安全技术方案（措施）。特殊和危险性大的工程必须单独编制安全技术方案（措施）。未编制安全技术方案（措施）或安全技术方案（措施）未获得批准之前，项目不得开工。

安全技术方案（措施）必须遵守国家有关安全生产的法律、法规和行业有关安全生产的规范、规程；必须全面考虑施工现场的实际情况，工程特点和作业环境，凡施工过程中可能发生的危险因素及建筑物周围外部环境不利因素等，都必须从技术上制定全面、具体、有效的措施予以预防。安全技术方案（措施）必须有设计、有计算、有样图、有文字说明。并应实行分级审批制度。

一般工程的安全技术方案（措施）可由项目部技术人员编制，由项目部技术负责人审批，报公司质量安全部门备案。重要工程（特殊专业工程、大型工程）的安全技术方案（措施）应由项目部技术负责人（或公司技术管理部门）编制，并经公司技术、安全管理部门审核、审批；特别重要或有特殊危险性的工程的安全技术方案（措施）必要时应聘请有关专家会审。

在项目施工过程中如发生设计变更，应及时对原定安全技术方案（措施）进行修订变更。在项目施工过程中，应根据现场及外部环境实际情况的变动对原定安全技术方案（措施）进行修订变更。原定安全技术方案（措施）的修订变更必须依照审批程序及时办理修订审批手续，否则应停止施工作业。

施工项目必须健全和落实安全技术交底制度。安全技术交底应向下分级进行，最终落实到操作人员。安全技术交底必须有针对性、指导性，有具体措施。一般工程应由项目经理部技术负责人会同项目经理向项目施工管理人员和分包队伍进行安全技术交底，重要工程（特殊专业工程、大工程）安全技术方案（措施）应由质量安全部向项目部和分包队伍进行安全技术交底。

项目经理部经理、技术负责人及安全管理人员应向分包商的技术负责人及安全管理人员进行安全技术交底，项目部各类专业技术人员应会同分包商的技术负责人及安全管理人员向作业班组进行详尽的安全技术交底；每天进行施工作业之前必须由工长会同安全员、施工操作人员进行有针对性的安全交底，对所安排下达的施工任务中每一项安全注意事项都要说到，并做好记录。

各级安全技术交底工作必须按照规定程序实施书面交底签字制度，接受交底人必须全数在书面交底上签字确定，并存档以备查验。针对塔吊、龙门吊、物料提升机架体、电梯，防护设施的设置与拆除，施工用电的设置等项工作，必须由有关职能部门、专业技术人员共同配合对操作班且及人员进行详细交底。

10.4.4　安全验收制度

1. 验收范围及内容

施工现场需验收的项目包括：普通钢管脚手架、高层钢管脚手架、物料提升机、洞口临边防护、施工用电线路、砼搅拌机、砂浆搅拌机、整体提升脚手架、室外施工电梯、吊篮脚手架、塔吊等；还包括特殊的大型施工装置、架体等。

2. 验收的程序

各种需要验收的装置或架体完成后，首先由专业工长组织搭设班组进行自检，然后报请项目主管领导，由主管领导按照程序通知公司质量安全、工程技术部等有关部门组织验收，验收合格后填写验收单。

重大设施、机械设备，如塔吊、室外电梯等，项目部应报公司工程技术及质量安全部共同组织验收，未经验收不准投入使用。

3. 验收要求

各级验收要严格按照验收表格内容详细检查，要认真负责，不遮不掩。参验人员要在验收单上签署意见并签名，针对验收后的注意事项或维护措施要注明，验收发现的问题要限期整改，一次验收不合格则不准带隐患使用，安全部门要严把此关，安全验收单最后存在安全部门备查。

10.4.5　安全生产例会制度

一般企业质量安全部是企业安全生产、文明施工的最高权力机构，每月召开一次专题会议，会议由部门经理主持，要确定公司安全生产、文明施工年度目标，阶段性安全工作计划与布置，解决安全管理部门工作中遇到的困难，支持安全部门的工作。

项目安全生产领导小组是项目安全生产、文明施工的决策机构，每周要组织召开一次专题安全会议，由项目领导组织并主持，坚持"管生产必须管安全的原则"，各施工生产有关部门均要参加，行政人事部门要做好考勤，安全部门和办公室要做好会议记录备查。专题安全会议要布置项目当周活动计划，安全部门要客观地汇报安全工作中取得的成绩和存在的缺陷，分析缺陷存在的部位、原因及责任部门，共同找出消除隐患的办法，责任到人，落实整改，切忌开空会，讲大话，不落实。

各施工班组每周要组织安全活动会议，由班组长和班组兼职安全员共同组织，会议要查找班组施工中存在的不安全因素，总结班组成员执行安全技术交底、维护安全设施、使用个人劳动防护用品及遵章守纪情况，及时布置项目有关安全生产的规定要求，表彰奖励班组安全建设中成绩突出的个人安全生产中的先进事迹，对违章操作受到安全部门处罚的个人需在班组活动会议上曝光，教育大家规章制度是血的教训换来的，任何人都得认真遵守。活动会议要详细记录，班组长和班组兼职安全员要在记录上签名，每月交项目安全部门检查。

10.4.6　职工伤亡事故管理制度

1.伤亡事故的报告程序

发生伤亡事故后，负伤者或事故现场有关人员应立即报告工长和现场值班领导，值班领导和工长应当立即派专人保护事故现场，并迅速采取必要措施抢救人员和财产，防止事故扩大，同时迅速报告项目经理和安全部门。发生轻伤事故，项目必须在每月25日按报表要求内容填报，报企业质量安全部，并附事故结案档案资料。重伤死亡事故，项目经理应在接到事故报告后，以快速方法（最迟不超过12小时）报告公司领导及上级质量安全部门。

2.事故报告内容

（1）事故发生的时间、地点、单位。

（2）事故的简要经过、伤亡人数、直接经济损失的初步估计。

（3）事故发生原因的初步判断。

（4）事故发生后采取的措施及事故控制情况。

（5）事故报告单位。

3.事故的调查及处理

发生事故，视事故大小，由有关部门进行调查，并按照"四不放过"的原则进行事故调查处理，写出调查处理意见。发生伤亡事故，项目要提出事故处理意见和措施，报上级领导及安全部门，由上级事故调查组提出的事故处理意见和防范措施建议，项目要负责处理。

4.事故调查程序和工作内容

伤亡事故发生后，首先应救护伤害者，采取措施，防止事故蔓延扩大，同时认真保护事故现场。及时搜集现场物证、破坏部件、残留物，残害源及位置等，并注明时间、地点、管理者。搜集与事故鉴别、记录有关的材料及事故有关的情况。收集证人材料，尽快找到被调查者搜集材料，搞清事实真相。进行现场摄影，绘制事故现场示意图、流程图及受害者位置图等。

5.事故分析

将事故调查材料，按需要进行分类整理。进行伤害分析，明确受伤部位、受伤性质、伤害方式、起因物、致害物、不安全状态及不安全行为等。分析事故原因，明确事故发生的直接原因和间接原因，分清事故的主要原因。

根据事故调查确认的事实，通过原因分析，对照各类人员的安全生产责任所规定的职责，确定直接责任者和领导责任者，在直接责任者和领导责任者中，根据其在事故发生全过程中的作用、地位，确定主要责任者。

根据事故后果和事故责任者应负的责任提出处理意见。制定预防事故重复发生的措施，填报职工伤亡事故调查报告书。

6.统计伤亡事故经济损失

伤亡事故经济损失指企业职工在劳动生产过程中发生伤亡事故所引起的一切经济损失，包括直接经济损失和间接经济损失。

直接经济损失的统计范围：人身伤亡后所支出的费用（医疗费、丧葬及抚恤费、补助及救济费、职工工资）、善后处理费（处理事故的事务性费用、现场抢救费、清理现场费、事故罚款和赔偿费用）、财产损失价值（固定资产及流动资产损失价值）。

间接经济损失统计范围：停产减产损失、工作损失、补充新工人的培训费用等其他损失。

第**11**章 ▶ 造价员顶岗实习指导

工程造价管理是建筑工程项目管理的重要组成部分，在工程建设过程中项目建议书阶段、设计阶段、招投标阶段、工程施工阶段、竣工验收阶段等都与造价相关，是建筑工程管理的重要环节之一。造价管理是综合运用管理学、经济学和工程技术等方面的知识与技能对工程造价进行预测、计划、控制、核算、分析和评价等的过程。工程造价管理涵盖宏观层次的工程建设投资管理，及微观层面的工程项目成本管理。工程造价专业的同学在顶岗实习阶段可深入建筑企业，协助企业造价员做一些基础性的工作，逐步熟悉岗位的业务，为正式就业奠定基础。

第 1 节 造价员岗位顶岗实习的目的与任务

11.1.1 造价员顶岗实习的目的

（1）通过造价员岗位的顶岗实习，了解建筑工程的单位工程、分部分项工程施工技术、施工组织与管理过程，以及这些过程中所涉及的建筑材料、构配件等物资的造价管理。

（2）了解建筑企业的组织结构和企业经营管理方式，以及项目合同对造价的控制及管理要求。

（3）熟悉项目经理部的组成和建筑企业项目部主要岗位的工作内容，了解单位工程的工艺流程，建筑各分部分项工程的造价构成。

（4）通过现场资料收集，加深对人工、建筑材料及机械费用的单价构成的理解，熟悉工程定额的测算方法。

（5）掌握造价员在招投标阶段、施工阶段、竣工阶段工程量计算、各分部分项工程单价的确定、材料价格及费用的确定方法，参与并掌握各种造价文件编制。

（6）通过实习，了解项目成本文件编制、工程款支付文件、工程造价变更及索赔文件的编制。

（7）积累工程造价管理经验，培养独立分析问题和解决问题的能力。

11.1.2 造价员顶岗实习任务

（1）熟悉成本文件的编制方法。

（2）了解工程招投标的基本程序和流程。

（3）了解进度款及成本核算的基本流程和方法。

（4）掌握工程项目的合同起草及管理的相关工作技能。

（5）熟悉人工、材料和机械台班等的定额测算方法。

（6）掌握投标文件、施工预算及工程结算文件的编制方法和流程。

第 2 节　造价员岗位的任职资格及职责

11.2.1　造价员任职资格

造价员应熟悉国家的法律法规及有关工程造价的管理规定，精通本专业理论知识，能读懂工程图纸，掌握工程预算定额应用能力，为正确编制和审核预算奠定基础。应能熟悉图纸、现行的价目表、定额、价格信息，理解施工工艺，能熟练计算工程量。对定额中的子目、套项熟练，能够与甲方、监理、审计等部门进行沟通。投标时能够理解投标的规则，做好工程投标文件。能在施工过程中开展成本控制及进度款支付管理等工作；掌握结算编制能力，做到计量不漏算、计价不缺项。能准确掌握市场价格和预算价格，及时调整预、结算造价，参与顶岗实习的毕业生应熟悉造价员应具备的专业知识（表 11.1），并有计划地开展学习。

表 11.1　　　　　　　　造价员应具备的专业知识和技能

项次	分类	专业知识和技能
1	通用知识	1）熟悉工程项目管理的基本知识
		2）熟悉国家工程建设相关法律法规
		3）掌握工程材料的基本知识
		4）掌握施工图识读的基本技能
		5）熟悉工程施工工艺和方法
2	基础知识	1）了解建筑材料价格信息获取途径
		2）熟悉工程预算编制的基本知识与技能
		3）掌握造价管理的基本知识与技能
		4）熟悉工程定额单价组价的基本技能
3	岗位知识	1）熟悉与本岗位相关的标准和管理规定
		2）熟悉工程招投标和合同管理的基本知识
		3）掌握建筑工程成本核算的内容和方法
		4）掌握工程招标控制价、预算及结算的编制方法

造价员岗位是建筑企业的关键岗位，目前造价员初级岗位无相关的证书，应届高职毕业生需具备一定的工程经验后方可参加二级造价师的考试，获取相关职业资格证书。

11.2.2　造价员工作职责

（1）协助财务进行成本核算。

（2）全面掌握施工合同条款及单位工程的有关文件资料（包括施工组织设计和甲、

乙双方有关工程的文件），深入现场了解施工情况，为决算复核工作打好基础。

（3）参与投标文件编制，收集工程项目的造价资料，为投标提供依据。在工程投标阶段，及时、准确的做出预算，提供报价依据。

（4）熟悉施工图纸（包括其说明及有关标准图集），参加图纸会审和技术交底，依据其记录进行预算调整。

（5）编制各工程的材料总计划，包括材料的数量、规格、型号、材质。

（6）根据现场设计变更和签证及时向甲方申请报审变更情况，并调整预算。

（7）参与采购工程材料和设备，负责工程材料分析、复核材料数量及价差，收集和掌握技术变更、材料代换记录，并随时做好造价测算，为领导决策提供科学依据。

（8）审核分包、劳务层的工程进度预算。

（9）建好单位工程预、结算及进度报表台账，填报有关报表。

（10）工程竣工验收后，及时进行竣工工程的决算工作，并及时完成工程造价决算资料的归档。

第 3 节　造价员实习流程

造价员实习根据造价管理工作要求，学习任务包括招标清单编制、投标文件编制、工程进度款及成本计划编制、竣工结算的编制等。

造价员实习流程：根据设计施工图进行招标清单工程量计算及清单文件编制，并跟进招标清单编制招标控制价文件，根据招标文件进行投标文件编制、中标后施工过程中进行预算文件编制，结合进度进行工程款及成本计划编制、竣工结算的编制等。

11.3.1　工作程序

招投标控制价编制程序如图 11.1 所示。

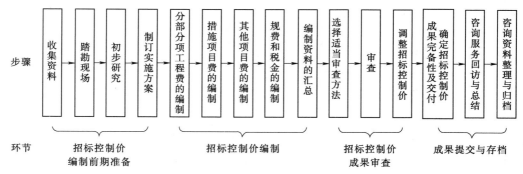

图 11.1　招投标控制价编制程序

11.3.2　各环节工作内容

工作环节（一）：招标控制价编制前期准备

1. 工作内容

本工作环节是招标控制价编制前期准备，主要包括收集资料、踏勘现场、初步研

11－1　Ｔ
招标控制价
完整报表

究、制订实施方案等工作步骤，目的是为招标控制价编制做好准备。

2. 工作要求

（1）需提供咨询合同文件，包括商务条款、技术条款、图纸以及招标人对已发出的招标文件进行澄清、修改或补充的书面资料等。

（2）本环节需要在（　　）个工作日之内完成。

3. 工作步骤

（1）收集资料。收集资料清单如下：

1）《建设工程工程量清单计价规范》（GB 50500—2013）。

2）国家或省级、行业建设主管部门颁发的计价依据和办法。

3）建设工程设计文件及相关资料，包括施工图纸等。

4）与建设工程项目有关的标准、规范、技术资料。

a.《＊＊省建筑工程预算定额》（2018）。

b.《＊＊省建筑工程计价规范》（2018）。

c.《＊＊省安装工程预算定额》（2018）。

5）相关文件及其补充通知、答疑纪要。

6）施工现场情况、工程特点及常规施工方案。

7）批准的初步设计概算或修正概算。

8）工程造价管理机构发布的工程造价信息及市场价格。

9）《＊＊市建设工程价格信息》及类似工程价格信息。

10）其他相关资料。

（2）踏勘现场。了解工程布置、地形条件、施工条件、料场开采条件、场内外交通运输条件等。

（3）初步研究。对以上收集到的各种资料认真研究，深入了解此项目的相关情况，明确咨询目的及相关情况，为制订实施方案及招标控制价编制做好准备。

（4）制订实施方案。主要包括以下内容：

1）招标控制价编制工作要求和依据。

2）计算基础价格的基本条件和参数。

3）计算招标控制价、工程单价所采用的标准和有关取费数据。

4）编制、校审人员安排及计划工作量。

5）招标控制价编制进度及最终招标控制价的提交时间。

4. 工作依据

（1）《建筑法》《合同法》《招标投标法》等法律法规。

（2）《建设工程工程量清单计价规范》（GB 50500—2013）。

5. 工作方法

（1）访谈法。

（2）列清单法。

（3）现场调研法。

6. 成果形式

（1）收集整理的各种资料。

（2）实施方案。

工作环节（二）：招标控制价编制

1. 工作内容

本工作环节工作为招标控制价编制，包括分部分项工程费编制、措施项目费编制、其他项目费编制、规费和税金编制、编制资料汇总五个步骤，依据前期准备中收集到的相关资料，选定适当的方法，编制出价格水平适当的招标控制价。

2. 工作要求

（1）本环节工作需要具备的前提条件是：有前期准备阶段收集到的招标控制价编制需要的资料，具体资料清单。

（2）本环节工作需要在（   ）个工作日之内完成。

3. 工作步骤

招标控制价的编制内容包括分部分项工程费、措施项目费、其他项目费、规费和税金。按照招标控制价的编制内容，可以把招标控制价编制划分为以下步骤：

（1）分部分项工程费的编制。

1）根据招标文件中的分部分项工程量清单及有关要求，按《建设工程工程量清单计价规范》（GB 50500—2013）及＊＊市补充规范等有关规定确定综合单价计价。

2）依据招标文件中提供的分部分项工程量清单确定工程量。

3）按照招标文件中提供的材料的暂估单价计入综合单价。

4）把招标文件中要求投标人所承担的风险内容及其范围（幅度）产生的风险费用计入综合单价。

（2）分部分项工程量清单与计价表的编制。招标控制价中的分部分项工程费应按招标文件中分部分项工程量清单项目的特征描述确定综合单价计算。分部分项工程量清单综合单价，包括完成单位分部分项工程所需的人工费、材料费、机械使用费、管理费、利润，并考虑风险费用的分摊：

分部分项工程综合单价＝人工费＋材料费＋机械使用费＋管理费＋利润   （11.1）

分部分项工程单价确定的步骤和方法如下：

1）确定计算基础。计算基础主要包括消耗量的指标和生产要素的单价。应根据拟定的施工方案确定完成清单项目需要消耗的各种人工、材料、机械台班的数量。计算时应采用国家、地区、行业定额，并通过调整来确定清单项目的人、材、机单位用量。各种人工、材料、机械台班的单价，则应根据询价的结果和市场行情综合确定。

2）计算工程内容的工程数量与清单单位的含量。每一项工程内容都应根据所选定额的工程量计算规则计算其工程数量，当定额的工程量计算规则与清单的工程量计算规则相一致时，可直接以工程量清单中的工程量作为工程内容的工程数量。

当采用清单单位含量计算人工费、材料费、机械使用费时，还需要计算每一计量单位的清单项目所分摊的工程内容的工程数量，即清单单位含量。

$$清单单位含量 = \frac{某工程内容的定额工程量}{清单工程量} \qquad (11.2)$$

3）分部分项工程人工、材料、机械费用的计算。以完成每一计量单位的清单项目所需的人工、材料、机械用量为基础计算，即

$$\begin{matrix}每一计量单位清单项目\\某种资源的使用量\end{matrix} = \begin{matrix}该种资源的\\定额单位用量\end{matrix} \times \begin{matrix}相应定额条目的\\清单单位含量\end{matrix} \qquad (11.3)$$

再根据预先确定的各种生产要素的单位价格可计算出每一计量单位清单项目的分部分项工程的人工费、材料费与机械使用费。

$$人工费 = \begin{matrix}完成单位清单项目\\所需工人的工日数量\end{matrix} \times 每工日的人工日工资单价 \qquad (11.4)$$

$$材料费 = \sum \begin{matrix}完成单位清单项目所需\\各种材料、半成品的数量\end{matrix} \times 各种材料、半成品单价 \qquad (11.5)$$

$$机械使用费 = \sum \begin{matrix}完成单位清单项目所需\\各种机械的台班数量\end{matrix} \times 各种机械的台班单价 \qquad (11.6)$$

4）计算综合单价。管理费和利润的计算可按照人工费、机械费之和按照一定的费率取费计算。

$$管理费 = (人工费 + 机械使用费) \times 管理费费率 \qquad (11.7)$$

$$利润 = (人工费 + 机械使用费 + 管理费) \times 利润率 \qquad (11.8)$$

将五项费用汇总之后，并考虑合理的风险用后，即可得到分部分项工程量清单综合单价。

根据计算出的综合单价，可编制《分部分项工程量清单与计价分析表》，见表 11.2。

（3）措施项目费的编制。

1）按综合单价法计价。根据特征描述找到定额中与之相对应的项，单价汇总，计算管理费、风险费、利润，并进行单位换算。管理费、风险费、利润等费率参照《＊＊省建设工程计价费率标准》（2018）推荐费率。

2）以"项"为单位计价。根据关于印发《建筑安装工程费用项目组成》的通知（建标 44 号）的措施项目费的计算方法编制措施项目费，如安全文明施工费、夜间施工费、二次搬运费、冬雨季施工都是以人工费为基数，乘以相应费率。措施费费率参照《＊＊省建设工程计价费率标准》（2018）推荐费率，如安全文明措施费按中值计取。

（4）其他项目费的编制。

表 11.2 分部分项工程量清单与计价表

工程名称：××工程　　　　　标段：　　　　　　　　　　　　　　　　　　第×页　共×页

序号	项目编码	项目名称	项目特征描述	计量单位	工程量	金额/元		
						综合单价	合价	其中：暂估价
			...					
		A.4 混凝土及钢筋混凝土工程						
6	010403001001	基础梁	C30 混凝土基础梁，梁底标高−1.55m，梁截面 300mm×600mm，250mm×500mm	m³				
7	010416001001	现浇混凝土钢筋	螺纹钢 Q235，ϕ14	t				
			...					
		分部小计						
		合计						

1) 暂列金额。根据工程的复杂程度、设计深度、工程环境条件（包括地质、水文、气候条件等）进行估算，一般可以分部分项工程费的 10%～15%为参考。

2) 暂估价。暂估价中的材料单价采用最新一期的《＊＊市建设工程价格信息》中的信息价，工程造价信息未发布的材料单价，结合类似工程价格信息和市场询价进行估算。

3) 计日工。对计日工中的人工单价和施工机械台班单价按省级、行业建设主管部门或其授权的工程造价管理机构公布的单价计算；材料单价采用最新一期的《＊＊市建设工程价格信息》中的信息价，工程造价信息未发布的材料单价，结合类似工程价格信息和市场询价进行估算。

4) 总承包服务费。总承包服务费应按照省级或行业建设主管部门的规定计算，在计算时可参考以下标准：

a. 招标人仅要求对分包的专业工程进行总承包管理和协调时，按分包的专业工程估算造价的 1.5%计算。

b. 招标人要求对分包的专业工程进行总承包管理和协调，并同时要求提供配合服务时，根据招标文件中列出的配合服务内容和提出的要求，按分包的专业工程估算造价的 3%～5%计算。

c. 招标人自行供应材料的，按招标人供应材料价值的 1%计算。

建筑工程团体人身意外伤害保险按 2‰计取。

预留金按总造价的 4%计算。

(5) 规费和税金的编制。按《＊＊省建设工程计价费率标准》（2018）中的推荐费率计算。

(6) 汇总编制资料。汇总各专业造价文件，形成咨询初步成果，完善"编制说明"。征询有关各方的意见并汇总，根据意见对成果文件修正。

4．工作依据

（1）《建设工程工程量清单计价规范》（GB 50500—2013）。

（2）国家或省级、行业建设主管部门颁发的计价依据和办法。

（3）建设工程设计文件及相关资料，包括施工图纸等。

（4）与建设工程项目有关的标准、规范、技术资料。

1）《＊＊省建筑工程预算定额》（2018）。

2）《＊＊省建筑工程计价规范》（2018）。

3）《＊＊省安装工程预算定额》（2018）。

（5）相关文件及其补充通知、答疑纪要。

（6）施工现场情况、工程特点及常规施工方案。

（7）批准的初步设计概算或修正概算。

（8）工程造价管理机构发布的工程造价信息及市场价格，《＊＊市建设工程价格信息》及类似工程价格信息。

（9）其他相关资料。

5．工作方法

招标控制价编制主要使用工程量清单计价方法，工程量清单计价方法是一种区别于定额计价模式的新计价模式，是一种主要由市场定价的计价模式，是由建设产品的买方和卖方在建设市场上根据供求状况、信息状况进行自由竞价，从而最终能够签订工程合同价格的方法。

工程量清单计价的基本过程可以描述为：在统一的工程量清单项目设置的基础上，制定工程量清单计量规则，根据具体工程的施工图纸计算出各个清单项目的工程量，再根据各种渠道所获得的工程造价信息和经验数据计算得到工程造价。这一基本的计算过程如图 11.2 所示。

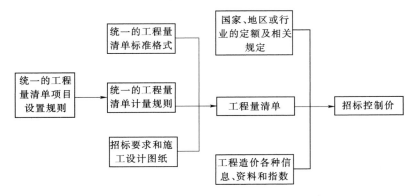

图 11.2　招标控制价工程量清单计价过程示意图

从工程量清单计价过程示意图中可以看出，其编制过程可以分为两个阶段：工程量清单的编制和利用工程量清单来编制招标控制价。

（1）分部分项工程费＝∑分部分项工程量×相应分部分项综合单价。

（2）措施项目费＝∑各措施项目费。

（3）其他项目费＝暂列金额＋暂估价＋计日工＋总承包服务费。

（4）单位工程报价＝分部分项工程费＋措施项目费＋其他项目费＋规费＋税金。

（5）单项工程报价＝∑单位工程报价。

（6）建设项目总报价＝∑单项工程报价。

以上综合单价是指完成一个规定计量单位的分部分项工程量清单项目或措施清单项目所需的人工费、材料费、施工机械使用费和企业管理费与利润，以及一定范围内的风险费用。

暂列金额是指招标人在工程量清单中暂定并包括在合同价款中的一笔款项。用于施工合同签订时尚未确定或者不可预见的所需材料、设备、服务的采购，施工中可能发生的工程变更、合同约定调整因素出现时的工程价款调整以及发生的索赔、现场签证确认等的费用。

暂估价是指招标人在工程量清单中提供的用于支付必然发生但暂时不能确定价格的材料的单价以及专业工程的金额。

计日工是指在施工过程中，完成发包人提出的施工图纸以外的零星项目或工作，按合同中约定的综合单价计价的一种计价方式。

总承包服务费是指总承包人为配合协调发包人进行的工程分包，自行采购的设备、材料等进行管理、服务以及施工现场管理、竣工资料汇总整理等服务所需的费用。

6．成果形式

（1）分部分项工程量清单。分部分项工程量清单与计价表见表 11.3。

表 11.3　　　　　　　　分部分项工程量清单与计价表

工程名称：　　　　　　　　　标段：　　　　　　　　第　页、共　页

序号	项目编码	项目名称	项目特征描述	计量单位	工程量	金额		
						综合单价	合价	其中：暂估价

（2）措施项目清单。措施项目清单与计价表见表 11.4 和表 11.5。

表 11.4　　　　　　　　措施项目清单与计价表（一）

工程名称：　　　　　　　　　标段：　　　　　　　　第　页、共　页

序号	项目编码	项目名称	项目特征描述	计量单位	工程量	金额	
						综合单价	合价

注　本表适用于以综合单价形式计价的措施项目。

表 11.5　　　　　　　　　　**措施项目清单与计价表（二）**

工程名称：　　　　　　　　　　　　标段：　　　　　　　　　　　第　页、共　页

序号	项目名称	计算基础	费率/%	金额/元
1				
2				
3				
4				

注　本表适用于以"项"计价的措施项目；计算基础可以为"人工费"或"人工费＋机械费"。

（3）其他项目清单。其他项目清单与计价汇总表见表 11.6。

表 11.6　　　　　　　　　　**其他项目清单与计价汇总表**

序号	项目名称	计量单位	金额/元	备注
1	暂列金额			
2	暂估价			
3	计日工			
4	总承包服务费			
	合计			

（4）规费、税金项目清单。规费、税金项目清单与计价表见表 11.7。

表 11.7　　　　　　　　　　**规费、税金项目清单与计价表**

工程名称：　　　　　　　　　　　　标段：　　　　　　　　　　　第　页　共　页

序号	项目名称	计算基础	费率/%	金额/元
1	规费			
1.1	工程排污费			
1.2	社会保障费			
（1）	养老保险费			
（2）	失业保险费			
（3）	医疗保险费			
1.3	住房公积金			
1.4	危险作业意外伤害保险			
1.5	工程定额测定费			
2	税金	分部分项工程费＋措施项目费＋ 其他项目费＋规费		
	合计			

注　根据建设部、财政部发布的《建筑安装工程费用组成》（建标 44 号）的规定，"计算基础"可为"直接费""人工费"或"人工费＋机械费"。

7．注意事项

（1）招标控制价的编制工作应在保密的环境中进行，编制完成后应立即由审查人员进行审查。

（2）所有接触招标控制价编制的工作人员都负有保密的责任，开标前不得向任何单位和个人泄露招标控制价具体相关文件内容。

（3）招标控制价编制实行回避制度，凡是与投标单位有直接或间接联系的工作人员不得参加招标控制价的编制工作。凡是参加编制招标控制价的工作人员，不得再承担招标控制价的审查、审定工作。

工作环节（三）：招标控制价成果审查

1. 工作内容描述

本工作环节是招标控制价成果审查，主要工作步骤是选择适当的审查方法、审查、调整招标控制价，目的是确定招标控制价成果准确、完整，并把招标控制价控制在合适的价格水平。

2. 工作要求

（1）本环节工作需要具备的前提条件包括以下内容：

1）招标控制价审核需要的相关资料，具体资料清单见 5.3.4 工作依据。

2）招标控制价编制阶段的成果文件。

（2）本环节工作需要在（　　　）个工作日之内完成。

3. 工作步骤

（1）选择适当的审查方法。由于工程规模、繁简程度、施工方法等不同，所编招标控制价也不同，因此须选择适当的审查方法进行审查。

（2）审查。使用选定的审查方法对招标控制价计价依据、招标控制价价格组成内容、招标控制价价格的相关费用等内容进行审查。

（3）调整招标控制价。综合整理审查资料，并与编制人员交换意见后编制调整招标控制价。审查后，需要进行增加或核减的，经与编制人员协商，统一意见后，进行相应的修正。

4. 工作依据

（1）国家、行业和地方政府有关工程建设和造价管理的法律、法规和规定。如《价格法》《合同法》《招标投标法》《建筑法》《工程建设项目施工招标投标办法》（国家计委等七部委令第 30 号）、《建筑工程施工发包与承包计价管理办法》（建设部令第 107 号）等。

（2）企业定额、现行建筑工程和安装工程预算定额和费用定额、单位估价表、有关费用规定等文件。

（3）施工组织设计或施工方案。

（4）批准的初步设计概算或修正概算。

（5）经过批准和会审的施工图设计文件和有关标准图集。

（6）工程承包合同。

（7）招标文件，包括商务条款、技术条款、图纸以及招标人对已发出的招标文件进行澄清、修改或补充的书面资料等。

（8）现场踏勘、图纸会审及答疑资料。

（9）工程地质勘察资料。

（10）现行的有关设备原价及运杂费率。

（11）人工、材料及施工机械台班市场价格、价格指数。

（12）其他有关资料。

5．工作方法

工作方法参见标底审核方法（图 11.3）。

全面审查法：优点是全面、细致，缺点是工作量大，通常用于审查工程量比较小、工艺比较简单且编制
　　　　　工程预算的技术力量比较薄弱的工程

标准预算审查法：优点是时间短、效果好、好定案，缺点是只适应按标准图纸设计的工程，适用范围小，
　　　　　主要适用于利用标准图纸或通用图纸施工的工程

分组计算审查法：可以加快审查工程量速度

对比审查法：用已有预算对比审查拟建的类似工程预算的一种方法

筛选审查法：优点是简单易懂，便于掌握，审查速度和发现问题快。但解决差错分析其原因需继续审查。
　　　　　主要适用于住宅工程或不具备全面审查条件的工程

重点抽查法：是抓住工程预算中的重点进行审查的方法。优点是重点突出，审查时间短、效果好

利用手册审查法：可大大简化预结算的编审工作

分解对比审查法：将一个单位工程按直接费与间接费进行分解，然后再把直接费按工种和分部工程进行
　　　　　分解，分别与审定的标准预算进行对比分析的方法

图 11.3　标底审核方法

6．成果形式

（1）分部分项工程量清单。

（2）措施项目清单。

（3）其他项目清单。

（4）规费项目清单。

（5）税金项目清单。

7．注意事项

（1）招标控制价的审查工作应在保密的环境中进行，审查完成后应立即密封，按时送达，以保证顺利开标。

（2）所有接触招标控制价审查的工作人员都负有保密的责任，开标前不得向任何单位和个人泄露招标控制价具体相关文件内容。

（3）招标控制价审查实行回避制度，凡是与投标单位有直接或间接联系的工作人员，不得参加招标控制价的审查工作。凡是参加编制招标控制价的工作人员，不得再承担招标控制价的审查、审定工作。

（4）招标控制价文件应当由造价工程师签字，并加盖造价工程师执业专用章。

工作环节（四）：资料归档及总结

1．工作内容描述

本工作环节是资料归档及总结，包括确定招标控制价成果的完备性及交付、咨询服务回访与总结、咨询资料的整理与归档三个步骤，目的是确保招标控制价成果满足相关要求，并且进行资料的整理归档，以便资料的查阅与共享。

2．工作要求

（1）本环节工作需要具备的前提条件是招标控制价编制阶段及招标控制价成果审

查阶段的成果文件。

（2）本环节工作需要在规定的工作日之内完成。

3．工作步骤

（1）确定招标控制价成果的完备性及交付。招标控制价文件须按规定经项目负责人或造价工程师签发后能才交付。所交付的招标控制价文件的数量、规格、形式等应满足咨询合同的规定，并且符合国家及行业的相关标准。

（2）咨询服务回访与总结。应制定相关的咨询服务回访与总结制度。回访与总结应包括以下内容：

1）咨询服务回访由项目负责人及相关人员进行，回访对象主要是咨询业务的委托方，必要时也可包括使用咨询成果资料的项目相关参与单位。

回访前由相关专业造价工程师拟订回访提纲；回访中应真实记录咨询成果及咨询服务工作产生的成效及存在问题，和委托方对服务质量的评价意见；回访工作后由项目负责人组织专业造价工程师编写回访记录，报项目总监审阅后留存归档。

2）咨询服务总结应在完成回访活动的基础上进行。总结应全面归纳分析咨询服务的优缺点和经验教训，将存在的问题纳入质量改进目标，提出相应的解决措施与方法，并形成总结报告项目总监审阅。

3）项目总监应了解和掌握本公司的咨询技术特点，在回访与总结的基础上归纳出共性问题，采取相应解决措施，并制订出针对性的业务培训与业务建设计划，使招标控制价编制业务质量、水平和成效不断提高。

（3）咨询资料的整理与归档。根据本单位的特点、国家及行业的相关规定，建立咨询资料收集、整理与留存归档制度。咨询资料应在项目总监领导下，由项目负责人或专人负责整理归档。整理归档的资料一般应包括下列内容，并按内容分别归档，以便资料的存储、查阅、共享。

1）合同档案。包括咨询合同及相关补充协议。

2）咨询依据档案。作为咨询依据的相关项目资料、设计成果文件、会议纪要等。

3）成果文件档案。经签发的所有中间及最终成果文件。

4）质量控制过程档案。与所有中间及最终成果文件相关的计算、计量文件、校核、审查记录。

5）咨询成果后评价档案。设立评价指标，在咨询服务回访与总结的基础上进行咨询服务的后评价。

6）作为咨询单位内部质量管理所需的其他资料。

4．质量标准

将招标控制价的价格水平控制在低于社会同类工程项目的平均水平。

5．成果标准

举一个该最小产品运作的典型案例，即以案例的方式表现成果的范本形式。

6．成果提交与存档

招标控制价成果文件应按招标文件规定提交存档。

7. 注意事项

（1）一个招标工程只能设立一个招标控制价。

（2）招标控制价应当反映招标控制价编制期的市场价格水平。

（3）政府投资和政府融资项目招标设置招标控制价，其招标控制价价格不得超出政府批准的初步设计投资概算。

（4）在招标控制价编制、审查过程中出现泄漏招标控制价的违法行为，由有关行政监督部门依据国家法律、法规和规章的有关规定进行处罚。

（5）招标控制价编制单位在建筑工程计价活动中有意抬高、压低价格或者提供虚假报告的，由建设行政主管部门依据国家法律、法规和规章的有关规定处理。

（6）有关行政监督部门在处理有关招标控制价投诉过程中认为必要的，可以责成招标人和投诉人共同委托具有相应工程造价咨询资质的中介机构对招标控制价进行鉴定。

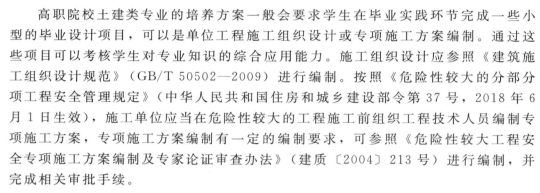

第12章 ▶ 毕业设计指南

12-1
《危险性较大的分部分项工程安全管理规定》解读

12-2
施工组织设计方案报审表

　　高职院校土建类专业的培养方案一般会要求学生在毕业实践环节完成一些小型的毕业设计项目，可以是单位工程施工组织设计或专项施工方案编制。通过这些项目可以考核学生对专业知识的综合应用能力。施工组织设计应参照《建筑施工组织设计规范》（GB/T 50502—2009）进行编制。按照《危险性较大的分部分项工程安全管理规定》（中华人民共和国住房和城乡建设部令第37号，2018年6月1日生效），施工单位应当在危险性较大的工程施工前组织工程技术人员编制专项施工方案，专项施工方案编制有一定的编制要求，可参照《危险性较大工程安全专项施工方案编制及专家论证审查办法》（建质〔2004〕213号）进行编制，并完成相关审批手续。

第1节　深基坑工程专项施工方案编制指南

12-3
基坑坍塌实例

　　基坑工程主要包括基坑支护体系设计与施工和土方开挖，是一项综合性很强的系统工程，它要求岩土工程和结构工程技术人员密切配合完成。基坑支护体系是临时结构，在地下工程施工完成后就不再需要。深基坑是指开挖深度超过5m（含5m），或深度虽未超过5m，但地质条件和周围环境及地下管线特别复杂的工程。深基坑意味着有较大的施工风险，主要是要防止在基础工程施工期间发生安全事故，如基坑坍塌、地下水渗透事故等。其专项施工方案一般包括以下章节：编制依据、工程概况、围护设计方案、基坑施工的重点、难点及重大危险源识别、施工部署、施工方法和技术措施、基坑监测、应急预案、环境保护、工程质量、安全生产和文明施工、汛期、台风、高温、冬期等季节性施工措施、相关附件、图表等。

12.1.1　编制依据

　　编制依据应主要列明的内容包括：岩土工程勘察报告；工程主体和围护设计单位提供的施工图及其他相关资料，包括图纸会审纪要、围护方案的专家论证意见及设计回复反馈意见等；现行国家、行业、省的相关规范规程以及本市的地方规定；原则上本省有已制订的有效规范、规程不再采用其他省市同类规范、规程。编制依据应针对本工程实际明确，编制依据、规范、规程应有效、现行。其他还要列出政府颁布的相关文件、企业内部管理体系标准、程序性文件等。

12.1.2 工程概况

1. 工程总体情况

工程总体情况应主要包括如下内容：

（1）工程地点、工程规模、总建筑面积、地下室建筑面积、结构类型、层数、总高度，对群体建筑尚应介绍各单位工程的建筑面积、结构类型和层数等。

（2）地下室、工程桩及基础的详细情况。包括基坑平面尺寸、周长，地下室层数，工程桩类型，基础形式，各层地下室的楼面标高以及底板、承台的厚度，坑中坑的信息，自然地面标高（核实是否与设计地坪标高相符），±0.000 标高相对于黄海高程的标高，基底标高，开挖深度，当基坑各部位开挖深度不同时，应标注各种深度所对应的平面范围。

（3）工程参建各方主体，包括工程建设、主体工程设计、围护设计、监理、勘察、施工总承包（如有专业分包单位时应明确专业分包单位名称、分包范围和内容）等单位的具体名称。

2. 周边环境

周边环境的内容主要包括：用地红线范围，如有围护结构超红线或借地放坡情况，出具相应的批文或协议。周边道路的基本特征和交通负载量，周边管线设施的详细资料（包括管径、管材、压力大小及埋深等基本参数）。周边既有建筑物和构筑物的结构形式、基础形式、层数等。附近河道的水位、水深及随季节变化情况，山坡坡度及高度等。邻近有在建工程或拟建工程时，应明确该工程的形象进度、与本基坑的距离及相互之间的关系。

若距离基坑 50m 范围内有地铁工程，应与该工程各参建主体沟通，收集详细资料，将本项目深基坑专项施工方案报对方建设单位并得到认可。上述环境要素及其与基坑的距离应在周边环境平面图上进行标注。

3. 场地条件

明确坑边施工道路、临时设施、各类料场、塔吊等布置，并说明到坑边的距离；明确道路宽度、料场及临设的平面尺寸及荷载控制值（荷载值应进行计算，并得到设计同意）。明确上下基坑安全通道的布置、施工用水、用电、土方出口、临设布置，以上信息应在施工总平面布置图中表示。

明确场地的现状，包括"三通一平"、地下管线搬迁、地下障碍物清除及目前处于何种施工状态、目前工程形象进度等。

4. 工程地质和水文地质条件

工程地质和水文地质条件主要有下列内容：

（1）与基坑有关的地层描述，包括土层名称、厚度、状态、性质及相应标高等。

（2）含水层的类型，富水性、渗透性、补给及排泄条件，水位标高及动态变化情况，承压水的水头大小及变化情况。

（3）对于地层变化较大的场地，宜沿基坑周边绘制地层展开剖面图。

（4）土方开挖所涉及各土层的物理、力学指标汇总表。

（5）不良地质条件的分析。

（6）工程地质勘探点平面位置图、典型地质剖面图等。

12.1.3　围护设计方案

1. 设计方案介绍

需要介绍的主要内容如下：

（1）基坑各部位采用的围护形式。

（2）围护桩桩型、直径、入土深度、混凝土强度等级、配筋情况及桩中心距、桩顶标高等。

（3）止水帷幕类型、平面布置、入土深度，设计要求的施工方法及工艺参数等。

（4）支撑系统（包括支撑构件、围檩、冠梁、竖向立柱等）的平面布置、竖向标高、截面设计等，传力带及换撑设计资料。

（5）土钉的主要信息（土钉是否超红线、是否要借地施工、土钉拉拔试验要求及每道土钉的抗拔力）。

（6）地下连续墙的墙厚、墙深、接头形式、插入深度、混凝土强度等级及配筋情况等，与主体结构的连接要求，如采用"两墙合一"应阐述先行幅与嵌幅的布置和相关要求。

（7）自然放坡的坡率，护坡混凝土厚度、强度等级和配筋情况。

（8）锚杆类型、直径、锚固段长度及锚杆总长，锚杆间距、倾角、标高及数量、注浆材料及其强度等级，抗拔力设计值，抗拔试验要求等。

（9）降排水措施（包括地表水和坑内外降水）、降水设备类型，降水设备的平面布置、埋深及构造情况。

以上设计方案介绍宜采用简练的文字，并结合图表的形式表述。围护设计方案专家论证意见及设计回复意见以附件形式提供。

2. 设计方案的施工要求

明确设计文件中对围护结构施工、土方开挖、换撑、拆撑及回填等施工技术要求，包括施工机械的选取、施工工艺及参数的确定，基坑土方开挖原则、分块分层的要求、坑中坑的施工顺序等。

12.1.4　基坑施工的重点、难点及重大危险源识别

根据本工程的开挖深度、地质情况、环境条件、工期要求和采用的围护形式等，确定本工程的重点、难点内容，进行重大危险源分析，对各种重大危险源应有针对性的风险管控措施，应绘制重大危险源与风险管控措施表（表12.1）。

表12.1　　　　　　　　　　　重大危险源与风险管控措施表

编号	重大危险源	风险管控措施
1		
2		
3		

12.1.5　施工部署

1. 管理体系

明确管理目标、管理体系及项目班子配置情况（包括项目经理、技术负责人、质量、安全及其他专业人员配设，应落实具体姓名和联系方式）。

2. 施工进度计划

主要介绍施工进度计划（可以网络图或横道图反映）、总体施工顺序、施工流水段划分、具体各阶段进度安排（包括围护结构施工阶段、土方工程分段分层厚度划分及范围、地下室施工及换撑拆撑、土方回填，如有降水要求明确封井或轻型井点管拔除及各施工段所需劳动力和高峰劳动人数）。

3. 施工准备

包括施工机械、材料、设备的配置、各阶段劳动力配置、垂直与水平运输设备类型及数量、挖土机、土方运输车辆的选配等；用表格形式表达选用的机械设备，明确机械设备的名称、规格、数量及进退场时间（如有降水要求需核对管井数量与泵是否满足要求）。

4. 施工总平面布置

包括临时设施布置、加工操作棚布置、运输道路、水电管网布置、塔吊位置、泵车停放位置、散装水泥罐布置、基坑周边安全防护及人员上下基坑通道的布置土方出口、车辆清洗池的布置等，上述设施布置均应在施工总平面布置图中标注，并有具体的离坑边距离尺寸。

5. 施工用电

包括用电量计算（结合现场设备数量）、自备发电机等情况，用电满足施工要求。

6. 塔吊方案

介绍塔吊的数量、平面位置及做法。出具塔吊基础结构图，明确塔吊与地梁、承台、工程桩运土车道、后浇带的相互关系。

7. 上下基坑安全通道

可按 50m 左右距离布置一个上下通道，靠近生活区适当加密，应有图示。明确上下安全通道的具体搭设要求，挖土深度超过 6m，上下安全通道应设中间休息平台，如生活区与施工区很近，应有隔离措施和管理办法。

12.1.6　施工方法和技术措施

1. 围护结构施工

包括围护桩、止水帷幕、内支撑、支撑立柱、压顶梁、围檩、土钉墙、锚杆、地下连续墙、传力带等的施工工艺、施工顺序、流程以及相关技术参数的控制和质量验收要求等。

2. 基坑降排水

按照设计降排水要求，具体落实坑内、外降、排水的措施，明确排水沟、集水井平面布置及具体做法；深井（包括普通自流井、真空深井、减压井等）或轻型井点平面布置、施工构造及技术措施，降水的控制要求及排水去向，应计算降水曲线、降水满足施工要求。

当周边环境条件较为复杂，应认真分析降水、挖土对周边环境的影响，采取相应措施减小对周边环境的影响，应充分重视坑外控制性降水，坑外降水对地下管线及周边的影响。

降水设施的拆除和封堵时间安排及具体措施。

3. 土方开挖

土方开挖主要包括以下内容：

各阶段挖土流程；分层分段施工方案（段层具体划分、土方量的具体数量等）如遇软土地基，土方开挖应根据《建筑基坑支护技术规范》（JGJ 120—2012）执行，"软土基坑必须分层均衡开挖，层高不宜超过 1m"；坑中坑的挖土方法；出土口的布置及出土口的加强措施；运土坡道布置、坡率、稳定措施及横剖面图和安全技术措施；挖掘机及运输车辆作业流程、行走路线及停车位置，如只有一个出土口，建议在坑外运土车道划定重车与空车交会区段，减少车辆坑内交汇。

上述内容一般应结合平面图和局部剖面图进一步说明，土方开挖施工应附开挖分段分区平面布置图，分层施工工况以剖面图形式示意。特别应明确下列技术要点：

挖土与降水的协调安排、土钉（或锚杆）施工与降水的协调安排、土钉施工与挖土的协调安排；挖土施工过程中对工程桩、支撑立柱、塔吊基础的保护措施；坑边的荷载控制措施以及尾土挖除方法。

4. 换撑及拆撑

传力带的施工，换撑、拆撑安排，支撑拆除顺序、安全措施。

5. 基坑回填

回填料选择、回填工艺及回填土的质量控制，明确回填土土质，回填土密实和施工要求，建议做环刀试验。

12.1.7 基坑监测

工程监测分专业监测（具有相关资质）、施工企业自行监测和特别监测（含特种管线、周边河道水位、重要建筑物等）三方面。专业监测单位及监测内容（含周边建筑物及构筑物、道路沉降及裂缝，道路下各种管线的位移、沉降，基坑深层土体位移，地下水位变化，支撑轴力变化等）。要列明监测点的布置（附监测点平面布置图）和监测警戒值，明确达到监警戒值测时监测频率加密要求；监测数据的记录收集、分析、管理的具体安排和措施以及信息反馈的要求；施工单位自行安排的日常监测内容（包括人工巡视检测）、监测布置和措施，责任人和监测频率。

特别监测措施，主要针对本工程基坑施工中危险性较大，可能产生重大事故和社会影响的部位（含周边建筑、管线、道路等）的监测。当施工单位监测过程中，发现基坑支护有异常现象时（包括坑壁渗漏水、裂缝、位移、降水出水浑浊、周边地面沉降等现象），应及时与专业监测单位的监测结果比对，分析问题产生的原因，采取必要的补救措施。

12.1.8 应急预案

针对本工程施工过程中可能发生的问题，提出相应的对策和排险措施，组织应急领导小组落实相应的人员（包括联络方式）、材料物资和设备，一旦发生意外，能及时组织抢险，避免重大事故的发生和事故的进一步扩大，明确各工况下的应急预案和组织保证体系，指挥者和执行者人员名单、职责及联系方法。

12.1.9　环境保护

针对基坑周边存在的道路、管线、建筑物、地铁设施、河流等保护对象，明确相应的变形控制标准和施工保护措施。建议对各个重要保护对象逐个说明施工全过程采取的保护措施，包括：围护桩施工阶段、土方开挖阶段、地下结构施工阶段（换撑和拆撑），并交代采取的其他针对性保护措施，如控制性降水、坑外超载控制、限制车辆通行和堆载、主动加固措施（注浆、托换、隔离等）。

12.1.10　工程质量、安全生产和文明施工

工程质量主要包括质量保证体系、围护结构施工质量的控制、挖土过程中工程桩、围护结构的保护、降排水设施安装质量控制。安全生产主要包括安全生产管理体系、周边环境的安全，基坑及围护结构的安全，施工人员的安全意识及设备安全等安全生产保证措施。文明施工主要包括废水排泄、扬尘、噪声控制、渣土运输、门卫管理、车辆冲洗、指挥等具体措施。

12-4 ▶
基坑钢支撑
施工

12.1.11　汛期、台风、高温、冬期等季节性施工措施

主要根据基坑施工具体时段决定涉及内容，应考虑季节性措施的人员材料组织、落实、预防事故方案、抢险措施，作业时间安排，安全作业和降温通风措施等。

12.1.12　相关附件及图表

相关附件及图表主要包括以下内容：

（1）场地地质勘察报告（勘探点平面图、土质物理力学性能指标汇总、典型地质剖面图等）。

（2）基坑围护设计总说明、基坑围护设计平面图、剖面图（包括围护桩、止水帷幕、水平支撑、角撑、斜撑、传力带布置、坑中坑支护等平面和剖面）。

（3）基坑围护设计论证专家意见及设计修改回复。

（4）周边环境平面图、周边环境查勘表。

（5）基坑降水平面布置图、相关节点图。

（6）基坑监测平面布置图。

（7）基坑施工总平面布置图。

（8）施工流水段划分图、土方开挖顺序图（含分段分层挖土工况示意图）。

（9）其他节点详图（运输车道平面布置、车道剖面图、降排水沟及集水井剖面图、基坑周边安全围护及人员上下基坑应急通道剖面图等）。

（10）进度计划表。

（11）机具设备一览表。

12.1.13 方案编制要点

要深入分析深基坑工程的三要素。首先是周边环境条件的影响：①基坑周边建筑、道路等对基坑的影响；②地下管线、高压线对基坑的影响。其次是水文地质和工程地质的影响：①粉土需降水，应水土分算，重视坑外控制性降水对周边建筑、地下管线的影响；②黏性土重视每层挖土厚度。最后是开挖深度，基坑开挖深度很大程度上决定所采用的围护设计方案。

要针对工程实际分析重点、难点和重大危险源识别。施工总平面布置图是整个专项施工方案的大纲，应确保其内容的完整性，及围绕这些内容进行编写，使整个专项施工方案得到进一步完善。另外要注意施工总平面布置图：用地红线、基坑轮廓线、垂直运输布置、上下基坑安全通道、施工用水、用电、周边条件（临设、道路、钢筋及木工加工等）土方出口、运土车道、坑中坑、后浇带、南北方向指示标志、图例、车辆清洗池的布置等。

第 2 节 脚手架工程专项施工方案编写要点

脚手架指施工现场为工人操作并解决垂直和水平运输而搭设的各种支架。建筑工地上用在外墙、内部装修或层高较高无法直接施工的地方。主要为了施工人员上下干活或外围安全网围护及高空安装构件等设置，脚手架的制作材料通常有竹、木、钢管或合成材料等。脚手架工程是建筑工程施工当中必不可少的措施项目，其可靠性影响施工安全。脚手架专项施工方案一般包括以下内容：工程概况、编制说明及编制依据、施工计划、施工工艺技术、施工安全保证措施、劳动力计划、计算书、施工图等。

12.2.1 工程概况

1. 单位工程概况

单位工程概况可用表描述（表 12.2）。

表 12.2 单 位 工 程 概 况 表

工程名称		建设地点	
建设单位		勘察单位	
设计单位		监理单位	
总包单位		主要分包单位	
建筑面积			
工程概况应对工程设计内容以及相关单位做简要的叙述。简要说明建筑设计及结构设计情况，叙述深入程度应以使阅读者能基本了解工程的基本情况为标准 建设项目名称、建设地点、建设规模；工程的建设、勘察、设计、总承包和分包单位名称，以及建设单位委托的建设监理单位名称以及工期要求等 建筑物的平面尺寸、层数、层高、总高度、建筑面积、结构形式、地质情况、工期，外脚手架方案选择等			

2. 脚手架概况

应详细叙述脚手架概况,包括脚手架类型(满堂式、落地式、悬挑式)、搭设高度、支撑的地基情况等。

3. 本工程脚手架特点与关键施工技术

根据本工程特点提出脚手架工程施工中特别值得重视的关键问题,供编制方案及施工时考虑针对性措施。

4. 工程目标

应对工程质量、安全施工、施工进度等方面制定本工程目标。

12.2.2　编制说明及编制依据

编制依据主要应列出编制施工组织设计时依据的工程设计资料、合同承诺以及法律法规等,可参考以下条目:

(1) 工程项目施工图:包括与脚手架相关的楼层梁板结构图、建筑剖面图等。

(2) 本工程施工组织设计。

(3)《建筑施工扣件式钢管脚手架安全技术规范》(JGJ 130—2011)。

(4)《建筑结构荷载规范》(GB 5009—2012)。

(5)《混凝土结构工程施工质量验收规范》(GB 50204—2002)2011 版。

(6)《建筑工程施工质量验收统一标准》(GB 50300—2013)。

(7)《危险性较大的分部分项工程安全管理规定》(中华人民共和国住房和城乡建设部令第 37 号,2018 年 6 月 1 日生效)。

也可列出参考资料:如《建筑施工计算手册》《建筑施工手册》《建筑施工脚手架实用手册(含垂直运输设施)》《建筑施工安全检查标准》等。

12.2.3　施工计划

施工计划包括施工进度计划、材料与设备计划。

12.2.4　施工工艺技术

1. 说明脚手架设计要点

根据该脚手架工程实际情况,确定脚手架立杆、水平杆、连墙件、脚手板、挡脚板、悬挑钢梁(悬挑脚手架)、卸荷钢丝绳、连墙件、剪刀撑等的选材、规格、尺寸,列出各构件力学性能指标。并明确脚手架及构造设计。

(1) 立杆。说明立杆纵横间距、步距及接长方法,特殊节点及位置的设置等。

(2) 纵横水平杆。说明纵横水平杆的设置位置关系、接长方法,特殊节点及位置的设置等。

(3) 扫地杆。说明扫地杆的设置位置、接长方法、与立杆的固接方法,特殊节点及位置的设置等。

(4) 剪刀撑。说明剪刀撑的搭设要求,斜杆连接方法,特殊节点及位置的设置等。

(5) 脚手板。说明脚手板的铺设要求。

12-5
悬挑脚手架
搭设

（6）防护设施。说明安全网、防护栏杆、挡脚板等的设置要求。

（7）落地基础处理（落地脚手架）。说明落地脚手架底部地基情况，所达到的地基承载力要求。

（8）悬挑钢梁设计（悬挑脚手架）。详细说明悬挑钢梁的选型、规格和尺寸，钢梁的布置间距、锚固要求、节点处理、立杆与钢梁可靠连接等内容。

（9）卸荷钢丝绳的设计。详细说明卸荷钢丝绳的选型、规格、设置位置及间距、张拉要求，钢丝绳与钢梁、主体结构连接要求等。

（10）连墙点的设计。详细说明连墙点的间距、连墙件的选材、制作及锚固要求等。

（11）上下斜道的设计（不做专家评审，单独组成）。详细说明安全斜道的设计及搭设要求，包括高度、平台、宽度、坡度、安全网、跨度等。

（12）卸料平台的设计（不做专家评审，单独组成）。说明卸料平台规格、选材、制作、悬挑长度、位置、可靠连接措施及卸料荷载限值等内容。

（13）特殊部位的处理。说明转角、阳台、凸角等部位脚手架的搭设要求、加强处理。

2. 脚手架的搭设

详细说明脚手架搭设顺序、各构配件搭设技术要求和参数及注意事项。

3. 脚手架的验收

详细说明脚手架各构配件及架体稳定、变形的检查验收标准及使用要求。

4. 脚手架的使用与维护

详细说明脚手架使用过程中的注意事项与维护措施。

5. 脚手架的拆除

详细说明脚手架拆除顺序、注意事项与安全措施。

12.2.5　施工安全保证措施

1. 组织保障

应说明施工安全管理机构人员组成、职责，安全生产责任制度。

2. 施工安全技术措施

应说明各施工步骤的安全注意事项及有针对性的安全措施；包括施工过程中的检查、验收，施工操作禁忌，防止脚手架倾斜失稳措施，安全技术交底，施工的安全防护措施及人员的上岗、安全教育，降雨、台风及防雷天气安全措施等。

3. 应急预案

详细说明应急预案，应急救援组织机构人员组成及联系电话。

4. 监测监控

详细说明监测监控项目、仪器、方法、频率及控制值、报警值等。

12.2.6　劳动力计划

详细说明专职安全生产管理人员、特种作业人员等不同工种人员配备计划。

12.2.7　计算书（一般作为附件）

计算书的内容包括：地基承载力验算、扣件脚手架验算（包括立杆承载力、扣件抗滑、大小横杆等的验算，搭设高度在 25m 内可不验算）、悬挑钢梁验算、卸料平台验算、卸荷钢丝绳强度验算、钢丝绳吊环强度验算、连墙件计算、主体结构验算（支撑悬挑型钢及钢丝绳的梁、板）、钢梁、吊环、连墙件锚固验算、安全斜道验算。

12.2.8　脚手架施工图

脚手架施工图包括以下内容：

（1）悬挑钢梁平面布置图（悬挑脚手架），立杆平面布置图：图中应将钢梁选材、规格、间距、尺寸及建筑轴线、尺寸标注清楚，结构平面不同的建筑物应分别绘制平面图。

（2）连墙件、钢丝绳吊钩平面布置图：图中应将连墙件及钢丝绳吊钩水平、竖向间距及建筑轴线、尺寸标注清楚，结构平面不同的建筑物应分别绘制平面图。

（3）脚手架立面图：图中应将立杆间距、步距、剪刀撑、各层标高、建筑轴线等标注清楚。

（4）脚手架剖面图：图中应将立杆间距、步距、连墙件、卸荷钢丝绳等内容标注清楚。

（5）卸料平台设计图：图中应将相关构件选材、规格、间距、尺寸标注清楚。

（6）安全斜道设计图：图中应将相关构件选材、规格、间距、尺寸标注清楚。

（7）相关大样图：包括连墙件，悬挑钢梁与立杆底部处理大样，吊环锚固大样，悬挑型钢锚固大样，立杆底座大样（落地式脚手架），钢丝绳卸荷大样及特殊部位处理大样图等。

第 3 节　幕墙专项施工方案编制指南

按照《危险性较大的分部分项工程安全管理规定》（住房和城乡建设部令第 37 号）要求，施工单位应当在危险性较大的工程施工前组织工程技术人员编制专项施工方案，建筑幕墙安装工程属于危险性较大的分部分项工程，政府建设工程安全管理部门要求施工企业在开工前必须编制专项方案。专项施工方案从施工准备、施工部署、施工工艺、应急预案等方面侧重施工安全管理方面进行计划，并作为幕墙安装施工的指导性文件。

12.3.1　幕墙专项施工方案的编制管理

施工高度 50m 及以上的建筑幕墙安装工程必须编制专项施工方案，且应当由施工单位组织召开专家论证会。实行施工总承包的，由施工总承包单位组织召开专家论证会对方案进行论证。建筑工程实行施工总承包的，专项方案应当由施工总承包单位组织编制；幕墙安装工程实行分包的，其专项方案可由专业承包单位组织编制。专项方案编制应包括以下内容：

（1）工程概况：危险性较大的分部分项工程概况、施工平面布置、施工要求和技术保证条件。

（2）编制依据：相关法律、法规、规范性文件、标准、规范及图纸（国标图集）、施工组织设计等。

（3）施工计划：包括施工进度计划、材料与设备计划。

（4）施工工艺技术：技术参数、工艺流程、施工方法、检查验收等。

（5）施工安全保证措施：组织保障、技术措施、应急预案、监测监控等。

（6）劳动力计划：专职安全生产管理人员、特种作业人员等。

（7）计算书及相关图纸。

专项方案应当由施工单位技术部门组织本单位施工技术、安全、质量等部门的专业技术人员进行审核。经审核合格的，由施工单位技术负责人签字。实行施工总承包的，专项方案应当由总承包单位技术负责人及相关专业承包单位技术负责人签字，然后报监理单位由总监审核签字才能执行。不需专家论证的专项方案，经施工单位审核合格后报监理单位，由项目总监理工程师审核签字，然后执行。

12.3.2　建筑幕墙专项施工方案编制指南

1. 工程概况（第一章）

本章主要写明工程名称、性质、规模和地理位置，这些信息必须与图纸一致。工程性质指公共建筑或民用建筑，简要介绍使用功能；工程规模是指建筑面积、高度、层数、结构形式、立面变化情况、抗震设防烈度、耐火等级、节能要求等。工程项目的建设单位、设计（包括建筑设计和幕墙设计）单位、监理单位和总承包单位等信息也要明确。工程承包或分包范围和内容，包括幕墙施工面积、幕墙施工部位，应按照施工图介绍各立面情况，必要时附相应图纸。

工程概况不能写得过于简单，要让读者通过工程概况大致了解工程的基本信息。

2. 幕墙设计简介（第二章）

可以分以下小节进行描述，主要对幕墙的设计方案、技术指标进行描述。

第一节：各立面幕墙设计简介，主要包括主楼、裙楼的描述，如项目为建筑群，则应分单位工程描述。主要介绍立面的造型特点、标高、面积等信息。

第二节：不同类型幕墙使用部位及工程量，可按类型分别介绍。另外需写清楚幕墙工程包含的其他钢结构装饰、雨篷、百叶、采光顶等内容。

第三节：采用新型幕墙、新技术、新工艺情况，说明是否通过了新产品技术鉴定和应用论证。

第四节：幕墙节能设计的节能构造和采用的节能材料简介。

第五节：幕墙构件吊装（如屋顶幕墙钢结构、单元式玻璃幕墙板块等）应附相关平面和节点图。

第六节：幕墙的附加设备（如电动开窗机、擦窗机）的安装要加以说明。

3. 编制依据（第三章）

幕墙施工方案编制依据主要由工程设计图纸、图纸会审纪要、相关的各级标准规范、地方性文件以及企业内部管理体系等组成，应明确具体的标准、规范名称、文件文号和标题等。标准、规范引用的必须是最新的版本。

（1）编制依据的规范很多，不能照搬，可摘录与安全相关的内容；施工组织设计作为安全方案的依据，可以摘录与安全有关的内容。

（2）在"安全生产相关法律法规"罗列的规范应有针对性。

（3）"建设工程重大质量安全事故应急预案"中也应明确安全措施的编制依据。

（4）总承包单位的施工组织设计、图纸、投标书也可作为编制依据。

（5）国家有关施工安全的规章、程序性条文可作为编制依据；企业部门的规章、地方性的规章（如《浙江省建筑施工特种作业人员管理办法》《杭州市建筑施工高处作业吊篮安全管理规定》）等都可以作为当地工程的施工方案编制依据。

4. 施工部署和施工计划（第四章）

第一节：施工条件，重点描述与幕墙施工相关的条件，主要包括以下内容：

（1）工程主体结构施工情况及实际进度。

（2）甲供材料、设备计划和实际落实情况。

（3）现场预埋件的安装分工与实际落实情况，埋件的类型，需要详细描述。

（4）现场脚手架种类、安装及搭设情况。原结构脚手架是否可用？是否用吊篮作业？都须要详细写出，必要时附相应图样。须要明确可否利用总承包企业的垂直运输设备、施工设备及外架。利用总承包企业垂直运输设备、施工设施（包括脚手架、临时用电设备等）的应与总承包企业订立配合协议，明确双方的责任和义务。

对于无法利用总承包企业垂直运输设备、施工设施的，应介绍相应的解决方案。

（5）垂直运输设备采用吊篮的，需要明确吊篮的品种、布置情况、固定方案和使用管理措施。

（6）临时施工用水、用电布置情况。

（7）其他（周边环境、临时设施等）。

第二节：项目班子组建，包括项目经理、技术负责人、质量员、安全员等配设情况、各自的工作职责描述。

第三节：施工流水段的划分及根据流水段组织施工的部署，各流水段工作量、计划工期，可采用网络图或横道图表示。

第四节：施工设备计划，可列表说明。

第五节：施工现场布置，包括材料堆放、主要设备安装位置、加工棚位置、临时用电布置。

5. 施工工艺（第五章）

第一节：幕墙与建筑主体结构连接节点描述，包括预埋件和后置埋件的制作与安装，锚固件质量的控制，包括锚栓品种、质量、锚固工艺、拉拔力测试，连接螺栓防松脱、防滑移措施等需要明确。必要时应附相关节点详图。

第二节：隐框、半隐框玻璃幕墙（含明框玻璃幕墙的隐框开启窗）的板块制作、安装工艺（此内容必查，要写具体）、单组分、双组分硅酮结构密封胶的品牌与质量要求；玻璃板块安装工艺和隐蔽工程验收要求。

第三节：单元式幕墙安装，明确起重吊装机械选择，吊装施工顺序及封口部位；明确吊装施工方法和安全保证措施。对于采用非常规起重设备、方法且单件起吊重量在 100kN 及以上的或起重量 300kN 及以上的起重安装工程，应编制起重吊装专项施工方案并经专家论证后按方案进行施工。

第四节：全玻璃幕墙安装，主要介绍大面积玻璃运输和安装工艺、安装顺序，包括玻璃与周边缝隙处理等。

第五节：张拉索杆体系的点支承玻璃幕墙安装工艺，主要介绍钢拉杆、拉索安装，预应力控制，张拉顺序及质量检测手段等。

第六节：幕墙的防火构造，主要介绍各层楼板、隔墙外沿等幕墙与实体之间缝隙处理、外墙外保温防火处理等。

第七节：幕墙的防雷构造，主要介绍骨架竖向杆件、水平杆件的防雷通路，应附相关节点详图。

第八节：节能隔热做法介绍。中空玻璃第一道胶是聚硫胶，第二道胶一定要用硅酮结构胶，隐框要有托条。明确玻璃加工技术措施，专业分包厂商资质、工艺概况。

第九节：幕墙开启扇防坠措施，面板运输、安装的安全措施，擦窗机安装和幕墙清洗安全措施。

第十节：石材、金属幕墙：石材的质量，弯曲强度必须达到 8MPa，不能有裂缝，骨架（立柱与横梁）的焊接、螺接的质量要求，材料运输堆放都要介绍。

6．施工安全保证措施（第六章）

第一节：施工现场临时用电，应严格按《施工现场临时用电安全技术规范》（JGJ 46—2005）的规定编制临时用电施工组织设计，施工用电方案的编制、审核、批准程序应符合规定。不能直接采用总承包单位编制的施工用电组织设计，由于施工企业发生变化、作业环境、作业内容发生变化，已不能适应幕墙施工需要，因此应重新编制适合幕墙施工需要的施工用电方案。幕墙高度 50m 以上、用电量 50kW 以上都要编制用电组织设计，用电负荷必须计算，用电设备的数量、功率要介绍。

第二节：施工用电方案应包括现场勘测、电源进线、配电房、配电装置及线路走向、接地装置等，应附用电平面布置图、配电装置平面布置图、系统接线图、接地装置图。

第三节：防雷装置和措施、设备安全用电措施和防火措施等的描述。施工现场防火、防雷技术措施，包括消防管理体系，消防设施的配设、消防制度。防雷措施应针对脚手架、起重机械、垂直运输设备进行描述。

第四节：施工机械安全使用措施，应根据幕墙施工配置的施工机具制订具体安全措施，特别是吊篮提升设备、起重机械等还应编制相应的专项方案指导施工作业。

第五节：施工脚手架安全使用措施。对于总承包企业提供的施工脚手架，首先应考虑是否适应幕墙施工，是否需要根据幕墙施工要求进行加固、改造。如需要加固改造，则应编制脚手架专项施工方案，需要专家论证的，还应组织专家进行论证。幕墙施工单位自行搭设的脚手架应严格按照《脚手架专项方案编制指南》进行脚手架专项施工方案编制，需要专家论证的应组织专家对方案进行论证。

安全使用脚手架的具体管理制度应有针对性，特别是脚手架上的材料堆放（装饰类为 $200\mathrm{kg/m^2}$，土建类为 $300\mathrm{kg/m^2}$）、施工荷载、防火措施、作业人员的安全措施、架体检查、拆除等应具体描述。

第六节：高处作业安全措施及注意事项，包括人员、设备、材料、工具等方面。

7. 吊篮安全专项方案（第七章）

明确吊篮平面布置，吊篮配置表，包括吊篮型号、最大限量、生产合格证（如果使用非定型产品应附相关制作、计算说明书）、吊篮钢丝绳布置、节点布置、钢丝绳固定件（含安全保险绳）布置及构造等信息。写明安全作业措施、检查验收程序。

吊篮安全专项方案审核要点如下：

（1）吊篮安全专项方案的主要内容，荷载计算。

（2）吊篮的租赁单位、租赁合同。合同中明确安全管理分工，明晰人员委派单位。

（3）特种工人的岗位证书。

（4）吊篮产品合格证、检验报告、使用说明书。

（5）吊篮的产权登记。

（6）吊篮的进场验收方案。

（7）吊篮的安装验收方案。

（8）吊篮的选型。

（9）吊篮平面布置图及吊篮配置表。

（10）吊篮悬挂机的布置。

（11）放在屋顶上吊篮悬挂件的重量。

（12）吊篮的载重量。

（13）吊篮的载人控制。

（14）钢丝绳的破断力和安全系数。

（15）悬挂机构的抗倾覆计算。

（16）安全绳（要有检测报告）。

（17）悬挂机构的配重。

（18）吊篮的施工环境（风速 6.3m/s，5 级风力以上禁止施工）。

（19）交叉作业措施。

（20）吊篮使用交底签字制度。

（21）班前教育制度

（22）吊篮的移位和拆卸措施。

8. 质量管理（第八章）

主要按有关标准、规范的规定对各类材料、成品、半成品的质量进行控制，对隐蔽工程进行检查验收，按标准对检验批、分项、分部（或子分部）、单位工程进行检查验收的措施进行明确。编写要点如下：

（1）现场样板制作说明，明确样板位置在荷载最大部位及其制作数量。

（2）介绍胶的相容性、黏结性试验方案。

（3）后置埋件抗拉拔性试验，随机抽查方案。

（4）明确防雷电阻试验要求。

（5）主要材料的检查验收方案，明确一般材料的进场检验措施，如结构胶的邵氏硬度、黏结性试验，石材的弯曲强度试验，隔热型材的抗热、抗拉试验，硅酮结构胶的剥离试验，双组分胶的胶杯试验等。

（6）隐蔽工程验收方案。

9. 应急预案（第九章）

首先对本工程幕墙施工过程中可能发生重大事故的危险源进行分析，提出相应的对策和排险措施。落实相应的应急组织和人员、物资、设备及联络方式等，并有组织演练方案。

10. 劳动力计划（第十章）

工程人员配设及分工情况说明，包括专职安全员及特种作业人员名单和相关证书复印件，可列表说明。

11. 相关计算书及附图（第十一章）

（1）脚手架的平面图、立面图、节点详图，脚手架结构计算书。

（2）临时用电计算书。

（3）吊篮钢丝绳及固定件的结构验算。

（4）起重机械安全计算。

（5）防雷接地系统典型节点、构造图、引出线节点图。

第 4 节   高大支模架专项施工方案编制指南

支模架的作用是在混凝土结构施工期间用于临时支撑结构自重和施工荷载，模板支架系统是施工措施项目，属于临时结构。高大支模架系统在施工过程中承受较大荷载，如果不认真严谨地进行设计与施工，容易造成支模架坍塌事故（图 12.1）。因此高大模板的施工需编制专项方案，这个方案原则上需要专家论证。

12.4.1   高大支模架概述

高大模板支撑系统是指建设工程施工现场混凝土构件模板支撑高度超过 8m，或搭设跨度超过 18m，或施工总荷载大于 $15kN/m^2$，或集中线荷载大于 $20kN/m$ 的模板支撑系统。高大支模架由于荷载大，杆件搭设高度较高，因此容易失稳。通过大量支模架事故总结分析，一般支模架事故由以下原因造成：

（1）支架方案编制粗糙，存在严重设计计算缺陷，不能保证施工安全要求。

（2）支架立杆、横杆间距未按照规定设置，间距过大，造成杆件失稳。

（3）支架搭设质量差，造成支撑体系局部承载力严重下降。

（4）支架中使用的钢管杆件、扣件、顶托等材料存在质量缺陷。

（5）在安全保障体系、安全人员配置、模板支架方案审批、安全技术交底、日常

图 12.1　某工程支模架坍塌事故

产生的安全检查、隐患整改、支架验收等管理环节中存在严重问题。

为确保施工安全，在达到高大支模架标准的结构施工前，需认真编写施工专项方案，并按照规定进行专家论证。

12.4.2　高大支模架编制指南

高大支模架专项施工方案，可设置以下内容：工程概况、编制依据、本方案支模架设计范围及特点、施工部署、施工进度计划、支模架形式选用及设计、支模架的构造要求及措施、支模架的搭设及拆除、支撑体系检查和验收要求、模板支撑体系监测监控措施、安全管理与维护措施、质量保证措施、文明施工措施、应急预案、支撑架计算书（附件）。

1. 工程概况（第一章）

说明工程名称、工程地点、建设单位、设计单位、监理单位、施工单位，工程建筑面积、结构层次、建筑高度、建筑物室内、室外标高、场地自然地坪标高、施工要求和技术保证条件等。

2. 编制依据（第二章）

相关法律、法规、规范性文件、标准、规范及图纸（国标图集）、施工组织设计等。常用的编制依据如下：

（1）工程建筑、结构等施工图纸、会审纪要、联系单。

（2）主要规范和规程如下：

1)《建筑施工扣件式钢管脚手架安全技术规范》（JGJ 130—2001）2002 年版。

2)《建筑施工门式钢管脚手架安全技术规范》（JGJ 128—2000、J43—2000）。

3) 省级规程，如浙江省工程建设标准《建筑施工扣件式钢管模板支架技术规程》（DB33/1035—2006）。

4)《混凝土模板用胶合板》（GB/T 17656—2018）。

5)《钢管脚手架扣件》（GB 15831）。

6)《建筑施工高处作业安全技术规范》（JGJ 80—91）。

7)《建筑施工安全检查标准》（JGJ 59—99）。

（3）部、省、市现行的有关安全生产和文明施工规定。

（4）相关企业标准。

3. 本方案支模架设计范围及特点（第三章）

第一节：本方案支模架设计范围。说明本专项施工方案编制范围（支模区域）和位置及相应结构工程概况（层高、支模架搭设高度、梁截面尺寸、梁跨度、板厚、混凝土设计强度等级等）、施工平面及立面布置。

第二节：本方案支模架特点。说明本支模架特点和难点等。

4. 施工部署（第四章）

第一节：管理体系及项目部组成。主要说明质量保证体系、安全保证体系，以及项目部组成及人员名单。

第二节：材料、设备、劳动力组织。主要说明：主要材料供应情况（钢管、扣件、门架及其配件、碗扣架及配件）；主要设备规格、型号、数量；主要操作班组配置情况（架子工、泥工、木工、钢筋工、电工等），包括专职安全生产管理人员、特种作业人员的配置等。

第三节：临时用电布置。

第四节：施工进度计划。说明支模架搭设、拆除、钢筋绑扎、混凝土浇捣的施工进度计划，并以网络图或横道图表示。

第五节：混凝土浇捣施工部署。主要说明施工流水段划分、混凝土浇捣顺序（水平流向）和程序（竖直流向）、施工缝留置位置；说明混凝土浇捣设备及混凝土浇捣注意事项，如防止支模架产生偏心受力的措施、施工荷载控制措施。

5. 支模架形式选用及设计（第五章）

第一节：支模架形式选用。根据安全、经济、施工方便等选择合适的支模架形式。方案中需说明本专项施工方案选用的模板支撑架的形式（类型）及定型产品的技术参数（根据产品生产厂家提供的数据），不同的部位可选择不同的支模架形式。

常用的模板支撑架的形式有：门式钢管脚手架、重型门式钢管脚手架（HR）、碗扣式钢管脚手架、门式钢管脚手架与扣件式钢管脚手架组合、扣件式钢管脚手架、扣件式钢管脚手架＋可调托座、钢格构柱与钢管脚手架组合形式等。

第二节：支模架设计。说明支撑架施工荷载取值、支撑架布置情况。根据理论计算结果，说明不同部位支模架采用的搭设材料和材料性能、技术指标及平面布置情况。

（1）说明梁板底（分类说明）小楞或次龙骨（可采用方木、钢管、槽钢等）布置方向、布置间距。

（2）说明梁板底（分类说明）大楞或主龙骨（可采用方木、钢管、槽钢等）布置方向、布置间距。

（3）说明梁板底（分类说明）模板支架的立杆布置情况和立杆间距（横向、纵向）。

（4）说明梁板底门式脚手架布置的方向（平行于梁轴线或垂直于梁轴线），门架的跨距和排距。

（5）说明其他类型支模架的平面布置情况。

另外需列出支撑架搭设参数汇总表，可以以表格形式说明支撑架搭设参数、搭设材料；说明不同形式支撑架的连接方式，如门式架与扣件式钢管脚手架连接方式；特殊部位的处理措施，如说明变形缝部位（后浇带、伸缩缝、沉降缝等特殊部位支模架搭设形式），说明高低跨部位、上翻梁、下翻梁、加腋部位、斜坡道等特殊部位的支撑系统加强或处理措施；说明支模架与周边主体结构的刚性拉接措施；架体基础处理措施，说明支撑架架体的基础情况，包括楼板、自然地坪加固处理措施等；以及说明脚手架的防雷措施。

6. 支模架的构造要求及措施（见规范）（第六章）

第一节：立杆。

第二节：水平杆。

第三节：剪刀撑。

第四节：其他要求。

7. 支模架的搭设及拆除方法（第七章）

说明模板支架安装和拆除的施工工艺、施工顺序、技术要求等，特别是需要分段支模的模板支架。

8. 支撑体系检查和验收要求（第八章）

包括搭设材料的进场验收要求、抽样复检要求、支撑体系搭设过程中及使用前的检查验收要求、拆除检查验收要求等。

9. 模板支撑体系监测监控措施（第九章）

说明模板支撑系统在搭设、钢筋安装、混凝土浇捣过程中及混凝土终凝前后模板支撑体系位移的监测监控措施等。附监测点平面布置图。说明监测方法、监测人员及监测频率、监测仪器、监测报警值等。

10. 质量保证措施（第十章）

说明高大支模架的质量保证措施。

11. 安全管理与维护措施（第十一章）

说明高大支模架的安全管理与维护措施。

12. 文明施工措施（第十二章）

13. 应急预案（第十三章）

主要进行危险源分析，说明应急领导小组成员及职责、应急材料的准备情况、主要应急措施。

14. 支撑架计算书（附件）

验算项目及计算内容包括模板、模板支撑系统的主要结构强度和截面特征及各项荷载设计值及荷载组合，梁、板模板支撑系统的强度和刚度计算，梁板下立杆稳定性计算，立杆基础承载力验算，支撑系统支撑层承载力验算，转换层下支撑层承载力验算等。每项计算列出计算简图和截面构造大样图，注明材料尺寸、规格、纵横支撑间距。

（1）板底支撑架计算书。

（2）梁底支撑架计算书。

（3）楼板承载验算书。

（4）地基承载力验算书。

包括支模区域立杆、纵横水平杆平面布置图，支撑系统立面图、剖面图，水平剪刀撑布置平面图及竖向剪刀撑布置投影图，梁板支模大样图，支撑体系监测平面布置图及连墙件布设位置及节点大样图，特殊部位节点详图（后浇带、伸缩缝、沉降缝支模架节点详图、水平拉结点节点详图、梁底板底节点详图）。

12 - 6

建筑施工临时用电安全管理指导手册

第 5 节 现场临时用电专项方案编制指南

施工现场安全用电的管理，是安全生产文明施工管理的重要组成部分，临时用电施工组织设计也是施工组织设计的组成部分。根据《施工现场临时用电安全技术规范》（JGJ 46—2016）的规定：临时用电设备在 5 台以上或设备总容量在 50kW 及 50kW 以上者，应编制临时用电施工组织设计。临时用电施工组织设计编制是否合理，不仅关系到施工用电的可靠性及用电人员的安全性，而且直接或间接地影响建设工程质量和进度，它是建设工程开工前必须做好的一项重要工作。根据施工现场施工用电管理的需要制定本指南，供同学们编写临时用电施工专项方案时参考。

12.5.1 临时用电施工方案设计的步骤及供电方式

一份完整的临时施工用电方案设计应包括现场勘测、负荷计算、变电所设计、配电线路设计、配电装置设计、接地设计、防雷设计、外电防护措施、安全用电与电气防火措施、施工用电工程设计施工图等。

1. 设计步骤

（1）现场勘探，了解工程概况，掌握施工用电需求。

（2）确定电源进线，变电所、配电室、总配电箱、分配电箱等的位置及线路走向（设备选择、线路设计、配电箱和开关箱设计时要充分考虑已有旧设备、旧电缆和旧配电箱的充分利用）。

（3）进行负荷计算。

（4）选择变压器容量、导线截面和电器的类型、规格。

（5）绘制电气平面图、立面图和接线系统图。

（6）制定安全用电技术措施和电器的防火措施。

2. 供电方式

在施工现场，施工电源的规模应与工程的大小相适应。施工用电供电一般采用下列方式：

（1）小型现场（一般指电源的供电量在 200kW 以下，不单设供电变压器的现场），一般采用一路主干线供电，各支线由主干线上引接，即成为树干式供电系统。

（2）中型现场（一般指设有一至两台施工电源供电变压器的现场），一般采用两路主干线供电，而构成环形闭合网路以提高供电的可靠性。

（3）大型现场（一般指有多台施工电源供电变压器，且分散在各现场点），采用放射形多路主干线，送至各区域，在各区域内又分块构成环形网路。

3. 设计原则

施工现场临时供电设计应以"简单、灵活、安全、可靠、多用"为原则，采用 TN-S 系统供电，在施工现场专用的中性点直接接地的电气线路中，必须设置总配电箱（或配电室），分配电箱，做到三级配电、二级及其以上保护，确保一机一闸、一箱、一漏保。

12.5.2　编制依据

编制《施工现场临时用电施工方案》的主要依据是《施工现场临时用电安全技术规范》（JGJ 46—2016），以及其他一些相关的电气技术标准、规程。具体如下：

（1）工程概况及施工现场平面布置图。

（2）施工组织设计、专项施工方案等有关资料。

（3）施工现场勘测的有关资料。

（4）施工现场机械设备数量、设备参数等资料。

（5）施工用电采用的国家规范、标准等。

根据用电设计要求列出施工用电采用的规范和标准，为正确编制施工用电方案必须严格按照下列规范执行（××表明各种标准和规范的年份，使用时应采用当前最新版本）：

（1）《施工现场临时用电安全技术规范》（JCJ 46—××××）

（2）《建设工程施工现场供用电安全规范》（GB 50194—××）

（3）《建筑电气施工质量验收规范》（GB 50303—××××）

（4）《电气装置安装工程低压电器施工及验收规范》（GB 50254—××）

（5）《电气装置安装工程接地装置施工及验收规范》（GB 50169—××）

（6）《电气装置安装工程电缆线路施工及验收规范》（GB 50168—××）

（7）《电气装置安装工程盘柜及二次回路结线施工及验收规范》（GB 50171—××）

（8）《电气装置安装工程电力变压器、油侵电抗器、互感器施工验收规范》（GBJ 148—××）

（9）《电气装置安装工程电气设备交接试验标准》（GB 50150—××）

11.5.3　工程概况

工程概况主要包括工程名称、工程所处的地理位置、工程结构及占地面积等。内容主要是就工程规模、生产环境、施工进度等情况作简单叙述；对用电负荷设计考虑范围、用电设备在现场分布使用情况、不同施工期间用电量的统计及用电负荷分析，以及电源引接点位置，特别是针对重要施工机具及各个施工阶段对用电可靠性的要求等情况作简单阐述。

12.5.4　现场勘探

在编制前应对施工现场实际情况进行勘测，施工人员与电气工程师一起到施工现场进行实地勘察，确定各用电设备的合理摆放位置、变压器和电箱的位置及电气线路的走向、每只分箱所控制的设备。

12.5.5　主要施工机械用电容量

根据参建的各施工队伍或参加施工组织设计的有关人员以书面形式提供的机械设备明细表编制施工用电设备一览表，包括以下内容：用电设备名称、单机容量、使用数量、备用数量、功率、暂载率等技术参数以及各自的使用周期。

施工现场临时供电，包括动力用电与照明用电两种，在计算用电量时，主要从以下三个方面考虑：

（1）全工地所使用的机械动力设备，其他电气工具及照明用电的数量。

（2）施工总进度计划中施工高峰阶段同时用电的机械设备最高数量。

（3）各种机械设备在工作中需用的情况。

12.5.6　用电负荷计算

用电负荷计算在配电系统设计中是选择电器、导线、电缆，以及供电变压器的重要依据。电力负荷计算的主要目的就是为合理选择变压器容量、各种电气设备及配电导线提供科学依据。

（1）计算负荷。所谓计算负荷是按发热条件选择电气设备的一个假定负荷。计算负荷产生的热效应和实际变动负荷产生的最大热效应相等，所以根据计算负荷来选择导线及设备，在实际运行中它们的最高温升就不会超过容许值。

（2）确定计算负荷的方法。计算负荷的确定方法较多，目前常采用的方法有需要系数法和二项式法。对于施工现场临时供电系统通常采用需要系数法进行计算，具体计算方法可参考《施工现场临时用电安全技术规范》（JGJ 46—2016）。

（3）用电设备容量的确定。在计算用电设备组的容量时，应首先确定各用电设备的容量，对于不同负荷类型的用电设备来说，其确定方式是不一样的。施工用电中各用电设备铭牌上都标明有额定功率。

用电设备按工作制可分为以下三种：

1）长期连续工作制：指在规定环境温度下连续运行，如水泵，这种设备称为连续工作制负荷。

2）短时工作制：指运行时间短而停歇时间长的用电设备，如闸门升降电动机，这些称为短时工作制负荷。

3）反复短时工作制：指时而工作、时而停歇、反复运行的设备，如起重机、电焊机等，这些称为反复短时工作制负荷。

不同工作制负荷的用电设备对电能的消耗不同，因而在进行用电量计算时不能直接将它们的额定功率进行相加，必须换算成同一工作制下的额定功率再进行相加。换算成统一规定工作制下的额定功率即称为"设备容量",用 Pe 表示。

此外,各用电设备并不是同时工作的,即使同时工作也不可能同时达到额定功率,表征这一特征用需用系数 K 表示;电动机消耗的功率并未完全输出对外做功,有一定的损耗,电动机输出功率与输入功率之比用效率 η 表示;用电设备大部分为感性负载,有部分功率要反馈回电源,称为无功功率,负载实际消耗的功率为有功功率,两者的矢量和为视在功率,有功功率与视在功率之比叫功率因数,用 $\cos\phi$ 表示。

12.5.7　变压器容量的计算

施工现场电力变压器的选择主要是指为施工现场用电提供电力的 10/0.4kV 线电力变压器的形式和容量的选择。

需要变压器容量可按以下公式计算:

$$P_{变}=1.05P_{计}/(\cos\phi+1.4P_{计})$$

式中　$P_{变}$——变压器容量（kVA）;

　　1.05——功率损失系数;

　　$\cos\phi$——用电设备功率因数,一般施工现场取 0.75。

求得 $P_{变}$ 值,可选择变压器容量。

施工用变压器单台容量一般不超过 1000kVA。

12.5.8　配电线路设计

配电线路设计主要是选择导线和确定线路走向,配电方式（架空线或埋地电缆等）,敷设要求,导线排列,选择和确定配线型号,规格,选择和确定其周围的防护设施等。

配电线路设计不仅要与变电所设计相衔接,还要与配电箱设计相衔接,尤其要与变电系统的基本防护方式（应采用 TN－S 保护系统）相结合,统筹考虑零线的敷设和接地装置的敷设。

导线截面一般根据用电量计算允许电流进行选择,然后再以允许电压降及机械强度加以校核。导线截面的选择要满足以下基本要求:

（1）按机械强度选择:导线必须保证不致因一般机械损伤折断。在各种不同敷设方式下,导线按机械强度要求所必须的最小截面积可参考有关资料。

（2）按允许电流选择:导线必须能承受负载电流长时间通过所引起的温升。可根据导线持续允许电流,查表选择导线截面,使导线中通过的电流控制在允许范围内。

（3）按允许电压降选择:导线上引起的电压降必须在一定限度之内。配电导线的截面可用下式计算:

$$S=\frac{\sum PL}{C\varepsilon}=\frac{\sum M}{C\varepsilon}$$

式中　S——导线截面,mm²;

　　M——负荷矩,kW·m;

　　P——负载的电功率或线路输送的电功率,kW;

L——送电线路的距离，m；

ε——允许的相对电压降（即线路电压损失），%；照明允许电压降为 2.5%～5%，电动机电压不超过±5%；

C——系数，视导线材料、线路电压及配电方式而定。

所选用的导线截面应同时满足以上三项要求，即以求得的三个截面中的最大者为准，从电线产品目录中选用线芯截面。

也可根据具体情况选择。一般在道路工程和地管工程作业线比较长，导线截面由电压降选定；在建筑工地配电线路比较短，导线截面可由容许电流选定；在小负荷的架空线路中往往以机械强度选定。

12.5.9　配电箱与开关箱的设计

配电箱与开关箱（图 12.2）设计是指为现场所用的非标准配电箱与开关箱的设计，配电箱与开关箱的设计是选择箱体材料，确定和箱体结构尺寸，确定箱内电器配置和规格，确定箱内电气接线方式和电气保护措施等。

图 12.2　配电箱与开关箱

配电箱与开关箱的设计要和配电线路设计相适应，还要与配电系统的基本保护方式相适应，并满足用电设备的配电和控制要求，尤其要满足防漏电触电的要求。

分配电箱位置的设置及线路走向应根据总施工平面图、设备布置情况进行设置。设置时应注意在下列位置设置分配电箱：钢筋加工厂、搅拌站、大型设备（塔吊、人货电梯等）、各楼操作层、建筑工程周围及职工生活区，均应设置分配电箱。分配电箱供电半径一般为 30m，两分配电箱之间的水平间距一般设置在 60m 为宜。

（1）总配电箱应装设总隔离开关、分路隔离开关、分路熔断器以及漏电开关、电压表、总电流表、总电度表及其他仪表。

（2）分配电箱应装设总隔离开关、分路隔离开关、总熔断器和分路熔断器。总开关电器的额定值、动作整定值应与分路开关电器的额定值、动作整定值相适应。

（3）每台用电设备应有各自专用的开关箱，必须实行"一机、一箱、一闸、一保护"制，严禁用同一个开关电器直接控制两台或两台以上用电设备。

（4）漏电保护器应装设在配电箱电源隔离开关的负荷侧和开关箱电源隔离开关的负荷侧。

（5）手动开关电器只许用于直接控制照明电路和容量不大于 5.5kW 的动力电路，容量大于 5.5kW 的动力电路应采用自动开关电器或降压起动装置控制。

（6）各种开关电器的额定值应与其控制用电设备的额定值相适应。

（7）动力配电箱与照明配电箱宜分别设置，若合置在同一配电箱内，动力和照明线路应分路设置。

施工现场供电系统在设置时，应采用"三级配电、二级保护"的配电模式。

12.5.10 接地与接地装置设计

接地是现场临时用电工程配电系统安全、可靠运行和防止人身直接或间接触电的基本保护措施。接地与接地装置的设计主要是根据配电系统的工作和基本保护方式的需要确定接地类别，确定接地电阻值，并根据接地电阻值的要求选择或确定自然接地体或人工接地体。对于人工接地体，还要根据接地电阻值的要求，设计接地的结构、尺寸和埋深以及相应的土壤处理，并选择接地材料，接地装置的设计还包括接地线的选用和确定接地装置各部分之间的连接要求等。施工现场的电气设备接地非常重要，在设计中应对工作接地、保护接地、重复接地、接地电阻值等仔细区别。

12.5.11 防雷设计

施工现场的防雷主要是防直击雷，对于施工现场专设的临时变压器还要考虑防感应雷。施工现场防雷装置设计的主要内容是选择和确定防雷装置设置的益、防雷装置的型式、防雷接地的方式和防雷接地电阻值。

防雷设计包括防雷装置装设位置的确定、防雷装置型号的选择，以及相关防雷接地的确定。

防雷设计应保证根据设计所设置的防雷装置保护范围，能可靠地覆盖整个施工现场，并对雷害起到有效的防护作用。

12.5.12 安全用电技术措施

安全用电措施和电气防火措施是施工现场临时用电设计的重要组成部分，是保障现场临时用电工程可靠运行和人身安全必不可少的配套措施。从大多数电气安全事故中分析发现，安全用电意识淡薄及违章作业是造成事故的重要原因。因此，编制安全用电措施应从技术措施和组织措施两方面考虑：一是安全用电在技术上所采取的措施；二是为了保证安全用电和供电的可靠性在组织上所采取的各种措施，它包括各种制度的建立、组织管理等一系列内容。

编制安全用电技术措施和电气防火措施要和现场的实际情况相适应，其中主要重点是：电气设备的接地（重复接地）、接零（TN-S 系统）、保护问题，装设漏电保护器问题，一机、一闸、一漏、一箱问题，外用防护问题，开关电器的装设，维护、检修，更换问题，以及对水源，火源腐蚀变质，易燃易爆物的妥善处置等问题。

安全用电措施应包括下列内容：

1. 安全用电技术措施

（1）电气设备的设置、安装、防护、使用、维修、操作必须符合《施工现场临时用电安全技术规范》（JCJ 46—＊＊＊＊）的要求。

（2）保证正确可靠的接地，保护线必须采用黄绿双色线，严格与相线、工作中性线相区别，杜绝混用。

（3）漏电保护器的配置要选用电磁型合格产品并满足规范要求。

（4）施工现场（含脚手架具）的外侧边缘与外电架空线路之间必须保持安全操作距离，达不到规定的最小值时必须编制线路防护方案并采取相应的防护措施。

（5）脚手架的上下斜道严禁搭设在有外电线路的一侧。

（6）施工现场配电系统应设置总配电箱（屏）、分配电箱开关箱，实行三级配电、二级保护及"一机、一闸、一箱、一保护"制度，同时确保分配电箱与开关箱、开关箱与固定设备的距离及必要的操作空间。

（7）动力系统与照明系统从总进线箱后均作分别设置。

（8）根据使用场所的环境条件选择相应的照明器具以及特殊场所和灯具的工作电压。

（9）电气装置和线路周围不得堆放易燃、易爆及强腐蚀材料介质，不使用火源。

（10）生活用电的各项安全技术措施。

（11）应急预案。

2. 安全用电组织措施

（1）建立临时用电施工方案和安全用电技术措施的编制、审批制度，并建立相应的技术档案。

（2）建立技术交底、安全检测、电气维修、工程拆除、安全检查和评估、安全用电责任制、安全教育和培训等制度；建立电气防火责任制，电气防火教育、检查、领导制度。

12.5.13　安全用电防火措施

1. 施工现场发生火灾的主要原因

（1）电气线路过负荷引起火灾。线路上的电气设备长时间超负荷使用，使用电流超过了导线的安全载流量。这时如果保护装置选择不合理，时间长了，线芯过热使绝缘层损坏燃烧，造成火灾。

（2）线路短路引起火灾。因导线安全距离不够，绝缘等级不够，线路老化、破损等，或人为操作不慎等原因造成线路短路，强大的短路电流很快转换成热能，使导线严重发热，温度急剧升高，造成导线熔化，绝缘层燃烧，引起火灾。

（3）接触电阻过大引起火灾。导线接头连接不好，接线柱压接不实，开关触点接触不牢等造成接触电阻增大，随着时间增长引起局部氧化，氧化后增大了接触电阻。电流流过电阻时，会消耗电能产生热量，导致过热引起火灾。

（4）变压器、电动机等设备运行故障引起火灾。变压器长期过负荷运行或制造质量不良，造成线圈绝缘损坏，匝间短路，铁芯涡流加大引起过热，变压器绝缘油老化、击穿、发热等引起火灾或爆炸。

（5）电热设备、照灯具使用不当引起火灾。电炉等电热设备表面温度很高，如使用不当会引起火灾；大功率照明灯具等与易燃物距离过近引起火灾。

（6）电弧、电火花引起火灾。电焊机、点焊机使用时电气弧光、火花等会引燃周围物体，引起火灾。

施工现场由于电气引发的火灾原因绝不止以上几点，还有许多，这就要求用电人员和现场管理人员认真执行操作规程，加强检查，预防为主。

2．预防电气火灾的措施

针对电气火灾发生的原因，施工方案中要制定出有效的预防措施，包括根据电气设备的用电量正确选择导线截面，正确执行安全操作规程，建立防火检查制度等，要分项具体描述，措施具有指导性、可行性。

12.5.14　临时供电施工图

临时供电施工图是施工方案的具体表现，也是临电设计的重要内容。进行计算后的导线截面及各种电气设备的选择都要体现在施工图中，施工人员依照施工图布置配电箱、开关箱，按照图纸进行线路敷设。它主要分供电系统图和施工现场平面图。

1．临时供电平面图设计

临时供电平面图的内容如下：

（1）在建工程临建、在施、原有建筑物的位置。

（2）电源进线位置、方向及各种供电线路的导线敷设方式、截面、根数及线路走向。

（3）变压器、配电室、总配电箱、分配电箱及开关箱的位置，箱与箱之间的关系。

（4）施工现场照明及临建内的照明，室内灯具开关控制位置。

（5）工作接地、重复接地、保护接地、防雷接地的位置及接地装置的材料做法等。

12-7

安全管理

2．临时供电系统图

临时供电系统图是表示施工现场动力及照明供电的主要图纸，其内容应包括：

（1）标明变压器高压侧的电压级别，导线截面，进线方式，高低压侧的继电保护及电能计量仪表型号、容量等。

（2）低压侧供电系统的形式是 TT 还是 TN-S。

（3）各种箱体之间的电气联系。

（4）配电线路的导线截面、型号、PE 线截面、导线敷设方式及线路走向。

（5）各种电气开关型号、容量、熔体、自动开关熔断器的整定、熔断值。

（6）标明各用电设备的名称、容量。

参 考 文 献

［1］ 建筑企业专业技术管理人员业务必备丛书编委会. 施工员（土建）［M］. 北京：知识产权出版社，2013.

［2］ 建筑工程现场管理人员业务技能图解系列丛书编委会. 质检员［M］. 哈尔滨：哈尔滨工业大学出版社，2008.

［3］ 安全员考评大纲与习题集编委会. 安全员考评大纲与习题集［M］. 北京：中国建筑工业出版社，2016.

［4］ 牛彦磊. 建筑工程类专业实习实训全程指导企业实习分册［M］. 北京：中国环境出版社，2014.

［5］ 印宝泉，杨莉，杨树峰. 建设工程监理实务［M］. 哈尔滨：哈尔滨工业大学出版社，2018.

［6］ 魏红一，王志强. 桥梁施工及组织管理［M］. 3版. 北京：人民交通出版社，2016.

［7］ 吴松勤. 建筑工程施工质量验收规范应用讲座（验收表格）（地基基础与主体结构部分）［M］. 3版. 北京：中国建筑工业出版社，2017.

［8］ 王军强. 混凝土结构施工［M］. 北京：中国建筑工业出版社，2018.

［9］ 徐有邻. 《混凝土结构工程施工质量验收规范》理解与应用［M］. 北京：清华大学出版社，2017.

［10］ 罗忆，黄圻，刘忠伟. 建筑幕墙设计与施工［M］. 2版. 北京：化学工业出版社，2012.

［11］ 阎玉芹，于海，苑玉振，等. 建筑幕墙技术［M］. 北京：化学工业出版社，2016.

［12］ 李继业，田洪臣，张立山. 幕墙施工与质量控制要点·实例［M］. 北京：化学工业出版社，2016.

［13］ 中华人民共和国住房和城乡建设部. GB 50202—2018 建筑地基基础工程施工质量验收标准［S］. 北京：中国计划出版社，2018.

［14］ 中华人民共和国建设部. JGJ 102—2003 玻璃幕墙工程技术规范［S］. 北京：中国建筑工业出版社，2017.

［15］ 孙虎，桑丹，杜祝遥. 工程测量技术［M］. 武汉：华中科技大学出版社，2018.